Fokus *Mathematik*

Lösungen

Gymnasium Klasse 10

Rheinland-Pfalz

Cornelsen

Autoren: Friedhart Belthle, Dr. Gerd Birner, Ina Bischof, Jan Block, Carola Buddensiek, Norbert Christmann, Jochen Dörr, Carina Freytag, Wolfgang Göbels, Silke Göttge-Piller, Petra Hobrecht, Katrin Höffken, Christof Höger, Fritz Kammermeyer, Heinrich Kilian, Markus Krysmalski, Kristina Kurz, Jochen Leßmann, Micha Liebendörfer, Renatus Lütticken, Yvonne Ofner, Reinhard Oselies, Hellen Ossmann, Brigitte Schmitt, Siegfried Schwehr, Dr. Michael Sinzinger, , Claudia Uhl, Emmeram Zebhauser, Monika Zebhauser

Redaktion und technische Umsetzung: Laura Mähler, Gudrun Schaeper
Grafik: Laura Mähler, Gudrun Schaeper
Umschlaggestaltung: finedesign – Büro für Gestaltung, Berlin

www.cornelsen.de

1. Auflage, 1. Druck 2016

Alle Drucke dieser Auflage sind inhaltlich unverändert
und können im Unterricht nebeneinander verwendet werden.

© 2016 Cornelsen Verlag GmbH, Berlin

Druck: AZ Druck und Datentechnik GmbH, Kempten

ISBN 978-3-06-009029-7

PEFC zertifiziert
Dieses Produkt stammt aus nachhaltig
bewirtschafteten Wäldern und kontrollierten
Quellen.
PEFC
PEFC/04-31-2260
www.pefc.de

Inhalt

1. Wahrscheinlichkeiten erkunden

Projekt: Das Ziegenproblem

Möglichkeiten zum Nachspielen der Situation:

Man kann den Ablauf der Show in der Gruppe nachspielen, z. B. mit drei Schachteln als Türen und einem dort hinein passenden Spielzeugauto. Auf diese Weise lässt sich aber mit vertretbarem Zeitaufwand nur eine kleine Zahl von Simulationen durchführen. Häufiger wiederholen lässt sich z. B. zweimaliges Würfeln: Der erste Wurf bestimmt, hinter welcher Tür das Auto versteckt sein soll; der zweite Wurf gibt an, welche Tür der Kandidat am Anfang des Spiels wählt. Die Augenzahlen können hierbei z. B. bedeuten: 1 oder 2 → 1. Tür; 3 oder 4 → 2. Tür; 5 oder 6 → 3. Tür.

Bei der Strategie „Nicht wechseln" hat der Kandidat gewonnen, wenn die beiden gewürfelten Türen übereinstimmen. Bei der Strategie „Wechseln" hat der Kandidat genau dann gewonnen, wenn die beiden Türen nicht übereinstimmen (wenn sich also hinter der vom Kandidaten zuerst gewählten Tür eine Ziege befindet). Begründung: Der Showmaster muss nach der ersten Auswahl des Kandidaten eine Tür öffnen, hinter der sich eine Ziege befindet. Dann bleibt aber zum Wechseln nur noch die Tür übrig, hinter der sich das Auto befindet. Die rechnerische Auflösung des Ziegenproblems: Eine rechnerische Lösung ist gar nicht so kompliziert, nur muss man erst mal darauf kommen (wie beim Ei des Kolumbus).

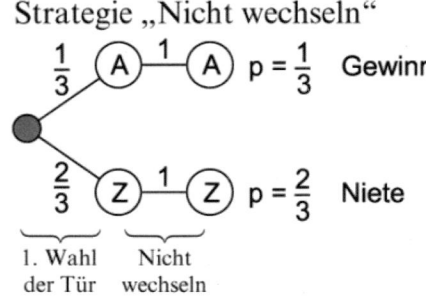

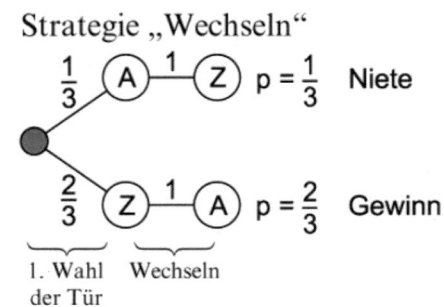

1.1 Mehrstufige Zufallsexperimente

Aufträge

Seite 9, Kugeln ziehen

Es ist möglich, zwei blaue Kugeln oder zwei gelbe Kugeln, oder erst eine gelbe und dann eine blaue Kugel, oder erst eine blaue und dann eine gelbe Kugel zu ziehen.

Wahrscheinlichkeit, zwei blaue Kugeln zu ziehen: $\frac{3}{10} \cdot \frac{2}{9} = \frac{2}{30} \approx 6{,}7\,\%$

Wahrscheinlichkeit, zwei verschiedenfarbige Kugeln zu ziehen: $\frac{3}{10} \cdot \frac{7}{9} + \frac{7}{10} \cdot \frac{3}{9} = \frac{7}{15} \approx 46{,}7\,\%$

Seite 9, Gewinnspiel mit Glücksrädern

Wahrscheinlichkeiten für die verschiedenen Farben:

			linkes Glücksrad					
			grün	$P = \frac{5}{8}$	blau	$P = \frac{1}{8}$	rot	$P = \frac{2}{8}$
rechtes Glücksrad	grün	$P = \frac{2}{6}$	$\frac{5}{8} \cdot \frac{2}{6} \approx 0{,}21$		$\frac{1}{8} \cdot \frac{2}{6} \approx 0{,}04$		$\frac{2}{8} \cdot \frac{2}{6} \approx 0{,}08$	
	blau	$P = \frac{1}{6}$	$\frac{5}{8} \cdot \frac{1}{6} \approx 0{,}10$		$\frac{1}{8} \cdot \frac{1}{6} \approx 0{,}02$		$\frac{2}{8} \cdot \frac{1}{6} \approx 0{,}04$	
	rot	$P = \frac{3}{6}$	$\frac{5}{8} \cdot \frac{3}{6} \approx 0{,}31$		$\frac{1}{8} \cdot \frac{3}{6} \approx 0{,}06$		$\frac{2}{8} \cdot \frac{3}{6} \approx 0{,}13$	

Beispiel für eine Festlegung der Farbkombinationen für die Preise:

	linkes Glücksrad	rechtes Glücksrad
1. Preis	blau	blau
2. Preis	rot	blau
3. Preis	grün	blau

Der Farbkombination mit der geringsten Wahrscheinlichkeit (0,02) wird der erste Preis zugeordnet. Dann folgen die Farbkombinationen für den 2. Preis mit etwas größerer, aber immer noch geringer Wahrscheinlichkeit (0,04), und schließlich wird die Farbkombination für den 3. Preis mit relativ großer Wahrscheinlichkeit (0,21) festgelegt.

Seite 9, Verflixte Sieben

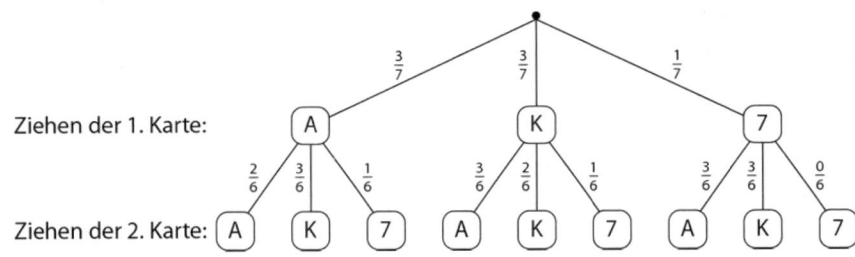

Wahrscheinlichkeit, zwei übereinstimmende Karten zu ziehen: $\frac{3}{7} \cdot \frac{2}{6} + \frac{3}{7} \cdot \frac{2}{6} + \frac{1}{7} \cdot \frac{0}{6} = \frac{2}{7} \approx 28{,}6\,\%$

Trainieren

Seite 11, Aufgabe 1

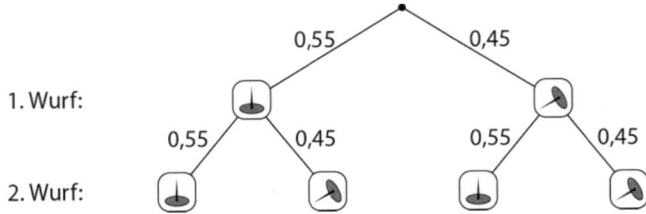

a) Wahrscheinlichkeit für „zweimal Spitze nach oben": $\quad 0{,}55 \cdot 0{,}55 = 0{,}3025$

b) Wahrscheinlichkeit für „genau einmal Spitze nach oben": $0{,}55 \cdot 0{,}45 + 0{,}45 \cdot 0{,}55 = 0{,}495$

c) Wahrscheinlichkeit für „immer Spitze nach unten": $\quad 0{,}45 \cdot 0{,}45 = 0{,}2025$

Seite 11, Aufgabe 2

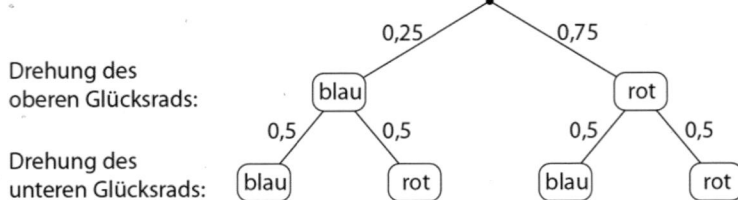

Drehung des oberen Glücksrads:

Drehung des unteren Glücksrads:

a) Wahrscheinlichkeit für „zweimal rot": $0{,}75 \cdot 0{,}5 = 0{,}375$

b) Wahrscheinlichkeit für „genau einmal blau": $0{,}25 \cdot 0{,}5 + 0{,}75 \cdot 0{,}5 = 0{,}5$

Seite 11, Aufgabe 3

a) Wahrscheinlichkeit dafür, dass die gezogenen Kugeln gleichfarbig sind:

$$\frac{2}{9} \cdot \frac{2}{9} + \frac{3}{9} \cdot \frac{3}{9} + \frac{4}{9} \cdot \frac{4}{9} = \frac{29}{81} \approx 0{,}36$$

b) Wahrscheinlichkeit dafür, dass die gezogenen Kugeln ungleichfarbig sind: $1 - \frac{29}{81} = \frac{52}{81} \approx 0{,}64$

c) Wahrscheinlichkeit dafür, dass die gezogenen Kugeln gleichfarbig sind:

$$\frac{2}{9} \cdot \frac{1}{8} + \frac{3}{9} \cdot \frac{2}{8} + \frac{4}{9} \cdot \frac{3}{8} = \frac{5}{18} \approx 0{,}2$$

Wahrscheinlichkeit dafür, dass die gezogenen Kugeln ungleichfarbig sind: $1 - \frac{5}{8} = \frac{13}{18} \approx 0{,}72$

Seite 11, Aufgabe 4

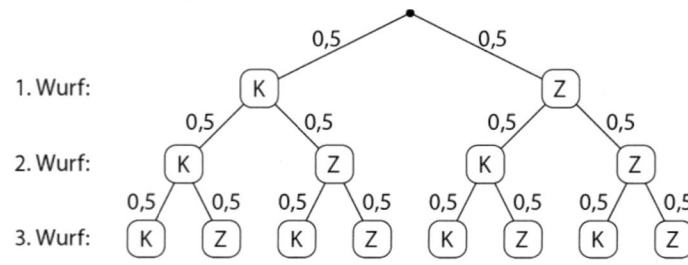

1. Wurf:

2. Wurf:

3. Wurf:

a) $P(\text{„dreimal Zahl"}) = P(ZZZ) = 0{,}5^3 = 0{,}125$

b) $P(\text{„genau einmal Zahl"}) = P(KKZ) + P(KZK) + P(ZKK) = 3 \cdot 0{,}5^3 = 0{,}375$

c) $P(\text{„mindestens einmal Zahl}) = 1 - P(KKK) = 1 - 0{,}5^3 = 0{,}875$

d) „Mindestens zweimal Kopf" bedeutet „genau zweimal Kopf" oder „genau dreimal Kopf". Da das Ereignis „genau zweimal Kopf" auch als „genau einmal Zahl" angegeben werden kann, ergibt sich mit dem Resultat aus b): $P(\text{„mindestens zweimal Kopf"}) = 0{,}375 + 0{,}5^3 = 0{,}5$

Seite 12, Aufgabe 5

Wahrscheinlichkeit, dass beim zweimaligen Werfen eines Würfels die gleiche Augenzahl geworfen wird: $6 \cdot \frac{1}{6} \cdot \frac{1}{6} = \frac{1}{6}$

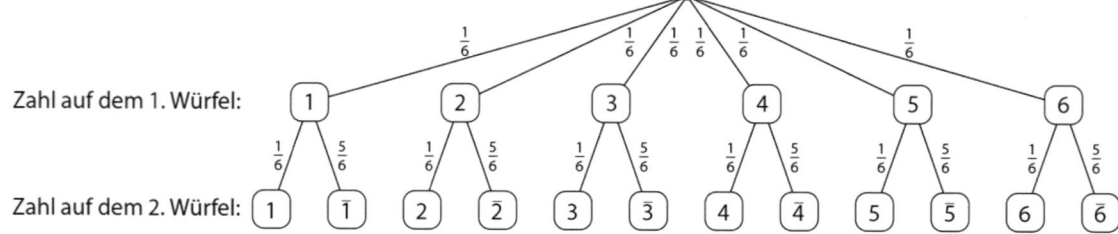

Zahl auf dem 1. Würfel:

Zahl auf dem 2. Würfel:

Seite 12, Aufgabe 6

a) Wahrscheinlichkeit für einen Halt im blauen Feld: $\frac{1}{4}$

Wahrscheinlichkeit für einen Halt im grünen Feld: $\frac{1}{4}$

Wahrscheinlichkeit für einen Halt im roten Feld: $\frac{1}{2}$

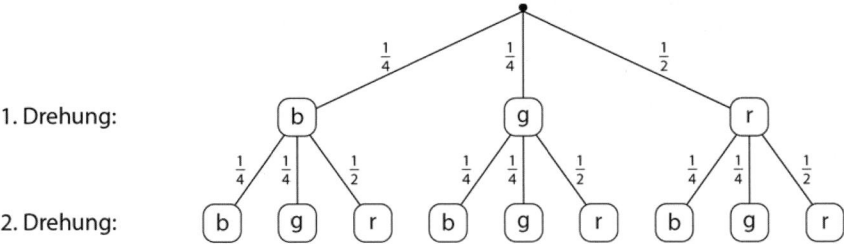

Wahrscheinlichkeiten für die folgenden Kombinationen:

	blau	grün	rot
blau	$\frac{1}{4} \cdot \frac{1}{4} = \frac{1}{16}$	$\frac{1}{4} \cdot \frac{1}{4} = \frac{1}{16}$	$\frac{1}{4} \cdot \frac{1}{2} = \frac{1}{8}$
grün	$\frac{1}{4} \cdot \frac{1}{4} = \frac{1}{16}$	$\frac{1}{4} \cdot \frac{1}{4} = \frac{1}{16}$	$\frac{1}{4} \cdot \frac{1}{2} = \frac{1}{8}$
rot	$\frac{1}{2} \cdot \frac{1}{4} = \frac{1}{8}$	$\frac{1}{2} \cdot \frac{1}{4} = \frac{1}{8}$	$\frac{1}{2} \cdot \frac{1}{2} = \frac{1}{4}$

b) Wahrscheinlichkeit für einen Halt im blauen Feld: $\frac{1}{3}$

Wahrscheinlichkeit für einen Halt im grünen Feld: $\frac{1}{3}$

Wahrscheinlichkeit für einen Halt im roten Feld: $\frac{1}{3}$

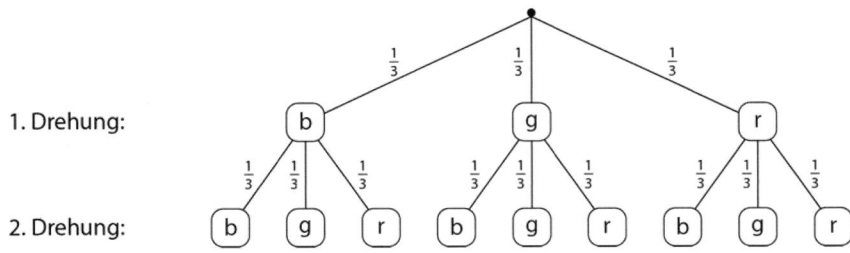

Wahrscheinlichkeiten für die folgenden Kombinationen:

	blau	grün	rot
blau	$\frac{1}{3} \cdot \frac{1}{3} = \frac{1}{9}$	$\frac{1}{3} \cdot \frac{1}{3} = \frac{1}{9}$	$\frac{1}{3} \cdot \frac{1}{3} = \frac{1}{9}$
grün	$\frac{1}{3} \cdot \frac{1}{3} = \frac{1}{9}$	$\frac{1}{3} \cdot \frac{1}{3} = \frac{1}{9}$	$\frac{1}{3} \cdot \frac{1}{3} = \frac{1}{9}$
rot	$\frac{1}{3} \cdot \frac{1}{3} = \frac{1}{9}$	$\frac{1}{3} \cdot \frac{1}{3} = \frac{1}{9}$	$\frac{1}{3} \cdot \frac{1}{3} = \frac{1}{9}$

c) Wahrscheinlichkeit für einen Halt im blauen Feld: $\frac{1}{8}$

Wahrscheinlichkeit für einen Halt im grünen Feld: $\frac{5}{8}$

Wahrscheinlichkeit für einen Halt im roten Feld: $\frac{1}{4}$

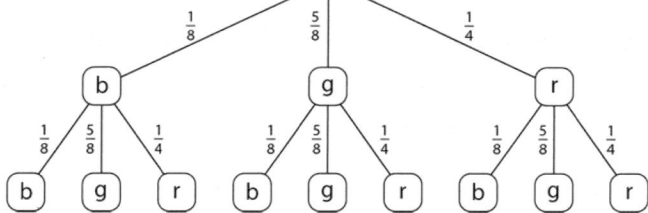

Wahrscheinlichkeiten für die folgenden Kombinationen:

	blau	grün	rot
blau	$\frac{1}{8}\cdot\frac{1}{8}=\frac{1}{64}$	$\frac{1}{8}\cdot\frac{5}{8}=\frac{5}{64}$	$\frac{1}{8}\cdot\frac{1}{4}=\frac{1}{32}$
grün	$\frac{5}{8}\cdot\frac{1}{8}=\frac{5}{64}$	$\frac{5}{8}\cdot\frac{5}{8}=\frac{25}{64}$	$\frac{5}{8}\cdot\frac{1}{4}=\frac{5}{32}$
rot	$\frac{1}{4}\cdot\frac{1}{8}=\frac{1}{32}$	$\frac{1}{4}\cdot\frac{5}{8}=\frac{5}{32}$	$\frac{1}{4}\cdot\frac{1}{4}=\frac{1}{16}$

d) Wahrscheinlichkeit für einen Halt im blauen Feld: $\frac{1}{6}$

Wahrscheinlichkeit für einen Halt im grünen Feld: $\frac{1}{3}$

Wahrscheinlichkeit für einen Halt im roten Feld: $\frac{1}{2}$

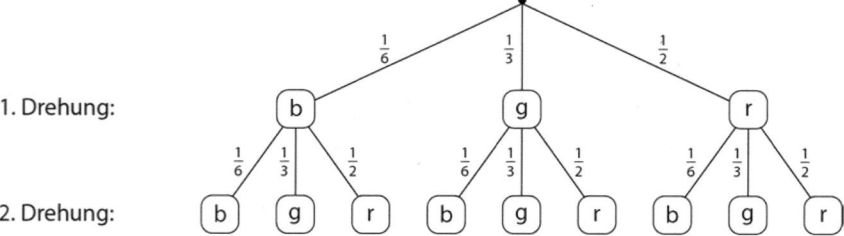

Wahrscheinlichkeiten für die folgenden Kombinationen:

	blau	grün	rot
blau	$\frac{1}{6}\cdot\frac{1}{6}=\frac{1}{36}$	$\frac{1}{6}\cdot\frac{1}{3}=\frac{1}{18}$	$\frac{1}{6}\cdot\frac{1}{2}=\frac{1}{12}$
grün	$\frac{1}{3}\cdot\frac{1}{6}=\frac{5}{18}$	$\frac{1}{3}\cdot\frac{1}{3}=\frac{1}{9}$	$\frac{1}{3}\cdot\frac{1}{2}=\frac{1}{6}$
rot	$\frac{1}{2}\cdot\frac{1}{6}=\frac{1}{12}$	$\frac{1}{2}\cdot\frac{1}{3}=\frac{1}{6}$	$\frac{1}{2}\cdot\frac{1}{2}=\frac{1}{4}$

Seite 12, Aufgabe 7

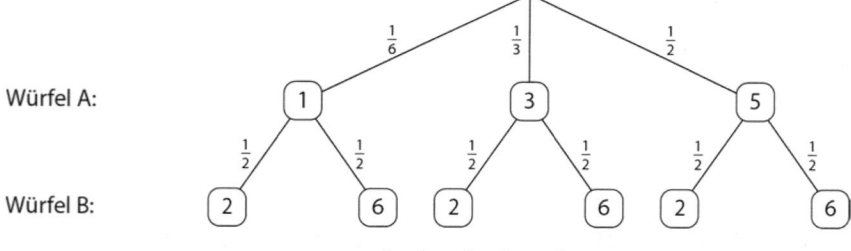

Siegwahrscheinlichkeit für A: $\frac{1}{3}\cdot\frac{1}{2}+\frac{1}{2}\cdot\frac{1}{2}=\frac{5}{12}\approx41{,}7\,\%$

Siegwahrscheinlichkeit für B: $\frac{7}{12}\approx58{,}3\,\%$

Seite 12, Aufgabe 8

a) Von den 1000 Würfen des zuerst geworfenen Schweinchens sind ungefähr 70 „Haxe". Dass „Haxe" auch beim zweiten Wurf auftritt, ist in etwa 7 % der Fälle möglich. 7 % von 70 ist 4,9.
„Haxe-Haxe" wird also ungefähr fünfmal auftreten.

b) $1000 \cdot 25\,\% \cdot 1\,\% = 2{,}5$
„Suhle-Backe" wird also ungefähr zweimal oder dreimal auftreten.

c) $1000 \cdot 65\,\% \cdot 2\,\% = 13$
„Sau-Schnauze" wird also ungefähr dreizehnmal auftreten.

d) Berechnung über das Gegenereignis „keine Sau":
$1000 \cdot 35\,\% \cdot 35\,\% = 122{,}5$
„Keine Sau" wird also etwa 122- oder 123-mal auftreten, d. h. „mindestens einmal Sau" wird ungefähr 877- oder 878-mal auftreten.

Seite 12, Aufgabe 9

a) Wahrscheinlichkeit für einen erfolgreichen Start: $\frac{1}{6} + \frac{5}{6} \cdot \frac{1}{6} + \frac{5}{6} \cdot \frac{5}{6} \cdot \frac{1}{6} = \frac{91}{216} \approx 0{,}42$

Weitere Möglichkeit:

Das Gegenereignis zu „erfolgreicher Start" ist „in keinem der drei Würfe eine Sechs werfen".

Wahrscheinlichkeit für einen erfolgreichen Start: $1 - \left(\frac{5}{6}\right)^3 = \frac{91}{216} \approx 0{,}42$

b) Wenn eine Sechs geworfen wird, endet das Zufallsexperiment. Es ist nur dann dreistufig, wenn bei den ersten beiden Stufen keine Sechs geworfen wird.

Seite 12, Aufgabe 10

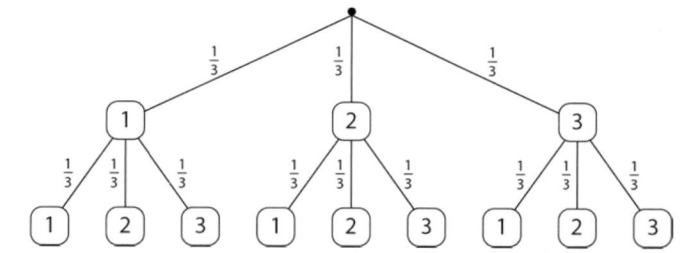

a) $\frac{1}{3}$

b) $\frac{1}{3} \cdot \frac{1}{3} + \frac{1}{3} \cdot \frac{1}{3} + \frac{1}{3} \cdot \frac{1}{3} = \frac{1}{3}$

c) $2 \cdot \frac{1}{3} \cdot \frac{1}{3} + 2 \cdot \frac{1}{3} \cdot \frac{1}{3} = \frac{4}{9}$

d) $\frac{1}{3} \cdot \frac{1}{3} + \frac{1}{3} \cdot \frac{1}{3} + \frac{1}{3} \cdot \frac{1}{3} + \frac{1}{3} \cdot \frac{1}{3} = \frac{4}{9}$

Seite 13, Aufgabe 11

Es handelt sich um ein Zufallsexperiment ...

a) ... ohne Zurücklegen, denn die Kugeln werden der Lostrommel entnommen und nicht wieder zurückgelegt.

b) ... mit Zurücklegen, denn die Augenzahlen können mehrfach nacheinander vorkommen.

c) ... mit Zurücklegen, denn es entspricht dem Vorgang, wenn ein einzelner Würfel zweimal hintereinander geworfen wird.

d) ... ohne Zurücklegen, denn gezogene Karten können nicht nochmals gezogen werden.

Seite 13, Aufgabe 12

g ... Fehler gefunden.   n   ... Fehler nicht gefunden.

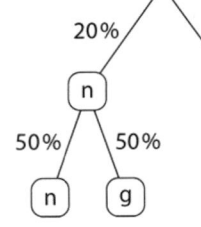

1. Korrektur:

2. Korrektur:

$0{,}2 \cdot 0{,}5 = 0{,}1$

Die Wahrscheinlichkeit, mit der ein in der ursprünglichen Seite vorhandener Fehler nicht entdeckt wird, beträgt 10 %.

Seite 13, Aufgabe 13

Mit Zurücklegen:

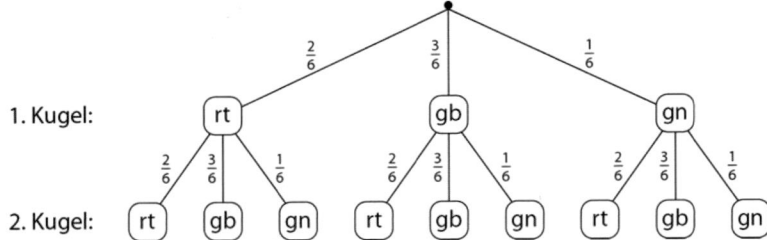

1. Kugel:

2. Kugel:

a) $\dfrac{3}{6} \cdot \dfrac{3}{6} = \dfrac{1}{4}$

b) $\dfrac{2}{6} \cdot \dfrac{1}{6} + \dfrac{1}{6} \cdot \dfrac{2}{6} = \dfrac{1}{9} \approx 11{,}1\,\%$

c) $1 - \left(\left(\dfrac{2}{6}\right)^2 + \left(\dfrac{3}{6}\right)^2 + \left(\dfrac{1}{6}\right)^2 \right) = \dfrac{11}{18}$

d) $\dfrac{1}{6} \cdot \dfrac{1}{6} = \dfrac{1}{36}$

e)   Ohne Zurücklegen:

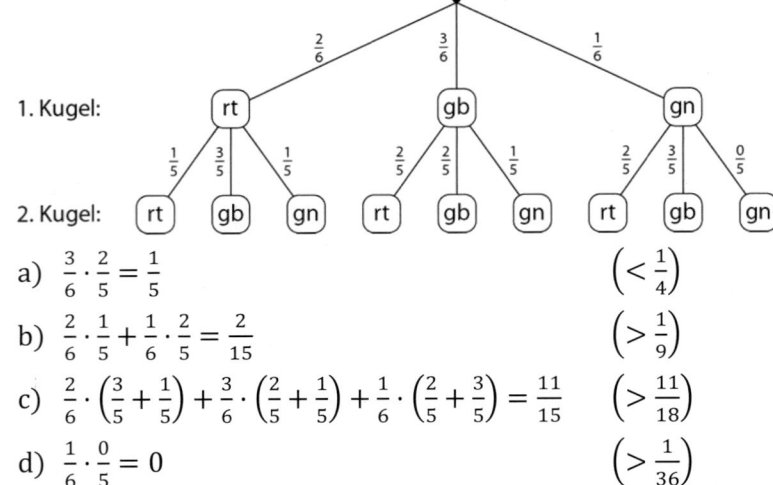

1. Kugel:

2. Kugel:

a) $\dfrac{3}{6} \cdot \dfrac{2}{5} = \dfrac{1}{5}$ $\left(< \dfrac{1}{4}\right)$

b) $\dfrac{2}{6} \cdot \dfrac{1}{5} + \dfrac{1}{6} \cdot \dfrac{2}{5} = \dfrac{2}{15}$ $\left(> \dfrac{1}{9}\right)$

c) $\dfrac{2}{6} \cdot \left(\dfrac{3}{5} + \dfrac{1}{5}\right) + \dfrac{3}{6} \cdot \left(\dfrac{2}{5} + \dfrac{1}{5}\right) + \dfrac{1}{6} \cdot \left(\dfrac{2}{5} + \dfrac{3}{5}\right) = \dfrac{11}{15}$ $\left(> \dfrac{11}{18}\right)$

d) $\dfrac{1}{6} \cdot \dfrac{0}{5} = 0$ $\left(> \dfrac{1}{36}\right)$

10

Seite 13, Aufgabe 14

a) Wahrscheinlichkeit, beim zweimaligen Ziehen einer Kugel zweimal die gleiche Farbe zu ziehen:

$$\frac{2}{5} \cdot \frac{2}{5} + \frac{2}{5} \cdot \frac{2}{5} + \frac{1}{5} \cdot \frac{1}{5} = \frac{9}{25}$$

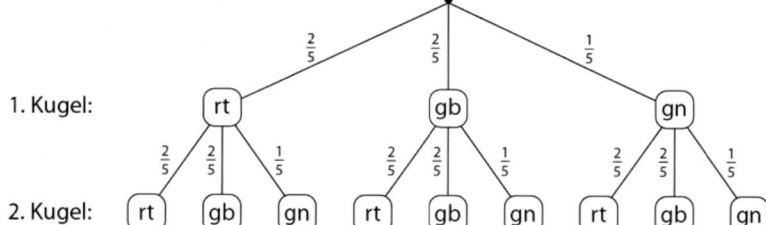

b) Wahrscheinlichkeit, beim zweimaligen Ziehen einer Kugel zweimal die gleiche Farbe zu ziehen:

$$\frac{2}{5} \cdot \frac{1}{4} + \frac{2}{5} \cdot \frac{1}{4} + \frac{1}{5} \cdot \frac{0}{4} = \frac{1}{5}$$

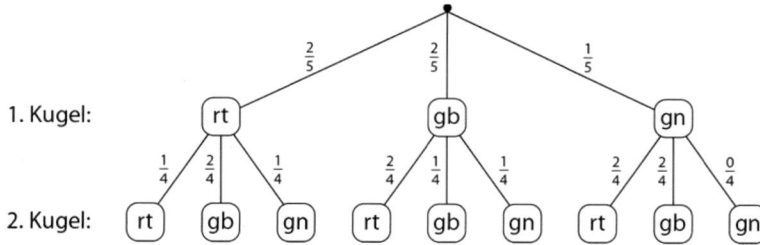

Seite 13, Aufgabe 15

a) $\frac{3}{6} \cdot \frac{3}{5} + \frac{3}{6} \cdot \frac{3}{5} = \frac{3}{5}$

b) Wenn der erste Handschuh beliebig gezogen wird, gibt es unter den verbleibenden fünf Handschuhen genau einen passenden Handschuh (gleiche Farbe und Gegenstück), das heißt, die Wahrscheinlichkeit dafür beträgt $\frac{1}{5} = 0{,}2$.

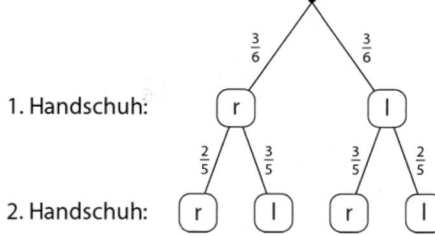

Seite 13, Aufgabe 16

mögliche Summen	2	3	4	5	6	7	8	9	10	11	12	13	14	15	16	17	18	19	20	21	22	23	24	gesamt	
Häufigkeit der Summe	1	2	3	4	5	6	7	8	9	10	11	12	11	10	9	8	7	6	5	4	3	2	1	144	Chance
a)		2		4		6		8		10		12		10		8		6		4		2		72	$\frac{72}{144} = \frac{1}{2}$
b)	1	2		4		6				10		12				8		6				2		51	$\frac{51}{144} = \frac{17}{48}$
c)												12	11	10	9	8	7	6	5	4	3	2	1	78	$\frac{78}{144} = \frac{13}{24}$

Seite 14, Aufgabe 17

Mögliche Antwort: Wenn man so argumentiert, hätte man nach sechs Würfen mit der Wahrscheinlichkeit $6 \cdot \frac{1}{6} = 1$ eine Sechs geworfen, was der Erfahrung widerspricht.

Oder: Der Fehler liegt darin, dass die Summenregel anstelle der Produktregel verwendet wird.

Richtige Wahrscheinlichkeit: $\frac{1}{6} + \frac{5}{6} \cdot \frac{1}{6} = \frac{11}{36}$

Noch fit?

Seite 14, Aufgabe I

a) $x = 5$ b) $x = -1$ c) $x = -1$

Seite 14, Aufgabe II

$3x = 2x + 5 \quad \Leftrightarrow \quad x = 5$

Seite 14, Aufgabe III

a) Multiplikation mit 6: $\Rightarrow$ $4 - 5 = 2 - 3x$ $\Leftrightarrow$ $x = 1$

b) Multiplikation mit 8: $\Rightarrow$ $5x - 3 = 12$ $\Leftrightarrow$ $x = 3$

c) Multiplikation mit 24: $\Rightarrow$ $21x + 60 - 10x = 8x + 3x$ $\Leftrightarrow$ $11x + 60 = 11x$ (nicht lösbar)

d) Multiplikation mit 15: $\Rightarrow$ $x + 3 - 30 = 3x + 9$ $\Leftrightarrow$ $x = -18$

Anwenden

Seite 14, Aufgabe 18

a)

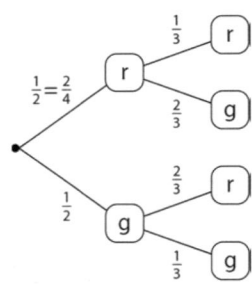

b) Es befinden sich zwei rote und zwei grüne Kugeln in dem Gefäß. Es wird ohne Zurücklegen gezogen.

Seite 14, Aufgabe 19

Das Gesamtsystem fällt aus, wenn beide (bzw. alle drei) Komponenten ausfallen. Die Wahrscheinlichkeit dafür beträgt nach der Pfadregel:

a) $0{,}0001^2 = 0{,}00000001$

b) $0{,}0001^3 = 0{,}000000000001$

Seite 14, Aufgabe 20

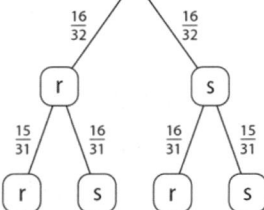

a) Wahrscheinlichkeit, dass im Skat zwei gleichfarbige Karten liegen:

$$\frac{16}{32} \cdot \frac{15}{31} + \frac{16}{32} \cdot \frac{15}{31} = \frac{15}{31}$$

b) Wahrscheinlichkeit, dass im Skat zwei ungleichfarbige Karten liegen:

$$1 - \frac{15}{31} = \frac{16}{31}$$

c) Wahrscheinlichkeit, dass im Skat eine Herz- und eine Pikkarte liegen:

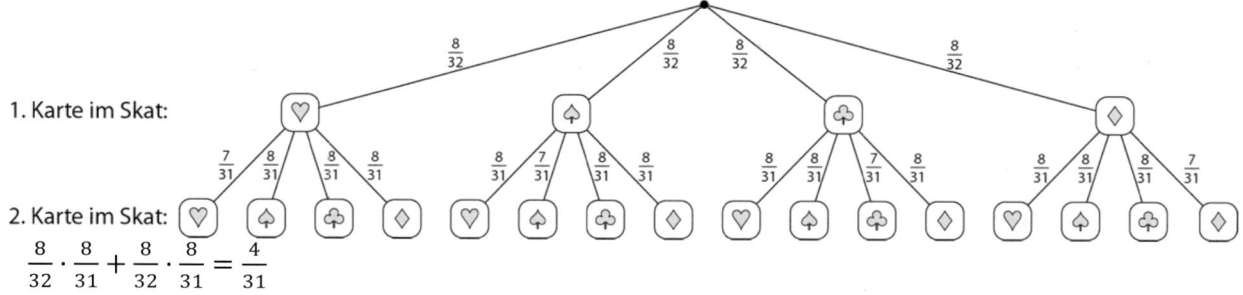

$$\frac{8}{32} \cdot \frac{8}{31} + \frac{8}{32} \cdot \frac{8}{31} = \frac{4}{31}$$

d) Wahrscheinlichkeit, dass im Skat zwei Kreuzkarten liegen:

$$\frac{8}{32} \cdot \frac{7}{31} = \frac{7}{124}$$

Seite 15, Aufgabe 21

a) Wahrscheinlichkeiten dafür, dass Malte als erstes eine 20-Cent-Münze zieht: $\frac{4}{8} = \frac{1}{2}$

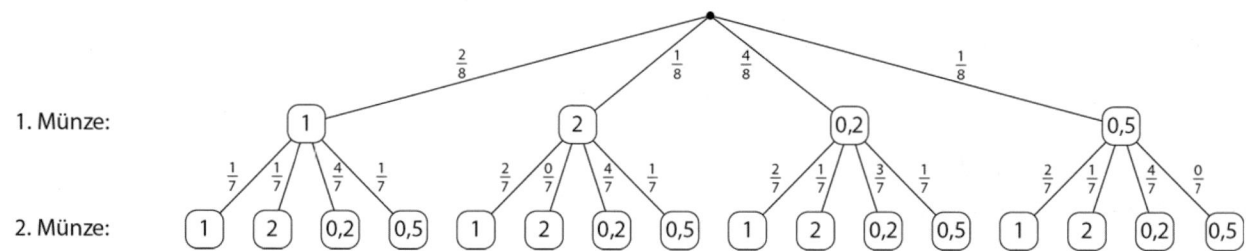

b) Wahrscheinlichkeit dafür, dass die beiden Münzen zusammen mehr als 1 € ergeben:

$$\frac{2}{8} + \frac{1}{8} + \frac{4}{8} \cdot \left(\frac{2}{7} + \frac{1}{7}\right) + \frac{1}{8} \cdot \left(\frac{2}{7} + \frac{1}{7}\right) = \frac{9}{14}$$

c) Wahrscheinlichkeiten dafür, dass es weniger sind als 80 Cent:

$$\frac{4}{8} \cdot \left(\frac{3}{7} + \frac{1}{7}\right) + \frac{1}{8} \cdot \frac{4}{7} = \frac{5}{14}$$

Seite 15, Aufgabe 22

Es bietet sich die Modellierung eines zweistufigen Versuchs an. Auf der ersten Stufe wird per Zufall entschieden, ob die erste Komponente verfügbar ist, auf der zweiten Stufe wird per Zufall über die Verfügbarkeit der zweiten Komponente entschieden.

Als Wahrscheinlichkeit für die Verfüg- bzw. Nichtverfügbarkeit wählt man den Anteil der Verfügbarkeit bzw. Nichtverfügbarkeit an der Gesamtzeit.

Wahrscheinlichkeit dafür, dass die 1. Komponente verfügbar ist: $P_1 = 0{,}98$

Wahrscheinlichkeit dafür, dass die 2. Komponente verfügbar ist: $P_2 = 0{,}96$

Wahrscheinlichkeit dafür, dass beide Komponenten verfügbar sind: $P_1 \cdot P_2 = 0{,}9408$

Wahrscheinlichkeit dafür, dass das gesamte System nicht verfügbar ist: $1 - P_1 \cdot P_2 = 0{,}0592$

Die Wahrscheinlichkeiten, umgerechnet in Zeiten, bezogen auf ein Jahr (365 Tage):

$0{,}02 = 2\,\%$ $\triangleq$ 7 Tage, 7 Stunden und 12 min

$0{,}04 = 4\,\%$ $\triangleq$ 14 Tage, 14 Stunden und 24 min

$0{,}0592 = 5{,}92\,\%$ $\triangleq$ 21 Tage, 14 Stunden und 35,52 min

Seite 15, Aufgabe 23

Individuelle Lösungen.

Beispiel:

In einem Gefäß befinden sich zwei grüne und 3 rote Kugeln. Es wird ohne Zurücklegen gezogen.

Seite 15, Aufgabe 24

a) Mögliche Ausgänge sind W1; W2; W3; W4; W5; W6; Z1; Z2; Z3; Z4; Z5; Z6.

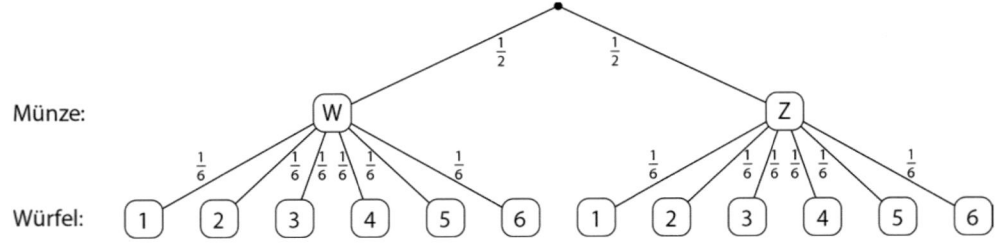

b) Neben dem Baumdiagramm aus a) ist auch das folgende (gleichwertige) Baumdiagramm möglich:

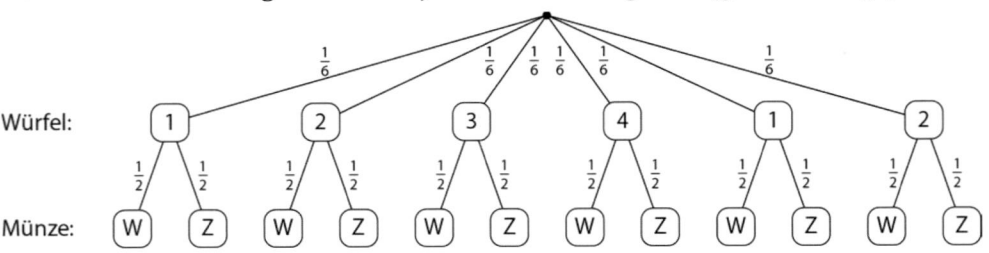

Seite 15, Aufgabe 25

Mit Zurücklegen:

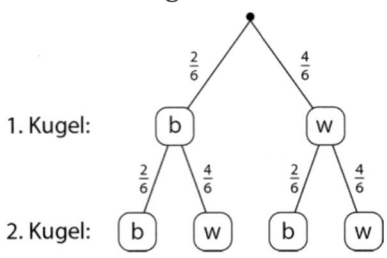

Wahrscheinlichkeit, zwei gleichfarbige Kugeln zu ziehen:

$$\frac{2}{6} \cdot \frac{2}{6} + \frac{4}{6} \cdot \frac{4}{6} = \frac{5}{9} \approx 0{,}56$$

Ohne Zurücklegen:

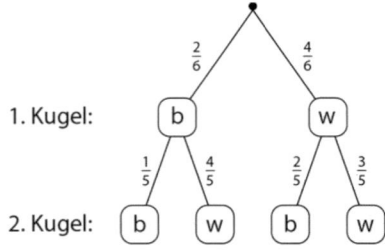

Wahrscheinlichkeit, zwei gleichfarbige Kugeln zu ziehen:

$$\frac{2}{6} \cdot \frac{1}{5} + \frac{4}{6} \cdot \frac{3}{5} = \frac{7}{15} \approx 0{,}47$$

Der Spieler sollte sich dafür entscheiden, die zuerst gezogene Kugel wieder zurückzulegen

Seite 15, Aufgabe 26

Angenommen wird hier, dass Jungen- und Mädchengeburten gleich wahrscheinlich sind. Man bezeichnet mit M* das Mädchen, welches gesehen wurde. Das erste Kind in der Klammer bezeichnet das jüngere, das zweite das ältere Kind. Dann bedeutet in der Argumentation von Aussage A (M; M) eigentlich (M*; M) oder (M; M*). Somit sind es nicht drei, sondern vier gleich wahrscheinliche Fälle, wie in Aussage B beschrieben. Aussage B ist folglich richtig.

Zusatz: Da man davon ausgehen kann, dass die Geschlechter der beiden Geschwister voneinander unabhängig sind, beträgt die Wahrscheinlichkeit dafür, dass das andere Kind ein Mädchen ist, 0,5.

Seite 15, Aufgabe 27

Es liegt ein zehnstufiger Versuch vor.

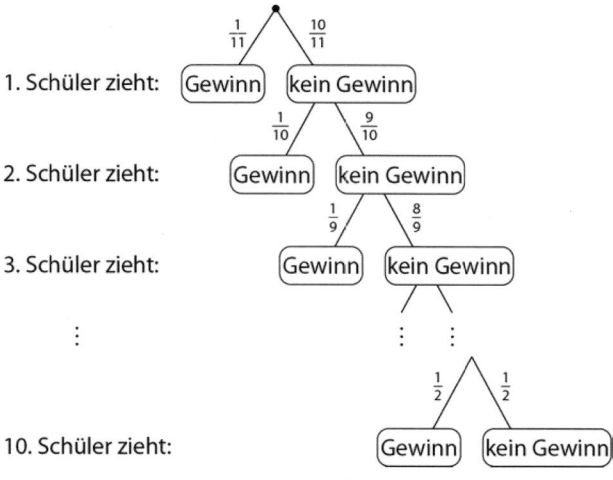

$P(\text{„1. Schüler gewinnt.“}) = \frac{1}{11}$

$P(\text{„2. Schüler gewinnt.“}) = \frac{10}{11} \cdot \frac{1}{10} = \frac{1}{11}$

$P(\text{„3. Schüler gewinnt.“}) = \frac{10}{11} \cdot \frac{9}{10} \cdot \frac{1}{9} = \frac{1}{11}$

...

$P(\text{„10. Schüler gewinnt.“}) = \frac{10}{11} \cdot \frac{9}{10} \cdot \frac{8}{9} \cdot \ldots \cdot \frac{2}{3} \cdot \frac{1}{2} = \frac{1}{11}$

$P(\text{„11. Schüler gewinnt.“}) = \frac{10}{11} \cdot \frac{9}{10} \cdot \frac{8}{9} \cdot \ldots \cdot \frac{2}{3} \cdot \frac{1}{2} \cdot 1 = \frac{1}{11}$

Da alle Wahrscheinlichkeiten gleich groß sind, ist das Verfahren fair.

Seite 16, Aufgabe 28

a) Individuelle Lösungen.

b) Ein einzelnes Spiel wird durch ein zweistufiges Experiment modelliert. Die Abfolge von zwei Stufen bedeutet nicht, dass die Spieler die Figur nacheinander zeigen. Auf der 1. Stufe wählt Spieler 1 per Zufall eine Figur, die 2. Stufe beschreibt die zufällige Wahl von Spieler 2.

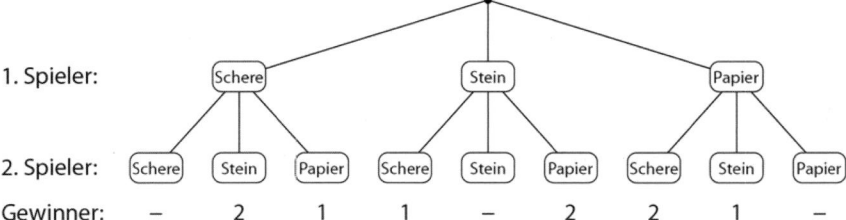

Alle Wahrscheinlichkeiten an den Ästen sind nach der Voraussetzung in der Aufgabe gleich $\frac{1}{3}$.

Wie die Auswertung zeigt, hat dann jeder Spieler mit der Wahrscheinlichkeit $3 \cdot \left(\frac{1}{3}\right)^2 = \frac{1}{3}$ einen Gewinn. Das Spiel ist fair.

c) Das Baumdiagramm zeigt, dass es für beide Spieler jeweils 10 Gewinnmöglichkeiten gibt.

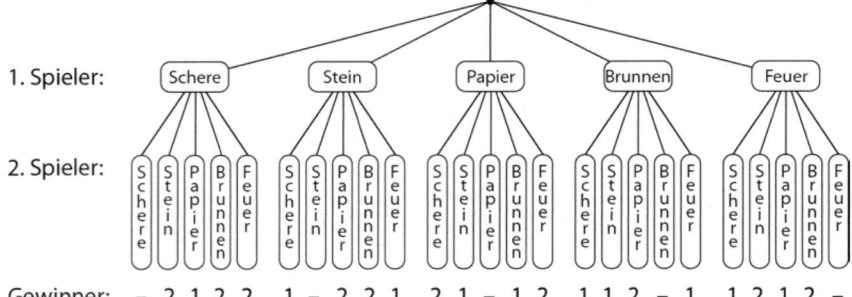

Sofern beide Spieler die Figuren mit denselben Wahrscheinlichkeiten auswählen, ist das Spiel fair. Das Baumdiagramm zeigt aber, dass „Brunnen" als Figur denjenigen bevorzugt, der diese Figur zeigt. Damit wäre das Spiel nicht mehr fair.

Seite 16, Aufgabe 29

a) Es befanden sich 6 rote und 4 grüne Kugeln in dem Gefäß. Es wurde ohne Zurücklegen gezogen.

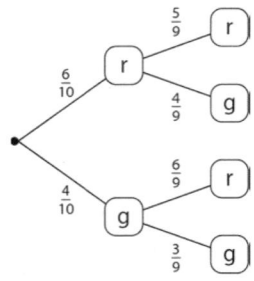

b) Ziehen mit Zurücklegen:

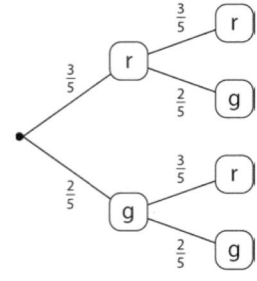

Vernetzen

Seite 16, Aufgabe 30

Man bezeichnet die zwei Lagen eines Kronkorkens z. B. danach, was er beim Liegen dem Betrachter zeigt: „Deckel" bzw. „innen". Bei dem zweifachen Wurf des Kronkorkens haben die Ereignisse „zuerst ‚Deckel', dann ‚innen'" und „zuerst ‚innen', dann ‚Deckel'" nach der Pfadregel die gleiche Wahrscheinlichkeit. Folglich kann man beim Auslosen vereinbaren:

Bei („Deckel" - „innen") gewinnt Person A.

Bei („innen" - „Deckel") gewinnt Person B.

Bei („Deckel" - „Deckel") bzw. („innen" - „innen") wird noch einmal geworfen.

Seite 16, Aufgabe 31

a) „In die dritte Runde kommen" bedeutet, dass der Kandidat die beiden ersten Fragen richtig erraten muss. Die Wahrscheinlichkeit dafür beträgt: $\frac{1}{4} \cdot \frac{1}{4} = \frac{1}{16}$

b) „In der dritten Runde ausscheiden" bedeutet, dass der Kandidat in die dritte Runde kommen muss (also die beiden ersten Fragen richtig erraten und dann die dritte Frage falsch beantworten). Die Wahrscheinlichkeit dafür beträgt: $\frac{1}{4} \cdot \frac{1}{4} \cdot \frac{3}{4} = \frac{3}{64}$

c) „Die 10. Frage richtig beantworten" bedeutet „alle Fragen richtig beantworten". Die Wahrscheinlichkeit dafür beträgt: $\left(\frac{1}{4}\right)^{10} = 0,000\,095\,\%$

Seite 17, Aufgabe 32

Ziehen der 1. Socke:

Ziehen der 2. Socke:

a) $\frac{2}{11} \cdot \frac{1}{10} = \frac{1}{55}$

b) $\frac{2}{11} \cdot \frac{1}{10} + \frac{3}{11} \cdot \frac{2}{10} + \frac{6}{11} \cdot \frac{5}{10} = \frac{19}{55}$

c) Im schlimmsten Fall zieht er nach der blauen Socke zwei weiße und sechs schwarze Socken. Er müsste dann also noch neunmal ziehen.

d) $\frac{2}{10} + \frac{8}{10} \cdot \frac{2}{9} + \frac{8}{10} \cdot \frac{7}{9} \cdot \frac{2}{8} = \frac{8}{15}$

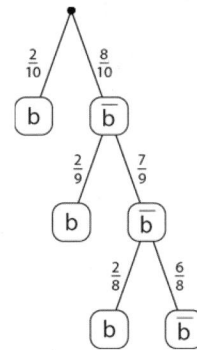

Seite 17, Aufgabe 33

Mit dem Zitat wird eine Fehlvorstellung thematisiert. Die Wahrscheinlichkeit für „Rot" beträgt, ein idealer Roulettetisch vorausgesetzt, bei jedem neuen Spiel $\frac{1}{2}$, unabhängig davon, wie oft vorher „Rot" aufgetreten war.

R $\triangleq$ „Rot", S $\triangleq$ „Schwarz".

Es sind z. B. die Folgen RRRRRRRRRR, RSRRSRSSRS und SSSSSRRRRR alle gleich wahrscheinlich, auch wenn die erste und die dritte besonders auffällig erscheinen.

Seite 17, Aufgabe 34

a) Messungen: Individuelle Lösungen.

Beispiel für die Dauer der einzelnen Phasen		
Rot	Gelb	Grün
44 s	2 s	37 s

In diesem Beispiel hat die Gelbphase an der Gesamtzeit einer Rot-Gelb-Grün-Folge nur einen Anteil von ca. 2,4 %. Eine andere Möglichkeit wäre, die Gelbphase zur Hälfte der Grün- und zur Hälfte der Rotphase zuzuordnen. Dem würde entsprechen, dass es genau genommen eine Rot-Gelb-Phase und eine Grün-Gelb-Phase gibt.

Schätzung der Wahrscheinlichkeiten:

Eine sinnvolle Annahme ist es, den Anteil der Rotphase bzw. Grünphase an der Gesamtzeit als Wahrscheinlichkeit für ein „Anhalten müssen" bzw. ein „Durchfahren können" zu nehmen. In diesem Fall gilt also:

Gesamtzeit: 44 s + 37 s = 81 s

$$P(\text{„Rot"}) = \frac{44}{81}$$

$$P(\text{„Grün"}) = \frac{37}{81}$$

b) Es liegt ein zweistufiger Versuch vor.

$$P(\text{„grüne Welle"}) = P(\text{„beide Ampeln auf Grün"})$$
$$= P(\text{„1. Ampel auf Grün"}) \cdot P(\text{„2. Ampel auf Grün"})$$
$$\approx 0{,}209$$

$$P(\text{„genau einmal Rot"}) = P(\text{„1. Ampel auf Rot und 2. Ampel auf Grün"})$$
$$+ P(\text{„1. Ampel auf Grün und 2. Ampel auf Rot"})$$
$$\approx 0{,}496$$

$$P(\text{„zweimal Rot"}) = P(\text{„1. Ampel auf Rot"}) \cdot P(\text{„2. Ampel auf Rot"})$$
$$\approx 0{,}295$$

Seite 17, Aufgabe 35

Simulation: Individuelle Lösungen.

Die Wahrscheinlichkeit, dass unter 30 Personen zwei an demselben Tag Geburtstag haben, beträgt ungefähr 0,706.

Ab 23 Personen ist die Wahrscheinlichkeit für ein Paar mit demselben Geburtstag größer als 0,5.

Seite 17, Aufgabe 36

a) Für jedes Viereck, das gezeichnet wird, stehen zwei Entscheidungen an:

Wahl eines achsensymmetrischen Vierecks

Auswahl der Farbe

Mögliche Argumente dafür, dass ein Laplace-Experiment vorliegt:

Die Entscheidung für Viereck und Farbe fällt willkürlich, somit ist die Wahrscheinlichkeit für die Wahl eines achsensymmetrischen Vierecks (Quadrat, Rechteck, Raute, Drachenviereck oder gleichschenkliges Trapez) stets gleich und zwar $\frac{1}{5}$.

Für die Wahl der Farbe (rot oder grün) beträgt die Wahrscheinlichkeit $\frac{1}{2}$.

Mögliche Argumente dafür, dass kein Laplace-Experiment vorliegt:

Quadrat und Rechteck sind „bekanntere" Vierecke und könnten somit häufiger gewählt werden als die anderen.

Auch bei der Farbe könnte die Entscheidung durch persönliche Vorlieben beeinflusst sein.

In diesen Fällen läge dann keine Gleichverteilung vor.

b) Gleich lange Diagonalen besitzen Quadrate, Rechtecke und gleichschenklige Trapeze.

Wahrscheinlichkeit für die Wahl eines Quadrats: $\frac{2}{6}$

Wahrscheinlichkeit für die Wahl eines Rechtecks: $\frac{1}{6}$

Wahrscheinlichkeit für die Wahl eines gleichschenkligen Trapezes: $\frac{1}{6}$

Wahrscheinlichkeit für die Wahl eines roten Vierecks mit

gleich langen Diagonalen: $\frac{2}{6} \cdot \frac{1}{2} + \frac{1}{6} \cdot \frac{1}{2} + \frac{1}{6} \cdot \frac{1}{2} = \frac{1}{3}$

1.2 Vierfeldertafel

Aufträge

Seite 18, Fußballfans

Die Zahlen für die Mädchen ergeben sich aus den vorgegebenen Summen.

	Mädchen	Jungen	Zusammen
Schalke-Fans	23	31*	54
Keine Schalke-Fans	35	19	54
Zusammen	58	50	108

*Diese Zahl wurde so gewählt, dass das 2. und 3. Ereignis im nächsten Teil der Aufgabe sinnvoll wird.

Die Zahl 19 bei den Jungen für „kein Schalke-Fan" ergibt sich dann aus den Summen.

Die Zahl 23 nennt die Anzahl der Mädchen an der Schule, die Schalke-Fans sind.

$\frac{23}{58}$: Ein befragtes Mädchen ist Schalke-Fan

$\frac{31}{50}$: Ein befragter Junge ist Schalke-Fan

$\frac{54}{108}$: Eine befragte Person ist Schalke-Fan oder auch für das Ereignis „kein Schalke-Fan"

Die Ereignisse unterscheiden sich in der Grundmenge, in der das Ereignis „Schalke-Fan" betrachtet wird.

Schalke-Fan ist Junge: $\frac{31}{54}$ Junge ist Schalke-Fan: $\frac{31}{50}$

Die unterschiedlichen Möglichkeiten ergeben sich aus den unterschiedlichen Fragestellungen.

Baumdiagramm:

Zuerst Auswahl Junge oder Mädchen, dann Fan oder Nicht-Fan

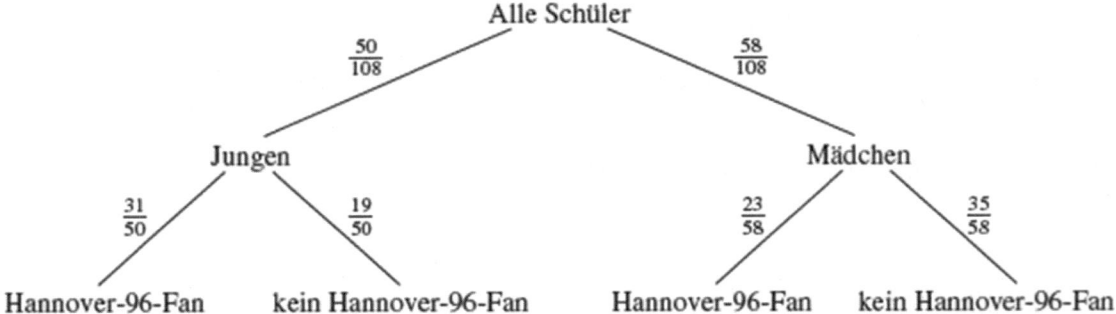

Zuerst Auswahl Fan oder Nicht-Fan, dann Junge oder Mädchen

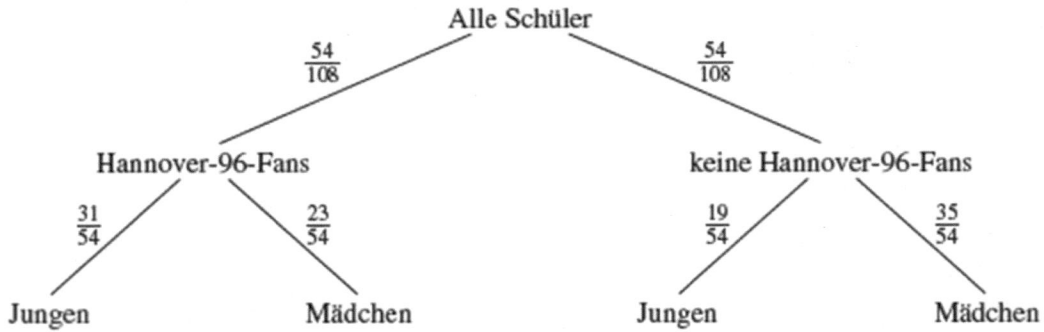

Seite 18, Alternative: Ein neuer Impfstoff

Die Güte der Impfung kann man mithilfe einer Untersuchung bewerten, ob eine zufällig ausgewählte Person aus der untersuchten Gruppe, die geimpft wurde, mit einer geringeren Wahrscheinlichkeit erkrankt ist als eine Person, die nicht geimpft wurde. Man ergänzt die Vierfeldertafel um die Summen in den Zeilen und Spalten:

	Erkrankt	Nicht erkrankt	
Geimpft	117	389	506
Nicht geimpft	289	165	454
	406	554	960

Ereignis G: Eine zufällig ausgewählte Person wurde geimpft.

Ereignis K: Eine zufällig ausgewählte Person erkrankte an Grippe.

Wahrscheinlichkeit dafür, dass eine zufällig ausgewählte Person eine Impfung erhalten hat:

$$P(G) = \frac{506}{960} \approx 0{,}53$$

Wahrscheinlichkeit dafür, dass eine zufällig ausgewählte Person keine Impfung erhalten hat:

$$P(\bar{G}) = \frac{454}{960} \approx 0{,}47$$

Wahrscheinlichkeit dafür, dass eine unter den geimpften Personen zufällig ausgewählte Person an Grippe erkrankt ist: $P_G(K) = \frac{117}{506} \approx 0{,}23$

Wahrscheinlichkeit dafür, dass eine unter den nicht geimpften Personen zufällig ausgewählte Person an Grippe erkrankt ist: $P_{\bar{G}}(K) = \frac{289}{454} \approx 0{,}64$

Damit wird deutlich, dass die Impfung das Risiko mindert, an Grippe zu erkranken.

Man kann diese Wahrscheinlichkeiten auch so berechnen:

$$P(G \cap K) = \frac{117}{960}$$

$$P_G(K) = \frac{117}{506} = \frac{117}{506} : \frac{506}{960} = \frac{P(G \cap K)}{P(G)}$$

$$P(\bar{G} \cap K) = \frac{289}{960}$$

$$P_{\bar{G}}(K) = \frac{289}{454} = \frac{289}{690} : \frac{454}{960} = \frac{P(\bar{G} \cap K)}{P(\bar{G})}$$

Seite 19, Alternative: Holz oder Plastik?

Dieser Auftrag wird im Schülerbuch auf Seite 20 f. bearbeitet.

Seite 19, Alternative: Haare und Augen

Die Wahrscheinlichkeit, dass ein zufällig aus der Gruppe ausgewählter Mensch schwarze Haare (Ereignis sH) und braune Augen (Ereignis bA) hat, lässt sich mithilfe der Angaben aus der Vierfeldertafel berechnen.

Es ist $P(sH \cap bA) = \frac{26}{128} \approx 0{,}93$.

Von den 28 Menschen mit schwarzen Haaren haben 26 braune Augen. Für die bedingte Wahrscheinlichkeit, dass ein Schwarzhaariger braunen Augen hat, erhältst du: $P_{sH}(bA) = \frac{26}{28} \approx 0{,}93$.

Du kannst diese Wahrscheinlichkeit auch wie oben mithilfe einer Formel berechnen:

$$P_{sH}(bA) = \frac{P(sH \cap bA)}{P(sH)} = \frac{\frac{26}{128}}{\frac{28}{128}} = \frac{26}{28} \approx 0{,}93.$$

Ohne die Bedingung der Schwarzhaarigkeit, also in der Gesamtbevölkerung, ist die Wahrscheinlichkeit für braune Augen wesentlich geringer: $P(bA) = \frac{26}{128} \approx 0{,}20$.

Man nennt die beiden Ereignisse braune Augen und schwarze Haare in diesem Fall abhängig.

Hätte das Ereignis „schwarze Haare" keinen Einfluss auf das Ereignis „braune Augen", so hätte sich $P_{sH}(bA) = P(bA)$ ergeben und die beiden Ereignisse wären unabhängig voneinander.

Sind zwei Ereignisse A und B unabhängig, so gilt also $P_A(B) = P(B)$.

Für $P_A(B)$ kannst du nach der Formel für bedingte Wahrscheinlichkeiten auch $\frac{P(A \cap B)}{P(A)}$ schreiben.

Das ergibt $\frac{P(A \cap B)}{P(A)} = P(B)$, und umgeformt $P(A \cap B) = P(A) \cdot P(B)$.

Trainieren

Seite 23, Aufgabe 1

Relative Häufigkeiten in Klammern

Schüler	weiblich	männlich	zusammen
sprachlicher Zweig	359 (33,7 %)	258 (24,2 %)	617 (57,9 %)
naturwissenschaftlicher Zweig	211 (19,8 %)	238 (22,3 %)	449 (42,1 %)
zusammen	570 (53,5 %)	496 (46,5 %)	1066 (100 %)

Seite 23, Aufgabe 2

Ergänzte Vierfeldertafel:

Befragte	Tourist (T)	Ortsansässig (O)	Summe
Weiblich (W)	0,35	0,12	0,47
Männlich (M)	0,32	0,21	0,53
Summe	0,67	0,33	1

a)

Befragte	Tourist (T)	Ortsansässig (O)	Summe
Weiblich (W)	35	12	47
Männlich (M)	32	21	53
Summe	67	33	100

b)

Befragte	Tourist (T)	Ortsansässig (O)	Summe
Weiblich (W)	128	44	172
Männlich (M)	117	77	194
Summe	245	121	366 (367)

Da nur ganzzahlige Werte in der Tabelle auftreten können, ergibt sich beim mathematisch richtigen Runden der berechneten Werte, dass nur 366 Personen befragt worden wären. Also muss in einer der vier Gruppen eine Person mehr gewesen sein.

c) Es sind insgesamt $\frac{70}{0,35} = 200$ Personen befragt worden.

Seite 23, Aufgabe 3

Person	Geimpft	Nicht geimpft	Summe
Erkrankt	37	651	688
Nicht erkrankt	883	109	992
Summe	920	760	1680

a) Insgesamt 37 geimpfte Personen sind erkrankt, d. h. bei Ihnen hat der Impfstoff nicht gewirkt. Unter Berücksichtigung der Gesamtzahl der geimpften Personen ist diese Zahl gering.

b) $p = \frac{109}{1680} = 0{,}0648 = 6{,}48\%$

c) Insgesamt 651 Personen sind erkrankt und waren nicht geimpft. $p = \frac{651}{1680} = 0{,}3875 = 38{,}75\%$

Dies ist die Wahrscheinlichkeit zu erkranken, wenn man nicht geimpft ist.

Seite 23, Aufgabe 4

a)

Schüler	Wiesdorf	Bergstadt	Summe
Jungen	30	18	48
Mädchen	36	24	60
Summe	66	42	108

b) i) $p = \frac{66}{108} = 0{,}611 = 61{,}1\%$

   ii) $p = \frac{60}{108} = 0{,}556 = 55{,}6\%$

   iii) $p = \frac{18}{108} = 0{,}167 = 16{,}7\%$

   iv) $p = \frac{30}{108} = 0{,}278 = 27{,}8\%$

c) $p = \frac{24}{42} = 0{,}571 = 57{,}1\%$

d) $p = \frac{18}{48} = 0{,}375 = 37{,}5\%$

Seite 24, Aufgabe 5

a)

	Frauen	Männer	
Einheimische	1510 (20,5 %)	1139 (15,5 %)	2649 (36,0 %)
Auswärtige	2261 (30,7 %)	2449 (33,3 %)	4710 (64,0 %)
	3771 (51,2 %)	3588 (48,8 %)	7359 (100 %)

b) Der Gesamtanteil der Frauen betrug 51,2 %.

c) Beispiele:
- Der Anteil der auswärtigen Männer betrug 33,3 %.
- Von den einheimischen Besuchern waren 57,0 % Frauen.

Seite 24, Aufgabe 6

a) Menge aller, die Jungen und „Nicht-Fans" sind

b) Menge aller Mädchen

c) Menge aller Jungen unter den Fans

d) Menge aller Fans unter den Jungen

e) Unter den Jungen gibt es keine „Nicht-Fans", d. h. alle Jungen sind auch Fans.

f) Das ist eine reine Mädchenschule.

Seite 24, Aufgabe 7

a) Die gezogene Kugel ist rot und trägt eine geradzahlige Nummer. $P(A \cap B) = \frac{7}{11} \cdot \frac{3}{7} = \frac{3}{11} = 0{,}273 = 23{,}7\%$ .Anmerkung: 3 der roten Kugeln tragen eine gerade Nummer.

b) Aus der Menge der roten Kugeln trägt die gezogene Kugel eine geradzahlige Nummer.

$$P_A(B) = \frac{3}{7} = 0{,}429 = 42{,}9\%$$

c) Aus der Menge der grünen Kugeln trägt die gezogene Kugel eine geradzahlige Nummer.

$$P_{\bar{A}}(B) = \frac{2}{4} = 0{,}5 = 50\%$$

d) Aus der Menge der Kugeln mit geradzahliger Nummer wird eine rote Kugel gezogen.

$P_B(A) = \frac{3}{5} = 0{,}6 = 60\%$. Es gibt insgesamt 5 Kugeln mit einer geraden Nummer, von diesen sind drei rot.

e) Aus der Menge der Kugeln mit ungeradzahliger Nummer wird eine rote Kugel gezogen.

$P_{\bar{B}}(A) = \frac{4}{6} = 0{,}667 = 66{,}7\%$ Es gibt insgesamt 6 Kugeln mit einer ungeraden Nummer, von diesen sind vier rot.

f) Aus der Menge der roten Kugeln eine rote zu ziehen, hat die Wahrscheinlichkeit 1. Daher entspricht dieses Ereignis dem unter b).

Seite 24, Aufgabe 8

Ergänzung des Baumes (grüne Felder von oben nach unten):

$0{,}43 \cdot 0{,}32 = 0{,}14$

$0{,}43 \cdot 0{,}68 = 0{,}29$

$0{,}41 / 0{,}57 = 0{,}72$

$0{,}16 / 0{,}57 = 0{,}28$

a) Zweig KR: P=0,41

b) 0,68

c) 0,29

d) 0,68

e) 0,57

f) Diese Wahrscheinlichkeit setzt sich aus der Summe der Wahrscheinlichkeiten für die Zweige KR und HR zusammen: $P = 0{,}41 + 0{,}14 = 0{,}55$

Seite 25, Aufgabe 9

a)

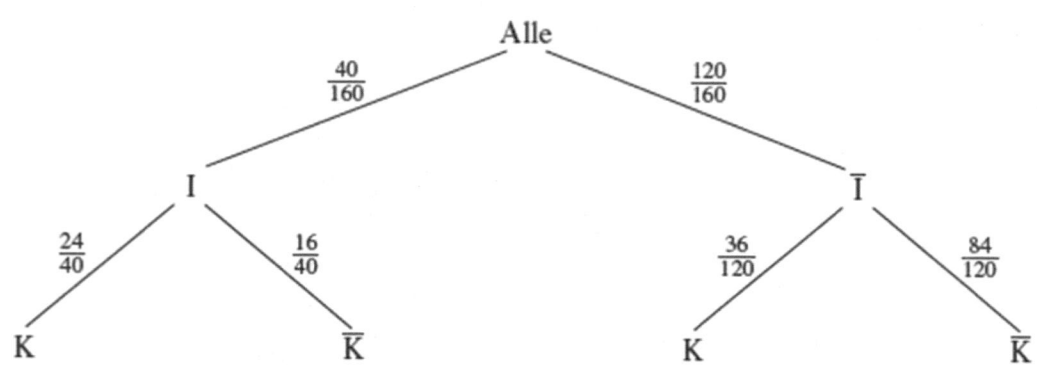

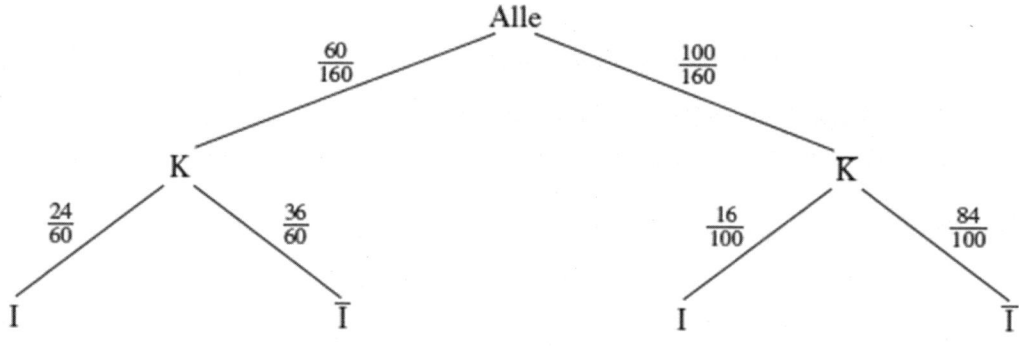

b)

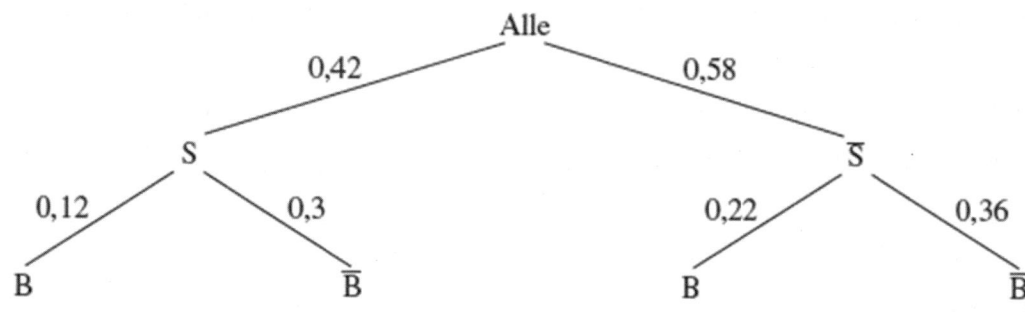

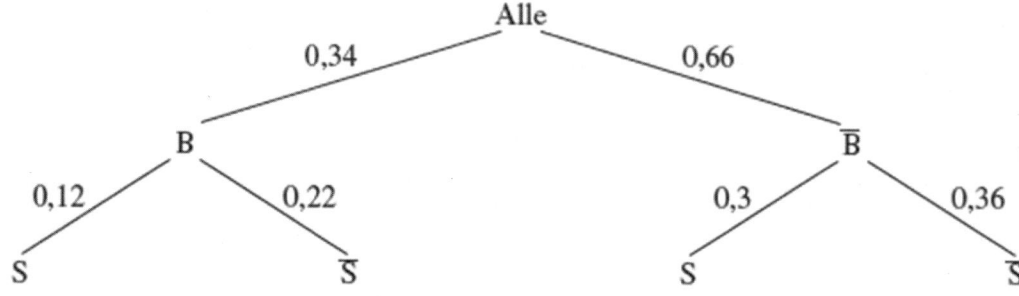

Seite 25, Aufgabe 10

a) $P_A(K) = \frac{0,03}{0,12} = 0,25$

$P(A \cap T) = 0,12 \cdot 0,75 = 0,09$

$P(B) = 1 - P(A) = 1 - 0,12 = 0,88$

$P(B \cap K) = 0,88 \cdot 0,56 = 0,49$

$P(B \cap T) = 1 - P(B \cap K) - P(A \cap T) - P(A \cap K) = 1 - 0,03 - 0,09 - 0,49 = 0,69$

$P_B(T) = \dfrac{0,39}{0,88} = 0,44$

b) Individuelle Lösungen

Seite 25, Aufgabe 11

a)

	B	$\bar{B}$	
A	0,24	0,06	0,3
$\bar{A}$	0,35	0,35	0,7
	0,59	0,41	1

b)

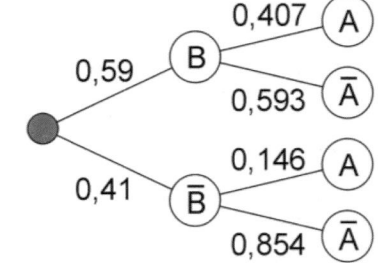

Seite 25, Aufgabe 12

a)

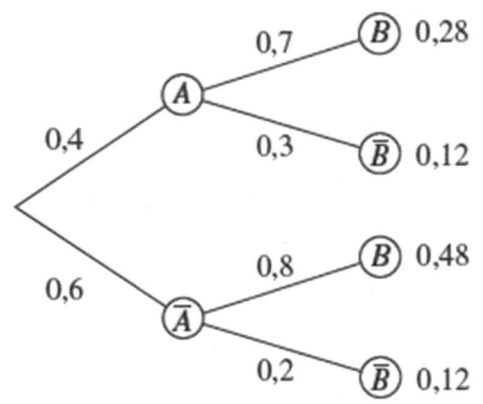

b)

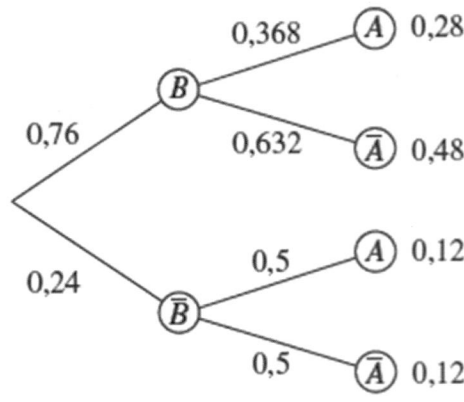

c)

	B	$\bar{B}$	
A	0,248	0,48	0,76
$\bar{A}$	0,12	0,12	0,24
	0,40	0,60	1

d) $P(A) = 0,4; P(B) = 0,76$

$P(A \cap B) = 0,28; P_A(B) = 0,7$

$P_B(A) = 0,368; P_{\bar{A}} = 0,8; P_{\bar{B}=0,632}$

Seite 25, Aufgabe 13

Zum Beispiel: Ein Würfel wird geworfen. Man betrachte die Ereignisse A: gerade Augenzahl,

B: Augenzahl höchstens 3.

$P_A(B)$: Die Wahrscheinlichkeit, dass die Augenzahl höchstens 3 ist, wenn man weiß, dass sie gerade ist.

$P_B(A)$: Die Wahrscheinlichkeit, dass die Augenzahl gerade ist, wenn man weiß, dass die höchstens 3 ist

Noch fit?

Seite 26, Aufgabe I

a) Scheitelpunkt: S(2|1)

b) Die Ableitung jeder quadratischen Funktion der Form $f(x) = ax^2 + bx + c$ ist eine lineare Funktion der Form $g(x) = ax + b$. Diese weist immer eine Nullstelle auf und ist somit ein Hinweis auf einen Extrempunkt.

Seite 26, Aufgabe II

Temperatur um 6 Uhr morgens: $f(6) = 12,48\,°C$

Temperatur um 21 Uhr abends: $f(21) = 19,23\,°C$

Höchsttemperatur: Um 16 Uhr nachmittags mit 26,48 °C.

Anwenden

Seite 26, Aufgabe 14

Individuelle Lösungen

Seite 26, Aufgabe 15

a) $\frac{58+22}{146+72} = \frac{80}{218} = 36{,}7\%$ b) $\frac{58}{218} = 26{,}6\%$ c) $\frac{58}{80} = 72{,}8\%$

Seite 26, Aufgabe 16

a) Gesamtheit aller produzierten Autos: $\frac{15000}{0{,}75} = \mathbf{20000}$

Am Standort A werden 25 % aller Autos gebaut: 5000 Stück. Davon sind Kombis:

$1 - 0{,}65 - 0{,}25 = 0{,}1 = 10\%$, d. h. 500 Kombis werden in A gebaut.

b) Sechsfeldertafel:

Autos	Standort A	Standort B	Summe
Limousine L	3250 (16,25 %)	5250 (26,25 %)	8500 (42,5 %)
Coupé C	1250 (6,25 %)	3750 (18,75 %)	5000 (25 %)
Kombi K	500 (2,5 %)	6000 (30 %)	6500 (32,5 %)
Summe	5000 (25 %)	15 000 (75 %)	20 000 (100 %)

c) Aus der Tafel: 6 500 Kombis entsprechen einem Anteil von 32,5 %. Bezogen auf die Gesamtheit aller Autos wurde ein Coupé mit einer Wahrscheinlichkeit von 18,75 % im Werk B gefertigt.

Seite 27, Aufgabe 17

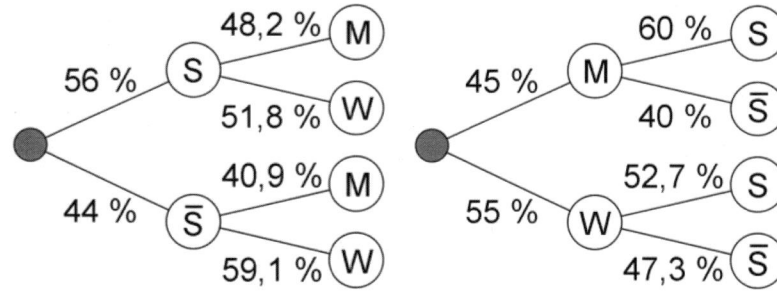

Seite 27, Aufgabe 18

a)

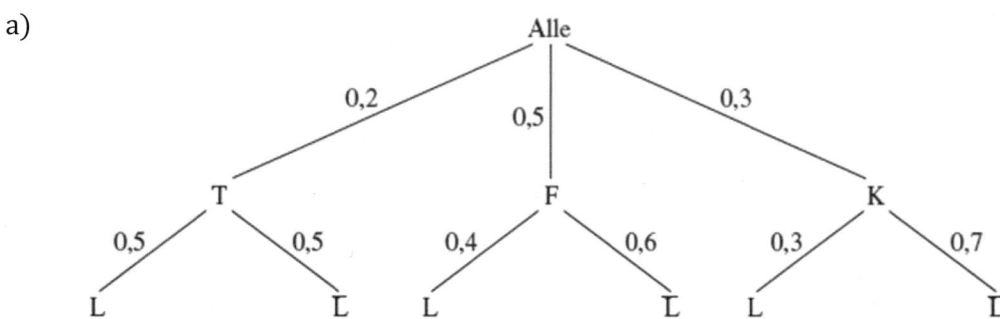

b) $P(T) = 0{,}2$: Wahrscheinlichkeit dafür, dass ein gekauftes Brett aus Tannenholz ist.

$P(L) = 0{,}2 \cdot 0{,}5 + 0{,}5 \cdot 0{,}4 + 0{,}3 \cdot 0{,}3 = 0{,}39$: Wahrscheinlichkeit dafür, dass ein gekauftes Brett lackiert ist. $P(K \cap L) = 0{,}3 \cdot 0{,}3 = 0{,}09$: Wahrscheinlichkeit dafür, dass ein gekauftes Brett aus Kiefer und lackiert ist. $P_F(L) = 0{,}4$: Wahrscheinlichkeit dafür, dass ein gekauftes Brett, von dem man vorher wusste, dass es aus Fichte ist, lackiert ist.

c) Siehe b) zweites Ergebnis

Seite 27, Aufgabe 19

a) $P(\overline{K})$: Wahrscheinlichkeit, dass eine zufällig ausgewählte Person die Krankheit nicht hat.

$P(D \cap \overline{K})$: Wahrscheinlichkeit, dass eine zufällig ausgewählte Person nicht erkrankt ist, das Diagnoseverfahren aber auf die Krankheit hinweist.

b) $P_K(\overline{D})$ und $P_{\overline{K}}(D)$ sollten möglichst klein sein, $P_K(D)$ und $P_{\overline{K}}(\overline{D})$ möglichst groß.

c) Dies hängt stark von der Art und Gefährlichkeit der Erkrankung, den Risiken des Diagnoseverfahrens und den möglichen Therapien und deren Erfolgschancen, Gefahren und Nebenwirkungen ab.

Seite 27, Aufgabe 20

Aus den Angaben des ersten Artikels kann man einen Baum zeichnen:

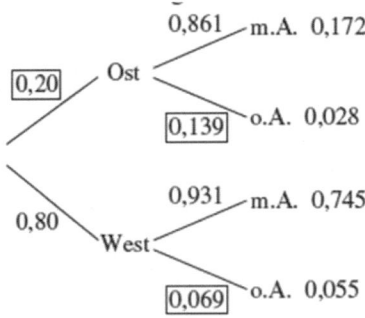

Nun werden die Angaben des zweiten Artikels mit diesem Baum verglichen. Die deutschlandweite Arbeitslosenquote erhält man aus dem Baum durch Addition der beiden Zweigenden „o. A.": $0{,}055 + 0{,}028 = 0{,}083$ Dieser Wert stimmt mit dem des zweiten Artikels überein. Der Anteil der Arbeitslosen aus den östlichen Ländern ergibt sich aus dem Baum zu $\frac{0{,}028}{0{,}083} = 0{,}337 = 33{,}7\%$

Mit einer zu vernachlässigenden Abweichung stimmen auch hier die Werte aus beiden Artikeln überein. Anteil der Beschäftigten aus den westlichen Ländern berechnet mit den Werten aus dem Baum: $\frac{0{,}745}{0{,}745+0{,}172} = 0{,}812 = 81{,}2\,\%$. Auch hier kann die geringe Abweichung vernachlässigt werden, so dass festzustellen ist, dass beide Artikel den Sachverhalt richtig wiedergeben.

Seite 27, Aufgabe 21

A: Jugendlicher treibt regelmäßig Sport; B: die Eltern treiben Sport.

a)   b)

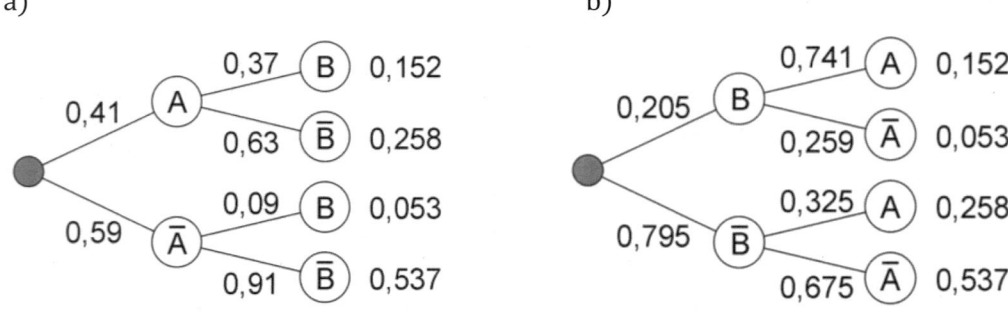

28

c) Beispiel: „Eine Untersuchung zum Sportverhalten von Jugendlichen und deren Eltern hat ergeben, dass nur 20 % der Eltern regelmäßig Sport treiben. Von solchen Eltern treiben etwa drei Viertel der jugendlichen Kinder Sport, von den nicht Sport treibenden Eltern nur ein Drittel."

Seite 28, Aufgabe 22

Für die bessere Handhabbarkeit ist wesentlich, ob die Zahlen in Abhängigkeit voneinander gegeben sind oder nicht, so dass keine, oder wenige Umrechnungsvorgänge nötig sind.

a) Die Darstellung in einer Vierfeldertafel ist vorzuziehen, da die Zahlen nicht als bedingte Wahrscheinlichkeiten gegeben sind.

Einwohner in Mio.	Deutsch	Ausländisch	Summe
Männer	36,5	3,8	40,3
Frauen	38,5	3,5	42
Summe	75	7,3	82,3

b) Hier bietet sich eine Baumdarstellung an, weil bedingte Wahrscheinlichkeiten gegeben sind.

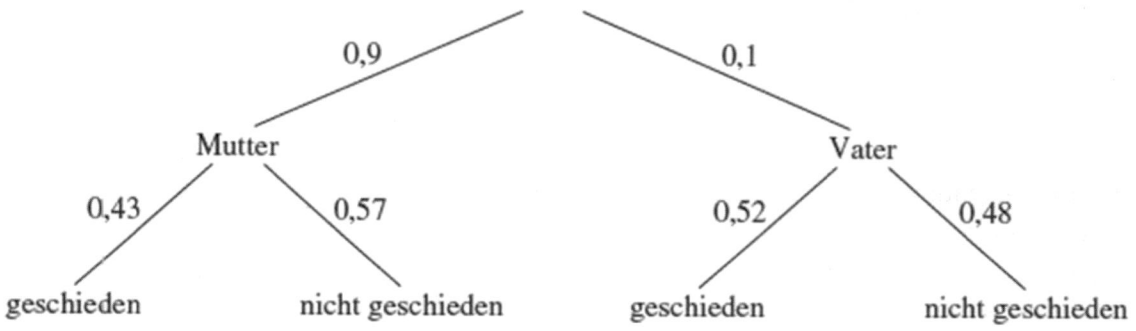

c) Hier bietet sich eine Baumdarstellung an, weil bedingte Wahrscheinlichkeiten gegeben sind.

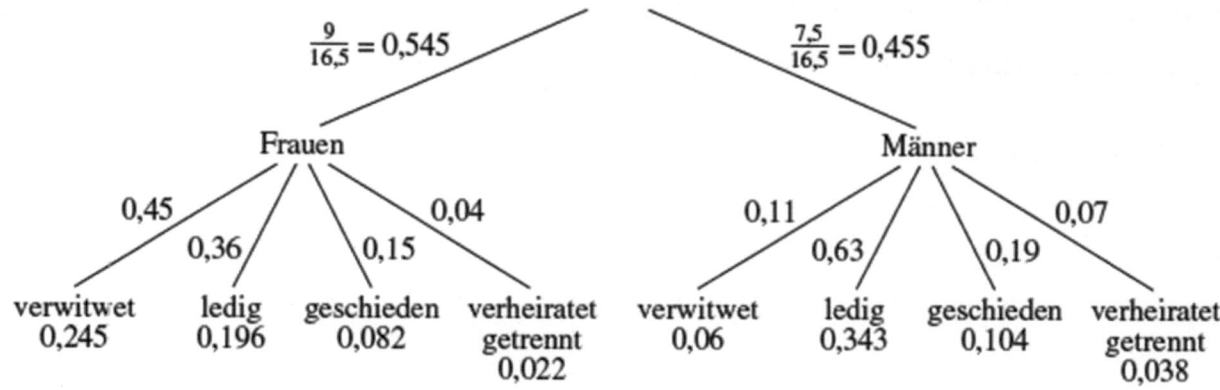

Seite 28, Aufgabe 23

a)

	Mit Erwerb	Erwerbslos	
Frauen	21,7%	29,4%	51,1%
Männer	27,0%	21,9%	48,9%
	48,7%	51,3%	100%

b) Beispiele:

Die Erwerbsquote insgesamt beträgt 48,7 %.

Unter den Erwerbslosen sind 57,3 % Frauen.

c) Anteil der Frauen unter den Erwerbstätigen: $P_E(F) = \frac{21,7}{48,7} = 44,6\%$

Der gegebene Wert war der Anteil der Erwerbstätigen unter den Frauen: P F (E) ≈ 42,4 %.

Vernetzen

Seite 28, Aufgabe 24

a) Die Mitglieder eines Automobilclubs sind nicht repräsentativ für die Gesamtheit der Deutschen.

b) Entscheidend wäre noch die Information, wie groß der Anteil der Angegurteten unter den Verkehrsteilnehmern ist. Da diese wohl deutlich über 90 % liegt, ist man ohne Gurt stärker gefährdet als mit.

c) Ähnlich zu b): Zu Hause hält man sich am meisten auf.

d) Ähnlich zu b): Fußball ist eine sehr verbreitete Sportart. Seltener betriebene Sportarten, wie z. B. Eishockey, können also durchaus (für den Einzelnen) gefährlicher sein.

Seite 28, Aufgabe 25

Sei x die Anzahl der weißen Kugeln. Dann ist 10 − x die Anzahl der schwarzen Kugeln.

$$P(1\,w,\,1s) = \frac{x}{10} \cdot \frac{10-x}{9} + \frac{10-x}{10} \cdot \frac{x}{9} = \frac{10x-x^2}{45}$$

Ansatz: $\frac{10x-x^2}{45} + \frac{8}{15} \Leftrightarrow 10x - x^2 = 24 \Leftrightarrow x^2 - 10x - 24 = 0 \Leftrightarrow (x-4)(x-6) = 0 \Leftrightarrow x = 4$ oder $x = 6$,

also entweder 4 oder 6 weiße Kugeln.

Seite 29, Aufgabe 26

Rechts ist der Baum für P (A) = x und P (A ∩ E) = y abgebildet.

Man erhält die Gleichungen

(1) y = x − 0,6 aus P (A ∩ E)

(2) 0,175 − y = (1 − x) · 0,1

aus P (B ∩ E). Dieses Gleichungssystem mit zwei Gleichungen für die zwei Unbekannten x und y liefert die Werte: x = 0,75; y = 0,15

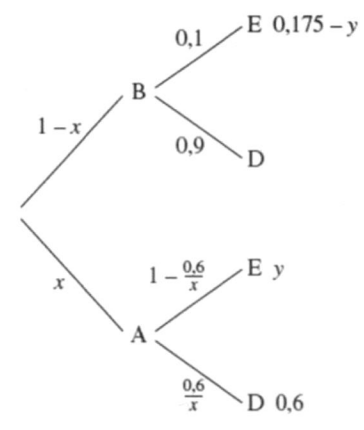

Ergebnisbaum:

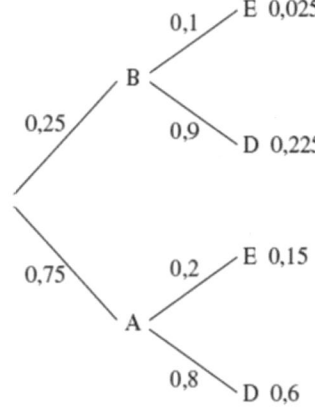

Seite 29, Aufgabe 27

a) A: Ein neugeborenes Mädchen wird 80 Jahre alt

$P(A) = 0,679$

B: Ein 20 jähriger Mann wird 80 Jahre alt.

$P(B) = 0,48525 : 0,99145 = 0,4894$

C: Ein 30 jähriger Mann wird 80 Jahre alt.

$P(C) = 0,48525 : 0,98502 = 0,4926$

b) Man weiß bei der Berechnung der Wahrscheinlichkeit, dass der Mann 80 Jahre alt wird, bereits. dass er schon 20 bzw. 30 Jahre alt geworden ist. Somit kann man nicht mehr von den 100.000 Lebendgeborenen ausgehen. Daher muss man hier die bedingte Wahrscheinlichkeit anwenden.

Seite 29, Aufgabe 28

„Fiktive Universität:"

Gesamt	Zugelassen	Nicht zugelassen	
Männer	660	240	900
Frauen	300	500	800
	960	740	1700

Es wirkt frauenfeindlich, da insgesamt rund 56,5 % der Bewerber zugelassen wurden, bei den Frauen jedoch nur 37,5 % der Bewerberinnen.

Nach Fachbereichen:

A	Zugelassen	Nicht zugelassen	
Männer	640	160	800
Frauen	90	10	100
	730	170	900

Insgesamt 81,1% zugelassen, bei den Frauen jedoch 90%

B	Zugelassen	Nicht zugelassen	
Männer	20	80	100
Frauen	210	490	700
	230	570	800

Insgesamt 28,8% zugelassen, bei den Frauen jedoch 30%

Fazit: In beiden Fachbereichen wurden anteilsmäßig mehr Frauen zugelassen. Die Verzerrung im Gesamtergebnis entsteht durch die Kombination, dass im Fachbereich B ein deutlich kleinerer Anteil zugelassen wird und sich dort besonders viele Frauen bewerben.

Zahlenbeispiel für eine zu Unrecht männerfeindlich erscheinende Universität:

	Männer		Frauen	
	Bewerber	Zugelassen	Bewerberinnen	Zugelassen
Fachbereich A	90	32	30	6
Fachbereich B	10	10	70	68
Insgesamt	100	42	100	74

In beiden Fachbereichen werden die Männer bevorzugt zugelassen, aber in der Gesamtheit werden bei den weiblichen Bewerberinnen anteilsmäßig mehr zugelassen.

Methode: Zufallszahlen erzeugen

Individuelle Bearbeitung, die Lösungen sind im Schülerbuch abgebildet.

1.3 Zufallsexperimente simulieren

Aufträge

Seite 32, Mathematik beim Teeklatsch

(I)   Dies ist sicher keine geeignete Simulation für die Aufgabenstellung. Wie soll zweimal die gleiche Zahl gezogen werden, wenn ohne Zurücklegen gespielt wird?

(II)   Dies könnte eine geeignete Simulation sein, weil es möglich ist, dass zwei Mädchen die gleiche Zahl ziehen, und alle Zahlen gleich wahrscheinlich sind ($p = \frac{1}{12}$).

(III)   Dies ist sicher keine geeignete Simulation für die Aufgabenstellung, weil es nur 11 statt 12 mögliche Ergebnisse gibt und diese auch nicht gleich wahrscheinlich sind. Die Augensummen lassen sich auf unterschiedlich viele verschiedene Weisen erzeugen, z. B.:

$3 = 2 + 1 = 1 + 2$ (2 Möglichkeiten);

$5 = 1 + 4 = 4 + 1 = 2 + 3 = 3 + 2$ (4 Möglichkeiten).

(IV)   Dieses Experiment entspricht (II), nur in einer anderen Darstellungsform. Die Wahrscheinlichkeit, eine bestimmte Karte zu ziehen, beträgt ebenfalls $p = \frac{1}{12}$.

(V)   Dieses Experiment entspricht ebenfalls (II). Die 6 Möglichkeiten des Würfels werden durch die Kombination mit dem Münzwurf auf 12 aufgestockt. Die Wahrscheinlichkeit für eine bestimmte Kombination (z. B. Kopf und „4") beträgt ebenfalls $p = \frac{1}{12}$.

Rechnerische Ermittlung der gesuchten Wahrscheinlichkeit P zur Kontrolle des Schätzwertes:

$P = 1 - P$ („5 verschiedene Sternzeichen")

$P = 1 - 1 \cdot \frac{11}{12} \cdot \frac{10}{12} \cdot \frac{9}{12} \cdot \frac{8}{12} = 1 - \frac{11 \cdot 5}{12 \cdot 12} = \frac{144 - 55}{144} = \frac{89}{144} \approx 61,8\,\%$

Seite 32, Alternative: Das Ziegenproblem

Siehe Lösung zu: „Projekt: Das Ziegenproblem"

Trainieren

Seite 35, Aufgabe 1

a)   Doppelter Münzwurf: K: Kopf; Z: Zahl.

Mögliche Ergebnisse: $\{(K, K); (K, Z); (Z, K); (Z, Z)\}$.

Die Wahrscheinlichkeit jedes dieser Ergebnisse beträgt $p = \frac{1}{2} \cdot \frac{1}{2} = \frac{1}{4}$.

Das Experiment lässt sich mit einem einmaligen Wurf eines Tetraeder-Würfels simulieren. Man ordnet jedem möglichen Ergebnis eine Zahl zu. Die Wahrscheinlichkeiten betragen beim Tetraeder-Würfel für jede Zahl ebenfalls 0,25

b)   Einfacher Münzwurf: K: Kopf; Z: Zahl.

Mögliche Ergebnisse: $\{K; Z\}$.

Die Wahrscheinlichkeit jedes dieser Ergebnisse beträgt $p = \frac{1}{2}$.

Das Experiment lässt sich mit einem einmaligen Wurf eines Tetraeder-Würfels simulieren.

Man ordnet jedem möglichen Ergebnis zwei Zahlen (z. B. K für gerade Zahl, Z für ungerade Zahl) zu. Die Wahrscheinlichkeit für gerade bzw. ungerade beträgt beim Tetraeder-Würfel ebenfalls 0,5.

c) Glücksrad mit 3 gleich großen Sektoren: S i : Sektor i.

Mögliche Ergebnisse: $\{S_1; S_2; S_3\}$.

Die Wahrscheinlichkeit jedes dieser Ergebnisse beträgt beim Würfel $p = \frac{1}{3}$.

Das Experiment lässt sich mit einem einmaligen Wurf eines normalen Würfels simulieren. Man ordnet jedem möglichen Ergebnis zwei Zahlen (z. B. S_1 für 1 oder 2; S_2 für 3 oder 4; S_3 für 5 oder 6) zu. Die Wahrscheinlichkeit für ein Paar von Zahlen beträgt beim Würfel $p = \frac{1}{6} + \frac{1}{6} = \frac{1}{3}$

d) Glücksrad mit 10 gleich großen Sektoren: S_i : Sektor i.

Mögliche Ergebnisse: $\{ S_1 ; S_2 ; S_3 ; S_4 ; S_5 ; S_6 ; S_7 ; S_8 ; S_9 ; S_{10} \}$.

Die Wahrscheinlichkeit jedes dieser Ergebnisse beträgt $p = \frac{1}{10}$. Das Experiment lässt sich mit einem einmaligen Wurf eines Ikosaeder-Würfels simulieren. Man ordnet jedem möglichen Ergebnis zwei Zahlen (z. B. S_1 für 1 oder 2; S_2 für 3 oder 4; S_3 für 5 oder 6 usw.) zu. Die Wahrscheinlichkeit für ein Paar von Zahlen beträgt beim Ikosaeder-Würfel $p = \frac{1}{20} + \frac{1}{20} = \frac{1}{10}$.

e) Glücksrad mit 5 gleichen Sektoren: S_i : Sektor i.

Mögliche Ergebnisse: $\{ S_1; S_2; S_3; S_4; S_5 \}$.

Die Wahrscheinlichkeit jedes dieser Ergebnisse beträgt $p = \frac{1}{5}$.

Das Experiment lässt sich mit einem einmaligen Wurf eines Ikosaeder-Würfels simulieren. Man ordnet jedem möglichen Ergebnis vier Zahlen (z. B. S_1 für 1, 2, 3 oder 4; S_2 für 5, 6, 7 oder 8; S_3 für 9, 10, 11 oder 12 usw.) zu. Die Wahrscheinlichkeit für einen Vierer von Zahlen beträgt beim Ikosaeder-Würfel $p = 4 \cdot \frac{1}{20} = \frac{1}{5}$.

f) Ziehen aus einer Urne:

S: Schwarz, $p_S = \frac{1}{2}$; W: Weiß, $p_W = \frac{1}{4}$; R: Rot, $p_R = \frac{1}{4}$.

Mögliche Ergebnisse: $\{S; W; R\}$.

Das Experiment lässt sich mit einem einmaligen Wurf eines Oktaeder-Würfels simulieren. Man ordnet Schwarz vier Zahlen (z. B. 1, 2, 3, 4), Weiß zwei Zahlen (z. B. 5, 6) und Rot ebenfalls zwei Zahlen (z. B. 7, 8) zu. Dadurch erhält man für die Ereignisse gleiche Wahrscheinlichkeiten wie bei dem Urnenexperiment:

Vier Zahlen: $p = 4 \cdot \frac{1}{8} = \frac{1}{2}$

Zwei Zahlen: $p = 2 \cdot \frac{1}{8} = \frac{1}{4}$

g) Ziehen aus einer Urne.

Mögliche Ergebnisse: $\{1; 2; 3; 4; 5; 6; 7\}$.

Die Wahrscheinlichkeit jedes dieser Ergebnisse beträgt $p = \frac{1}{7}$.

Mit dem Oktaederwürfel ist eine Nachbildung des Experiments möglich, wobei die Zahl 8 ignoriert wird (bei „8" wird noch einmal gewürfelt).

h) Fünfstellige Zufallszahl.

Mögliche Ergebnisse: $\{00000; 00001; \ldots ; 99999\}$.

Die Wahrscheinlichkeit jedes dieser Ergebnisse beträgt $p = \frac{1}{100000}$.

Simulation durch fünfmaliges Werfen des Ikosaeders. Dabei wird bei jedem Wurf von der Augenzahl nur die Einerziffer verwendet. So erhält man eine fünfstellige Zufallszahl.

Beispiel: 5 Würfe mit den Augenzahlen 15, 7, 5, 20 und 13 ergeben die Zufallszahl 57 503.

Seite 35, Aufgabe 2

Möglichkeit 1: In einer Urne befinden sich 3 rote und 3 schwarze Kugeln. Jede Kugel trägt außerdem eine der Ziffern 1 ... 6.

Das Experiment wird in zwei Schritten durchgeführt:

    (1) Eine Kugel ziehen und nach der Farbe auswerten, dann zurücklegen.

    (2) Noch einmal eine Kugel ziehen und nach der Ziffer auswerten.

Möglichkeit 2: Aus 12 durchnummerierten Kugeln eine ziehen.

Seite 35, Aufgabe 3

1. Befehl: Erzeugt zufällig eine der Zahlen 1, 2 oder 3 (gleich wahrscheinlich).

2. Befehl: Erzeugt zufällig eine der Zahlen 0, 1, 2, 3 oder 4 (gleich wahrscheinlich).

3. Befehl: Erzeugt zufällig eine der Zahlen −1 oder 1 (gleich wahrscheinlich).

Seite 35, Aufgabe 4

a) Formel zur Simulation: =GANZZAHL(37 * ZUFALLSZAHL())

b) =WENN(UND(A4 > 0; A4 < 17); ”Manque“; ”NEIN“)

c) Diese Funktion liefert ein ”G“, wenn in A1 eine gerade Zahl steht, und ein ”U“ bei einer ungeraden Zahl.

Seite 35, Aufgabe 5

Möglichkeit 1: Werfen der drei Münzen nacheinander (oder sie sind unterscheidbar).

    Mögliche Ergebnisse: {KKK; KKZ; KZK; KZZ; ZKK; ZKZ; ZZK; ZZZ}.

Es gibt also 6 Möglichkeiten, bei denen nicht alle drei Münzen die gleiche Seite zeigen. Diesen 6 Möglichkeiten wird je eine Augenzahl des Würfels zugeordnet. Tritt beim Werfen der drei Münzen das Ergebnis KKK oder ZZZ ein, so wird das Experiment so lange wiederholt, bis ein zulässiges „Würfelergebnis“ erscheint.

Möglichkeit 2: Beschriften der 6 Seiten der drei Münzen von 1 bis 6, dann zufälliges Ziehen einer Münze und anschließendes Werfen derselben.

Seite 35, Aufgabe 6

a) Simulation mit Zufallszahlen:

    Man kann z. B. fünfstellige Zufallszahlen als Simulation eines Durchgangs verwenden. Die erste Stelle steht dann für die vom „1. Freund“ gewählte Zahl, wobei 0 für 10 steht, usw. Sind in einer fünfstelligen Zufallszahl zwei Ziffern gleich, so entspricht das dem Ereignis, dass zwei Freunde dieselbe Zahl gewählt haben. Eine Auswertung der 50 ersten fünfstelligen Zufallszahlen ergibt: 33 Zahlen besitzen mindestens zwei gleiche Ziffern, 17 nicht. Damit ergibt sich für die gesuchte Wahrscheinlichkeit ein Schätzwert von 66 %. (Rechnerisch: $P = 1 - \frac{10 \cdot 9 \cdot 8 \cdot 7 \cdot 6}{10^5} = 69{,}76\%$

b) Beispiel für eine Excel-Simuliation:

    • Zelle A3: 20 zufällige Zahlen

- Zellen A4–23: =GANZZAHL(100 * ZUFALLSZAHL() + 1)

  (Formel in A4 eintragen, dann rechte untere Ecke der Zelle bis zu A23 ziehen.)
- Zelle F3: Häufigkeiten
- Zellen F4–103: Zahlen 1 bis 100

  (1 in F4 und 2 in F5 eintragen, dann beide Zellen markieren und rechte untere Ecke bis zu F103 ziehen)
- Zellen G4–103: =ZÄHLENWENN($A$4:$A$23; F4)

  (Formel in G4 eintragen, dann rechte untere Ecke der Zelle bis zu G103 ziehen; F4 wird dann in den Folgezeilen automatisch durch F5, F6, F7, ... ersetzt.)
- Zellen B4–23: =WENN(VERWEIS(A4; $F$4:$F$103; $G$4:$G$103) > 1; "!!!!!"; "")

  (Formel in B4 eintragen, dann rechte untere Ecke der Zelle bis zu B23 ziehen; A4 wird dann in den Folgezeilen automatisch durch A5, A6, A7, ... ersetzt.)
- Zelle C7: Eine Zahl mindestens zweimal?
- Zelle D8: =WENN(MAX(G4:G103) > 1; "Ja"; "Nein")

Durch wiederholtes Drücken der Taste F9 (dies bewirkt eine Neuberechnung aller Zufallszahlen) kann nun die Simulation beliebig oft wiederholt werden. (Rechnerische Bestimmung der gesuchten Wahrscheinlichkeit: $P = 1 - \dfrac{100 \cdot 99 \cdot \ldots \cdot 81}{100^{20}} \approx 86,96\%$

Seite 36, Aufgabe 7

Beispiele:

- Sie verwenden drei Münzen (vgl. Aufgabe 2).
- Sie verwenden ein Gefäß mit 6 verschiedenfarbigen Murmeln.
- Anna, als die Ältere und bereits erfahren im Umgang mit dem Taschenrechner, programmiert einen „Würfel" ähnlich der Aufgabe 4.
- Sie entnehmen Papas Skatspiel 6 Karten ...

Seite 36, Aufgabe 8

Mögliche Ergebnisse des Würfelexperiments: {2; 3; 4; ... ; 12}.

Wahrscheinlichkeiten der einzelnen Ergebnisse:

Ergebnis	2	3	4	5	6	7	8	9	10	11	12
P	$\dfrac{1}{36}$	$\dfrac{2}{36}$	$\dfrac{3}{36}$	$\dfrac{4}{36}$	$\dfrac{5}{36}$	$\dfrac{6}{36}$	$\dfrac{5}{36}$	$\dfrac{4}{36}$	$\dfrac{3}{36}$	$\dfrac{2}{36}$	$\dfrac{1}{36}$

Beurteilung der Vorschläge für die Simulation:

Vorschlag A: Hiermit kann das Experiment nicht simuliert werden, da die Wahrscheinlichkeiten für jedes Ergebnis beim Ziehen aus der Urne gleich sind.

Vorschlag B: Dieses Experiment entspricht exakt dem Würfelexperiment. Durch das zweimalige Ziehen aus der Urne der mit 1 bis 6 nummerierten Kugeln werden zwei Zahlen jeweils mit der Wahrscheinlichkeit $\frac{1}{6}$ generiert – genau wie beim Würfeln. Die anschließende Addition der beiden Zahlen ist bei beiden Experimenten gleich und führt auch zum selben Ergebnis.

Vorschlag C: Dieser Vorschlag ist ebenfalls geeignet, da ein Sektor mit dem Öffnungswinkel 10° genau der Wahrscheinlichkeit $\frac{10°}{360°} = \frac{1}{36}$ entspricht. Damit entsprechen die Sektoren mit 10° gerade den

Augensummen 2 und 12, 20° entsprechen den Augensummen 3 und 11, ... , 60° entspricht der Augensumme 7.

Vorschlag D: Hiermit kann das Experiment nicht simuliert werden, da die Wahrscheinlichkeiten für jedes Ergebnis gleich sind. Die Wurfwiederholung bei „1" reduziert lediglich die Anzahl der Ergebnisse auf 11.

Vorschlag E: Alle Ergebnisse des Roulette-Experiments sind gleich wahrscheinlich, daran ändern auch die Division und das Abrunden nichts. Man bildet mit diesen Operationen lediglich jeweils drei Roulette-Ergebnisse auf eine Zahl ab. Die gewünschte Wahrscheinlichkeitsverteilung kann so nicht nachgebildet werden.

Seite 36, Aufgabe 9

Claudia entnimmt z. B. einem Kartenspiel 20 Karten und ordnet jeder Karte eine Zahl zu. Dann lässt sie ihren Bruder 100-mal mit Zurücklegen ziehen. Für jede Zahl wird eine Strichliste bzgl. Ihres Erscheinens geführt. Diese Strichliste gibt dann die Häufigkeiten wieder. Claudia könnte die Aufgabe auch mithilfe einer Tabellenkalkulation unter Verwendung der Funktion
=GANZZAHL(20 * ZUFALLSZAHL() + 1) lösen.

Noch fit?

Seite 36, Aufgabe I

Das Dreieck ABC hat die Seitenlängen $c = 5\ cm$ (Kante des Würfels), $\sqrt{5^2 + 5^2} = 5\sqrt{2}$ und

$$b = \sqrt{5^2 + \left(5\sqrt{2}\right)^2} = 5\sqrt{3}$$

Flächeninhalt: $A = \frac{5\ cm \cdot 5\sqrt{2}\ cm}{2} \approx 17{,}7\ cm^2$

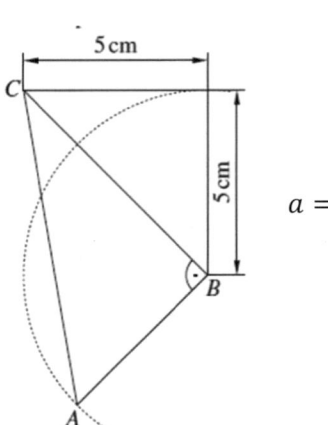

Seite 36, Aufgabe II

a) Konstruktion mithilfe des Thaleskreises:

Zeichne die Hypotenuse $\overline{AB}$ der Länge v=5 cm. Konstruiere die Mittelsenkrechte m zu $\overline{AB}$.

m halbiert $\overline{AB}$ in M. Zeichne den Thaleskreis über $\overline{AB}$. Der Kreis um B mit dem Radius v=2 cm schneidet den Thaleskreis im Punkt C. Verbinde A und C.

Hinweis: Das Dreieck könnte alternativ auch mithilfe von Kongruenzsatz SsW konstruiert werden.

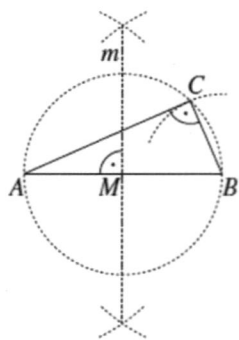

b) Führe die Konstruktion aus a) weiter: Die Parallele zu $\overline{BC}$ durch A und die Parallele zu $\overline{AC}$ durch B schneiden einander im Punkt D. Das Viereck ADBC ist das gesuchte Rechteck.

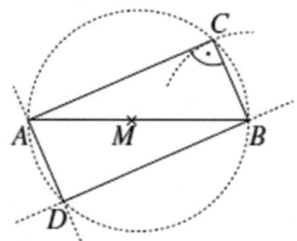

Seite 36, Aufgabe III

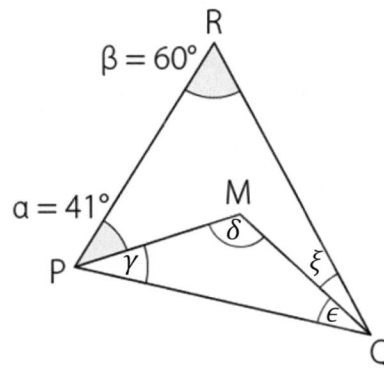

Da der Umfangswinkel doppelt so groß wie der Mittelpunktswinkel ist, gilt $\delta = 120°$.

Das Dreieck PQM ist gleichschenklig. Also gilt $\gamma = \epsilon$. Als dem Satz über die Innenwinkelsumme im Dreieck PQM folgt: $\delta = \epsilon = 30°$.

Wegen $(\alpha + \gamma) + \beta + (\epsilon + \xi) = 180°$ muss $\xi = 19°$ sein.

Seite 36, Aufgabe IV

Konstruiere die Mittelsenkrechte m zu $\overline{MR}$, m halbiert $\overline{MR}$ in A. Zeichne den Thaleskreis über $\overline{MR}$ mit dem Mittelpunkt A. Der Thaleskreis und der gegebene Kreis durch M schneiden einander in den Punkten S und T. Die Gerade durch S und R sowie die Gerade durch T und R sind die gesuchten Tangenten.

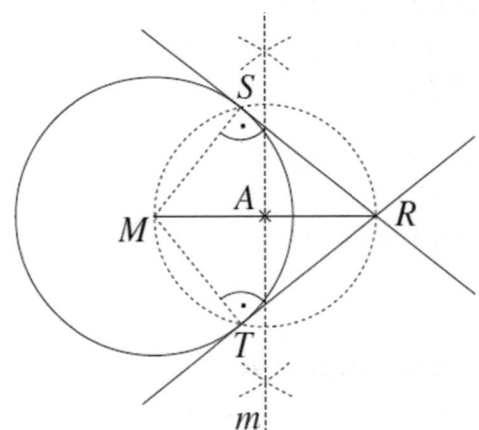

Anwenden

Seite 37, Aufgabe 10

Man benötigt die ersten 80 fünfstelligen Zufallszahlen. Beim Auswerten der Zufallszahlen entsprechen dann beispielsweise die Ziffern 0–4 dem Wappen (W) und die Ziffern 5–9 entsprechen der Zahl (Z) auf der Münze. Hat man dies durchgeführt, findet man in den ersten 100 dieser vierstelligen Zahlen 14, bei denen alle vier Buchstaben übereinstimmen. Nach den Zufallszahlen lägen also bei 14 % der Münzwürfe alle vier Münzen auf derselben Seite. Dies entspricht in etwa der errechneten Wahrscheinlichkeit von

$$2 \cdot \left(\frac{1}{2}\right)^4 = \frac{1}{8} = 0{,}125 = 12{,}5\%$$

Die Tabellenkalkulation liefert ein ähnliches Ergebnis. Der Vorteil hierbei ist jedoch, dass man durch Neuberechnung die Simulation beliebig oft durchlaufen lassen kann. Eine Simulation mittels Tabellenkalkulation kann beispielsweise folgendermaßen aussehen:

	A	B	C	D	E	F	G	H	I
1	**Wurf mit vier Münzen**							A: Alle vier Münzen liegen auf der gleichen Seite	
2	0=Kopf; 1=Zahl								
3	Wurf	Münze 1	Münze 2	Münze 3	Münze 4	Ergebnis		Anzahl Ereignis A bei 100 Würfen	
4	1	1	0	1	0	1010		13	
5	2	1	0	0	0	1000			
6	3	1	0	0	1	1001		Anzahl KKKK	
7	4	0	1	0	1	0101		8	
8	5	1	1	0	1	1101			
9	6	1	1	1	0	1110		Anzahl ZZZZ	
10	7	0	0	1	0	0010		5	
11	8	1	0	1	0	1010			
12	9	1	0	0	0	1000			
13	10	0	0	0	0	0000			
14	11	0	0	1	1	0011			
15	12	1	0	0	1	1001			
16	13	0	0	1	0	0010			
17	14	1	1	1	0	1110			
18	15	1	0	1	0	1010			
19	16	1	0	0	1	1001			
20	17	0	0	1	0	0010			
21	18	1	0	0	1	1001			
22	19	0	1	0	1	0101			
23	20	1	1	0	0	1100			
24	21	1	1	1	0	1110			
25	22	0	0	0	1	0001			

Seite 37, Aufgabe 11

a) Mit den ersten 30 Ziffern aus der Zufallszahlentabelle im Schülerbuch ergibt sich:

Zufallsziffer	0	1	2	3	4	5	6	7	8	9
Häufigkeit	1	4	5	4	4	0	4	3	3	2

Interpretation:

In „Semmel 0" ist eine Rosine, in „Semmel 1" 4 Rosinen usw.

b) Mit einer Tabellenkalkulation wird man meist folgende Schätzwerte erhalten:

- Wahrscheinlichkeit dafür, dass sich in einer Semmel keine Rosine befindet: 3 % bis 7 %.
- Wahrscheinlichkeit dafür, dass sich in einer Semmel 5 oder mehr Rosinen befinden: 14 % bis 25 %.

Seite 37, Aufgabe 12

Möglichkeit 1: Siehe Aufgabe 8, Experiment B.

Möglichkeit 2: Man füllt die Urne mit insgesamt 36 Kugeln mit folgenden Anzahlen und Beschriftungen:

Beschriftung	2	3	4	5	6	7	8	9	10	11	12
Anzahl	1	2	3	4	5	6	5	4	3	2	1
P	$\frac{1}{36}$	$\frac{2}{36}$	$\frac{3}{36}$	$\frac{4}{36}$	$\frac{5}{36}$	$\frac{6}{36}$	$\frac{5}{36}$	$\frac{4}{36}$	$\frac{3}{36}$	$\frac{2}{36}$	$\frac{1}{36}$

Seite 37, Aufgabe 13

a) Die Anweisung dient zur Simulation eines Münzwurfes. Wenn die Zufallszahl kleiner als 0,5 ist, so wird „K" in die Zelle geschrieben. Wenn die Zufallszahl größer oder gleich 0,5 ist, so wird „Z" in die Zelle geschrieben.

b) Beispiel:
- Zellen B7–16: =WENN(ZUFALLSZAHL() < 0,5; „K"; „Z")
- Zelle A10: Anzahl „K":
- Zelle A11: =ZÄHLENWENN(B7:B16; „K")

Die Betätigung der Funktionstaste F9 bewirkt eine Neuberechnung aller Zufallszahlen, also eine erneute Simulation von 10 Münzwürfen.

Seite 37, Aufgabe 14

a) *Simulation mit Spielkarten:*

3 Spielkarten auswählen, z. B. Herz-As, Karo-7 und Karo-8. Die verdeckten Spielkartenstehen für die geschlossenen Türen mit dahinter befindlichem Inhalt: Herz-As hier für das Auto, Karo-7 und Karo-8 für die Ziegen. Eine Person ist der Showmaster, er legt die Karten verdeckt aus, kennt aber deren „Inhalt". Eine weitere Person ist der Kandidat und wählt eine Karte. Der „Showmaster" dreht nun eine der beiden anderen Karten um, so dass eine „Ziege" erscheint, und bietet die andere Karte zum Wechseln an.

b) *Simulation mit Zufallszahlen:*

In einer Reihe von Zufallsziffern streicht man alle Ziffern 0 und ersetzt die anderen Ziffern z. B. folgendermaßen: Ziffern 1, 2, 3 durch „A"; 4, 5, 6 durch „B"; 7, 8, 9 durch „C". Es entsteht somit eine zufällige Folge der Buchstaben A, B und C. Nun fasst man immer zwei Buchstaben zu einem „Wort" zusammen. Jedes solche Wort steht für ein Spiel, wobei der erste Buchstabe die Tür angibt, hinter der das Auto verborgen ist, und der zweite Buchstabe die vom Kandidaten ursprünglich gewählte Tür. Bei zwei gleichen Buchstaben führt die Strategie „Wechseln" immer zur Niete und bei zwei verschiedenen Buchstaben (z. B. „AB") immer zum Treffer. (Hier: der Showmaster kann jetzt nur die Tür C öffnen, der Kandidat wechselt zu A – Treffer!)

c) *Simulation mit einer Tabellenkalkulation:*
- Zelle A2: Simulation des Ziegenproblems
- Zelle A4: Spiel 1
- Zelle B4: Auto hinter Tür:
- Zelle C4: = GANZZAHL(ZUFALLSZAHL() * 3 + 1)
- Zelle D4: Kandidat wählt Tür:
- Zelle E4: = GANZZAHL(ZUFALLSZAHL() * 3 + 1)
- Zelle B5: Gewinn ohne Wechsel:
- Zelle D5: = C4 = E4 (liefert den Wert WAHR oder FALSCH)
- Zelle E5: = WENN(D5; 1; 0)
- Zelle F5: = E5
- Zelle B6: Gewinn mit Wechsel:
- Zelle D6: = C4 <> E4 (das Symbol <> bedeutet „ungleich")
- Zelle E6: = WENN(D6; 1; 0)

Jetzt Zellen A4 bis F7 markieren, rechte untere Ecke bis einschließlich Zelle F203 ziehen. Auf diese Weise erhält man Simulationen für 50 Spiele. Die Auswertung kann man nun z. B. wie folgt programmieren:

- Zelle H1: Summe
- Zelle I1: Anteil
- Zelle G2: Gewinn ohne Wechsel:
- Zelle H2: = SUMME(F4:F202)
- Zelle I2: = H2 / 50 (Ausgabe in %)
- Zelle G3: Gewinn mit Wechsel:
- Zelle H3: = 50 – H2
- Zelle I3: = H3 / 50 (Ausgabe in %)

Bei 50 Versuchen liegt die relative Häufigkeit eines Gewinns ohne Wechsel bei etwa 20 % bis 45 %, mit Wechsel bei etwa 55 % bis 80 %.

Seite 37, Aufgabe 15

Bemerkung: Hierbei handelt es sich um das Recontre-Problem. Die rechnerische Behandlung ist in Jahrgangsstufe 10 nicht vorgesehen. Die berechnete Wahrscheinlichkeit ist: $\frac{1334961}{10!} \approx 36,8\%$

Simulation mit Spielkarten:

Z. B.: 2 gleiche Sätze von 10 verschiedenen Spielkarten. Die Karten werden getrennt gemischt und dann immer von beiden Seiten eine gezogen. Stimmen zwei überein, so entspricht dies dem Ereignis, dass ein Herr (1. Satz) seinen Hut (2. Satz) bekommen hat. Oder: 1 Satz mit 10 Spielkarten, diese entsprechen den Hüten. 10 Plätze markieren und jeweils mit dem Wert einer der Spielkarten kennzeichnen. Karten mischen und auf die Plätze verteilen. Liegt auf einem Platz die dazugehörige Spielkarte, so bedeutet dies, dass der Herr seinen Hut bekommen hat. Ebenso einfach ist die Simulation mit einer Urne.

Die *Simulation mithilfe einer Tabellenkalkulation* ist anspruchsvoll. Hier ist ein Beispiel:

- Zelle A2: Die vertauschten Hüte
- Zelle A4: "Herr"
- Zellen A5–14: Zahlen 1 bis 10
- Zelle B4: Zufallszahl
- Zellen B5–14: =ZUFALLSZAHL()
- Zelle C4: "entsprechender Hut"
- Zelle F4: Hilfstabelle zum Sortieren
- Zellen F5–14: =KKLEINSTE($B$5:$B$14; A5)
  (Statt A5 steht in den Folgezeilen A6, A7, ... , A14.)
- Zellen G5–14: Zahlen 1 bis 10
- Zellen C5–14: =VERWEIS(B5; $F$5:$F$14; $G$5:$G$14)
  (Statt B5 steht in den Folgezeilen B6, B7, ... , B14.)
- Zelle I4: "Herr – Hut"
- Zellen I5–14: =A5–C5
  (In den Folgezeilen steht: =A6–C6; =A7–C7; ... ; =A14–C14.)
- Zelle B17: Ergebnis:

- Zelle C17: =WENN(PRODUKT(I5:I14) = 0; „Mindestens einer "; "Keiner")
- Zelle D17: bekommt seinen Hut.
- Zelle B19: Tipp: F9 zur Neuberechnung.

Projekt: Berechnung der Zahl pi

Verteilt man so viele Punkte in der Figur aus Viertelkreis und Einheitsquadrat, dass die Flächen vollständig bedeckt sind, so ergibt sich für die Flächen $A_{Viertelkreis} = \frac{1}{4} \cdot \pi \cdot 1^2 = \frac{1}{4}\pi$ und $A_{Einheitsquadrat} = 1$ und daraus für das Verhältnis $\frac{A_{Viertelkreis}}{A_{Einheitsquadrat}} = \frac{1}{4}\pi$.

Das Verhältnis ist also ein Maß für die Kreiszahl π, wenn es mit dem Faktor 4 multipliziert wird. Das Experiment muss dann von den Schülerinnen und Schülern geplant werden. Dazu sollte die Zeichnung des Viertelkreises und des Quadrats nicht zu klein und nicht zu groß sein - ein Radius bzw. eine Seitenlänge von 3 cm erscheint sinnvoll. Zudem muss ein Verfahren gefunden werden, bei dem die Punkte (beispielsweise mit einem Fineliner) „zufällig" gesetzt werden und auch noch die Gesamtzahl mitgezählt wird. Im Anschluss an das Experiment muss die Anzahl von Punkten, die außerhalb der Figur sind, von der Gesamtzahl subtrahiert werden und die Anzahl der Punkte im Viertelkreis ausgezählt werden. Da es sich hier um ein Zufallsexperiment handelt, sollte die Anzahl der insgesamt gesetzten Punkte möglichst groß sein. Wenn möglich, kann das Verfahren auch programmiert werden. Im Internet finden sich dazu unter dem Suchbegriff „Monte- Carlo-Methode, Pi" zahlreiche Beispiele.

Vernetzen

Seite 40, Aufgabe 16

a) $P(A) = \frac{4+3+2+1}{36} = \frac{5}{18} \approx 27{,}8\%$

b) Voraussetzung: Die 9 Kugeln lassen sich eindeutig unterscheiden.
   Beispiel für eine Excel-Simulation:

- Zellen B4–103: =GANZZAHL(9 * ZUFALLSZAHL() + 1)
- Zellen C4–103: =GANZZAHL(9 * ZUFALLSZAHL() + 1)
- Zellen D4–103: =GANZZAHL(9 * ZUFALLSZAHL() + 1)
- Zellen E4–103: =WENN((B4–C4) * (B4–D4) * (C4–D4) = 0; 1; 0)
     (In den Folgezeilen steht statt 4 jeweils 5, 6, 7, ... , 103.)
- Zelle G6: Anzahl "mindestens 2 Gleiche"
- Zelle G7: =SUMME(E4:E103)
- Zelle G9: Schätzwert für P (B):
- Zelle G10: =G7 / 100 (Anzeige in %)
   Diese Kalkulation liefert Schätzwerte für P (B) etwa im Bereich von 25 % bis 40 %.

c) Das Gegenereignis zu dem gesuchten Ereignis ist: Man zieht drei verschiedene Kugeln. Zur Berechnung der Wahrscheinlichkeit für dieses Ereignis geht man in Anlehnung an ein Baumdiagramm wie folgt vor:

   Für das Ziehen der ersten Zahl gibt es 9 von 9 Möglichkeiten: $p_1 = \frac{9}{9}$

Für das Ziehen der zweiten Zahl gibt es 8 von 9 Möglichkeiten: $p_2 = \frac{8}{9}$

Für das Ziehen der dritten Zahl gibt es 7 von 9 Möglichkeiten: $p_3 = \frac{7}{9}$

Da die Einzelexperimente unabhängig voneinander sind (Ziehen mit Zurücklegen), werden zur Berechnung der Wahrscheinlichkeit die drei Einzelwahrscheinlichkeiten multipliziert. Da das Gegenereignis betrachtet wurde, wird die Differenz zu 1 gebildet:

$$P(B) = 1 - p_1 \cdot p_2 \cdot p_3 = 1 - \frac{9}{9} \cdot \frac{8}{9} \cdot \frac{7}{9} = \frac{81-56}{81} = \frac{25}{81} \approx 30,9\,\%$$

Seite 40, Aufgabe 17

Vorbemerkung: Hier soll nicht der „Erwartungswert" eingeführt werden. Jedoch bereitet der Begriff des „mittleren Gewinns" den Schülerinnen und Schülern keine allzu großen Probleme.

a) *Simulation mit einem Würfel:*

Einmal Würfeln entspricht einmaligem Drehen des Glücksrades. Die Zahlen 1 und 2 stehen z. B. für -5; die Zahlen 3 und 4 stehen für -2; die Zahl 5 steht für $+5$; die Zahl 6 steht für $+10$. Simulation mit Zufallszahlen:

Man verwendet z. B. einstellige Zufallsziffern. Die Ziffern 1 und 2 stehen für -5; die Ziffern 3 und 4 stehen für -2; die Ziffer 5 steht für $+5$; die Ziffer 6 steht für $+10$. Die Ziffern 7, 8, 9 und 0 werden ignoriert.

Simulation mit einer Tabellenkalkulation:

- Zelle B3: Zufallszahl zwischen 0 und 6
- Zellen B4–103: =6 * ZUFALLSZAHL()
- Zelle E3: Hilfstabelle zur Ergebnisermittlung
- Zelle E4: 0 • Zelle F4: -5
- Zelle E5: 2 • Zelle F5: -2
- Zelle E6: 4 • Zelle F6: 5
- Zelle E7: 5 • Zelle F7: 10
- Zelle C3: Ergebnis
- Zellen C4–103: =VERWEIS(B4; $E$4:$F$7)
    (In den Folgezeilen steht B5, B6, B7, … , B103 anstelle von B4.)
- Zelle E12: Schätzwert für Gewinn:
- Zelle F12: =MITTELWERT(C4:C103)

b) Für den mittleren Gewinn treten hier Werte etwa im Bereich von $-1,3$ bis $+1,5$ auf. Bei einer einmaligen Simulation von 100 Spielen kann man also kaum etwas erkennen; bei wiederholter Simulation (durch Betätigung der Taste F9) entsteht der Eindruck, dass Antonia auf die Dauer etwas mehr gewinnt als Charlotte.

c) Ermittlung des mittleren Gewinns:

Geht man z. B. von 6 durchgeführten Spielen aus, deren Ergebnisse sich gemäß den Wahrscheinlichkeiten verhalten, so kann man zweimal mit „-5", zweimal mit „-2", einmal mit „$+5$" und einmal mit „$+10$" rechnen. Damit ergibt sich als Gewinn für Antonia bei diesen 6 „repräsentativen" Spielen: $G = 2 \cdot (-5) + 2 \cdot (-2) + 1 \cdot (+5) + 1 \cdot (+10) = +1$. Antonia gewinnt also durchschnittlich bei einem Spiel $\frac{1}{6}$ Gummibärchen hinzu.

d) Man muss das Spiel so verändern, dass der durchschnittliche Gewinn bzw. Verlust Null wird. Man erreicht dies z. B. dadurch, dass Antonia nicht 5, sondern 4 Gummibärchen erhält, wenn der entsprechende Sektor angezeigt wird.

Seite 40, Aufgabe 18

a) Beispiel für eine Excel-Simulation:
   - Zellen A4–10003: Wurf 1, Wurf 2, Wurf 3, … , Wurf 10000
   - Zellen B4–10003: =WENN(ZUFALLSZAHL() < 0,5; "K"; "Z")
   - Zelle D5: Anzahl K
   - Zellen D6–15: nach 1000, 2000, 3000, … , 10000 Würfen
   - Zelle E5: Absolute Häufigkeit
   - Zelle E6: =ZÄHLENWENN(B$4:B$1003; "K")
   - Zelle E7: =ZÄHLENWENN(B$4:B$2003; "K")
   - Zelle E15: =ZÄHLENWENN(B$4:B$10003; "K")
   - Zelle F5: Relative Häufigkeit
   - Zelle F6: =E6 / 1000
   - Zelle F7: =E7 / 2000
   - Zelle F8: =E8 / 3000
   - Zelle F15: =E15 / 10000 (jeweils Anzeige in %)

b) Beispiel für eine Excel-Simulation:
   - Zellen A4–10003: Drehen 1, Drehen 2, … , Drehen 10000
   - Zelle B3: Ergebnis
   - Zellen B4–10003: =GANZZAHL(ZUFALLSZAHL() * 37)
   - Zelle C3: Gleich 0?
   - Zellen C4–10003: =WENN(B4 = 0; "Treffer"; "")
     (Statt B4 steht in den Folgezeilen B5, B6, B7, … , B10003.)
   - Zelle E3: Auswertung:
   - Zelle E4: Anzahl Versuche
   - Zellen E5–8: 10; 100; 1000; 10000
   - Zelle F4: Anzahl Treffer
   - Zelle F5: =ZÄHLENWENN($B$4:$B$13; 0)
   - Zelle F6: =ZÄHLENWENN($B$4:$B$103; 0)
   - Zelle F7: =ZÄHLENWENN($B$4:$B$1003; 0)
   - Zelle F8: =ZÄHLENWENN($B$4:$B$10003; 0)
   - Zelle G4: Relative Häufigkeit
   - Zelle G5: =F5 / E5
   - Zelle G6: =F6 / E6
   - Zelle G7: =F7 / E7
   - Zelle G8: =F8 / E8

Im Allgemeinen nähern sich die Häufigkeiten bei steigender Versuchsanzahl dem berechneten Wert 2,703 % an, in Einzelfällen kann es aber auch vorkommen, dass das nicht der Fall ist.

Seite 40, Aufgabe 19

Beispiel einer Simulation für den Fall 1, dass alle Bilder mit derselben Wahrscheinlichkeit zu erlangen sind:

Zelle A4: Bilder

- Zellen A5–210: =GANZZAHL(ZUFALLSZAHL() * 10)
- Zelle C5: Anzahl der Bilder
- Zellen C7–197: 10; 11; 12; … ; 200
- Zelle F4: Bild
- Zellen F5–O5: 0; 1; 2; … ; 9
- Zelle F6: vorhanden?
- F7–197: =WENN(ZÄHLENWENN($A$5:$A14; F$5) > 0; 1; 0)

  (Statt $A14 steht in den Folgezeilen $A15, SA16, … , $A204).
- G7–197: =WENN(ZÄHLENWENN($A$5:$A14; G$5) > 0; 1; 0)

  (Statt $A14 steht in den Folgezeilen $A15, SA16, … , $A204).
- O7–197: =WENN(ZÄHLENWENN($A$5:$A14; O$5) > 0; 1; 0)

  (Statt $A14 steht in den Folgezeilen $A15, SA16, … , $A204).
- Zelle D5: Serie komplett?
- Zellen D7–197: =WENN(SUMME(F7:O7) = 10; 1; 0)

  (Statt F7:O7 steht in den Folgezeilen F8:O8, F9:O9, … , F197:O197.)

In Spalte D erscheinen nun ab der Bildanzahl, bei der die Serie komplett wird, Einsen. Diese Bildanzahl lässt sich auch optisch hervorheben, z. B. durch einen roten Hintergrund. Dazu wendet man den Menübefehl „Format / Bedingte Formatierung" auf die Zellen C7–197 an. In Zelle C7 gibt man als Bedingung an:

Formel ist =(D6 + D7 = 1)

In den Zellen C8, C9, … , C197 steht dann nach dem Vervielfältigen:

Formel ist =(D7 + D8 = 1); =(D8 + D9 = 1); … ; =(D196+D197=1).

Um den *Fall 2* zu betrachten, dass von einem Bild (hier Bild 0) nur halb so viele Exemplare in Umlauf gebracht werden wie von den anderen, ersetzt man die Formel in den Zellen A5–210 durch folgende:

=GANZZAHL(ZUFALLSZAHL() * 9,5 + 0,5)

Dies bewirkt, dass die Zufallsziffer 0 mit der Wahrscheinlichkeit $\frac{1}{19}$ und die Ziffern 1 bis 9 jeweils mit der Wahrscheinlichkeit $\frac{2}{19}$ erzeugt werden. Bei einem Test mit jeweils 50 Simulationen ergab sich für die Anzahl der benötigten Bilder ein Durchschnittswert von ≈ 28 im Fall 1 und von ≈ 33 im Fall 2. Einzelne Ergebnisse wichen jedoch erheblich nach oben von diesen Durchschnittswerten ab (bis 60 im Fall 1, im Fall 2 gar bis 108).

2. Pyramiden, Kegel und Kugeln

2.1 Pyramide und Kegel

Aufträge

Seite 45, Würfelpuzzle

Jede der Pyramiden hat ein Quadrat mit dem Flächeninhalt $G = a^2$ als Grundfläche und eine Würfelkante mit der Länge $h = a$ als Höhe. Alle drei Pyramiden haben eine Raumdiagonale des Würfels als gemeinsame Kante und sie haben paarweise drei Flächendiagonalen des Würfels als gemeinsame Kante, also füllen drei kongruente Pyramiden den gesamten Würfel aus.

Folglich ist $V_{Pyramide} = \frac{1}{3} V_{Würfel} = \frac{1}{3} a^3$.

Seite 45, Bastelstunde

Aus den individuellen Ergebnissen der „Bastelstunde" sollte sich – zumindest näherungsweise – ergeben, dass $V_{Pyramide} = \frac{1}{3} \cdot G \cdot h$ und $V_{Kegel} = \frac{1}{3} \cdot G \cdot h$ gilt.

Trainieren

Seite 47, Aufgabe 1

$V = \frac{1}{3} \cdot s^2 \cdot h$

a) $V = 18\ cm^3$ b) $V \approx 126,7\ cm^3$ c) $V = 1,6\ dm^3$ d) $V \approx 226,9\ dm^3$

Seite 47, Aufgabe 2

$V = \frac{1}{3} \cdot \pi\, r^2 \cdot h$

a) $V \approx 3,6\ cm^3$ b) $V \approx 142,1\ cm^3$ c) $V \approx 8,1\ m^3$ d) $V \approx 15,9\ km^3$

Seite 47, Aufgabe 3

a) $V \approx 531\ mm^3$, $m \approx 13,6\ mm$, $O \approx 411\ mm^2$

b) $V \approx 88,7\ m^3$, $m \approx 8,49\ m$, $O \approx 445,6\ m^2$

c) $V \approx 15,7\ km^3$, $m \approx 4,84\ km$, $O \approx 145,4\ km^2$

d) $V \approx 0,52\ cm^3$, $m \approx 1,12\ cm$, $O \approx 6,65\ cm^2$

Seite 48, Aufgabe 4

$V = \frac{1}{3} \cdot l \cdot b \cdot h$

$O = l \cdot b + 2 \cdot \frac{1}{2} \cdot l \cdot s_l + 2 \cdot \frac{1}{2} \cdot b \cdot s_b$

$= l \cdot b + l \cdot \sqrt{h^2 + \left(\frac{b}{2}\right)^2} + b \cdot \sqrt{h^2 + \left(\frac{l}{2}\right)^2}$

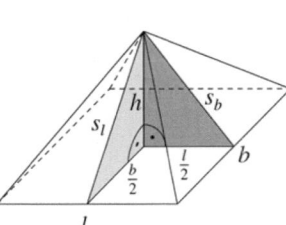

a) $V \approx 111,8\ cm^3$, $O \approx 160,7\ cm^2$

b) $V \approx 113,8\ cm^3$, $O \approx 9,21\ m^2$

c) $V = 16\,856\ m^3$, $O = 5596\ m^2$

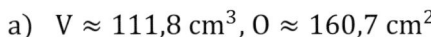

Seite 48, Aufgabe 5

a) $O \approx 75,4\ \text{cm}^2,\ V \approx 37,7\ \text{cm}^3$

b) $O \approx 82,5\ \text{cm}^2,\ V \approx 49,7\ \text{cm}^3$

c) $O \approx 179,1\ \text{cm}^2,\ V \approx 104,7\ \text{cm}^3$

d) $O \approx 79,2\ \text{cm}^2,\ V \approx 42,4\ \text{cm}^3$

Seite 48, Aufgabe 6

Beide Teilkörper haben die Höhe $h = 70,7\ \text{cm}$, $V \approx 105,2\ \text{dm}^3$, $O \approx 139,3\ \text{dm}^2$

Seite 48, Aufgabe 7

Zeichnung im Maßstab 1 : 4.

Länge der Höhe einer Seitenfläche:

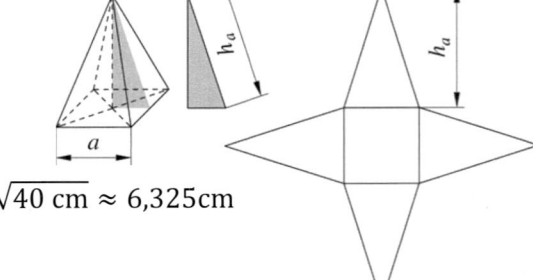

$$h_a = \sqrt{\left(\frac{4\ \text{cm}}{2}\right)^2 + (6\text{cm})^2} = \sqrt{40\ \text{cm}} \approx 6,325\text{cm}$$

Oberflächeninhalt:

$$O = (4\ \text{cm})^2 + 4 \cdot \frac{4\text{cm} \cdot \sqrt{40}\text{cm}}{2} \approx 66,6\ \text{cm}^2$$

Volumen:

$$V = \frac{1}{3} \cdot (4\ \text{cm})^2 \cdot 6\text{cm} = 32\ \text{cm}^3$$

Seite 48, Aufgabe 8

Zeichnung im Maßstab 1 : 1.

$O \approx 83,2\ \text{cm}^2,\ V \approx 47,1\ \text{cm}^3$

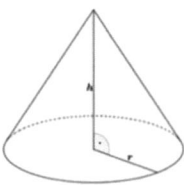

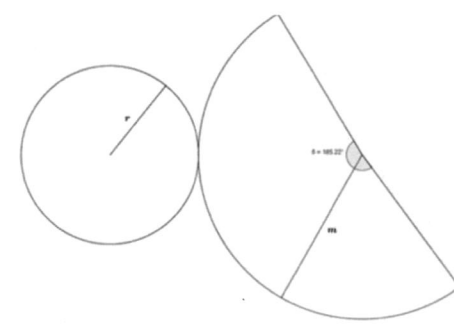

Seite 48, Aufgabe 9

Aus $V \approx \frac{1}{3}\pi r^2 h$ erhält man $r^2 = \frac{3V}{\pi h}$, also $r = \sqrt{\frac{3V}{\pi h}}$.

Für die drei gesuchten Radien erhält man: $r \approx 4,2\ \text{cm}$, $r \approx 6,18\ \text{m}$, $r \approx 2786\ \text{m}$.

Seite 48, Aufgabe 10

Günstig ist es, zunächst $V = \frac{1}{3} \cdot G \cdot h$ umzuformen in $h = \frac{3V}{G}$.

a) $h = 2,5\ \text{cm}$

b) $h = 25\ \text{m}$

Seite 49, Aufgabe 11

a) $h = 21\ \text{cm}$, $k = 21,71\ \text{cm}$, $s \approx 22,39\ \text{cm}$, $O \approx 598,58\ \text{cm}^2$

b) $h = \frac{3V}{a^2}$, $k = \sqrt{h^2 + \left(\frac{a}{2}\right)^2} = \sqrt{\left(\frac{3V}{a^2}\right)^2 + \left(\frac{a}{2}\right)^2}$, $O \approx a^2 + 4 \cdot \frac{1}{2} \cdot a \cdot k = a^2 + 2a \cdot \sqrt{\left(\frac{3V}{a^2}\right)^2 + \left(\frac{a}{2}\right)^2}$

Seite 49, Aufgabe 12

a) $m = \frac{O}{\pi \cdot r} - r$

b) $a = \sqrt{\frac{3V}{h}}$

c) $r = -\frac{m}{2} + \sqrt{\frac{m^2}{4} + \frac{O}{\pi}}$

Seite 49, Aufgabe 13

	a	s	h	h_a
a)	8,0 cm	12,6 cm	11,3 cm	12 cm
b)	22,4 cm	18,7 cm	10 cm	15 cm
c)	15,9 cm	12 cm	4,2 cm	9,0 cm
d)	12 cm	15 cm	12,4 cm	13,7 cm

Seite 49, Aufgabe 14

	r	h	m	G	M	O	V
a)	2,5 cm	6,0 cm	6,5 cm	19,6 cm²	51,1 cm²	70,7 cm²	39,3 cm³
b)	5 cm	12 cm	13,0 cm	78,5 cm²	204,2 cm²	282,7 cm²	314,2 cm³
c)	2,5 cm	5,4 cm	6 cm	20 cm²	47,6 cm²	67,6 cm²	36,3 cm³
d)	2,8 cm	3,5 cm	4,5 cm	25 cm²	40 cm²	65,0 cm²	29,4 cm³

Seite 49, Aufgabe 15

a) Da alle Kanten die gleiche Länge haben, sind die Seitendreiecke gleichseitig.

b) $a = 4\,cm, \quad h = \sqrt{a^2 - \left(\tfrac{1}{2}\sqrt{2}a\right)^2} \approx 2,83\ cm$

c) Zeichnung im Maßstab 1 : 4.

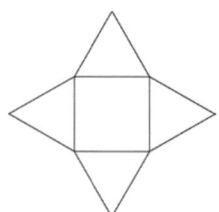

Seite 49, Aufgabe 16

Für die zweite Diagonale e gilt: $\tfrac{1}{2}e = \sqrt{a^2 - \tfrac{d}{2}}$, der Flächeninhalt der Raute ist $A = \tfrac{1}{2}d \cdot e$ und für die gesuchte Höhe gilt: $h = \tfrac{3\,V}{A} \approx 20,9\ cm.$

Seite 50, Aufgabe 17

Die Oberfläche besteht aus der Grundfläche, zwei rechtwinkligen Dreiecken und einem gleichschenkligem Dreieck.

$A_{Grundfläche}$: s=10cm; $A_{Dreieck} = \sqrt{(10cm)^2 - (5cm)^2} \approx 8,66cm$; A$= \tfrac{1}{2} \cdot 10cm \cdot 8,66cm = 43,3cm^2$

$A_{rechtwinklig}$: s=10cm, $h_{Pyramide}$ = 20cm; A$= \tfrac{1}{2} \cdot 10cm \cdot 20cm = 100cm^2$

$A_{gleichschenklig}$: s=10cm, nach Pythagoras sind die Schenkel 22,36cm lang,

$$h_{Dreieck} = \sqrt{(22,36cm)^2 - (5cm)^2} \approx 21,79cm; A = \tfrac{1}{2} \cdot 10cm \cdot 21,79cm = 109cm^2$$

$O_{Pyramide} \approx 43,3cm^2 + 2 \cdot 100cm^2 + 109cm^2 \approx 352,3\ cm^2$

Noch fit?

Seite 50, Aufgabe I

a) $x_{1,2} = 3,5 \pm 0,5$; also L = {3; 4}

b) $x_{1,2} = 3 \pm \sqrt{17}$

c) $x_{1,2} = -2,5 \pm 5,5$; also L = {−8; 3}

d) $x_{1,2} = 8,5 \pm 0,5$; also L = {8; 9}

Seite 50, Aufgabe II

a) statt -3 müsste $+3$ stehen ($-\tfrac{p}{2}$)

b) statt $\tfrac{5}{4}$ müsste $\left(\tfrac{5}{2}\right)^2 = \tfrac{25}{4}$ stehen

c) statt -12 müsste $+12$ stehen ($-q$)

d) keine Normalform

Anwenden

Seite 50, Aufgabe 18

$$4 \cdot \frac{1}{2} \cdot 210 \cdot \sqrt{143{,}5^2 + \left(\frac{210}{2}\right)^2} = 74681{,}2\ldots$$

Die Mantelfläche hatte eine Fläche von ca. 74680 m² bzw. ca. 747 a.

Seite 50, Aufgabe 19

a) siehe Abbildung

b) $V_{Py} = \frac{1}{3} \cdot \frac{1}{2} \cdot 8\,LE \cdot 6\,LE \cdot 4\,LE = 32\,VE$

c) $P(x \,/\, 0 \,/\, 0) \Rightarrow V_{Py} = \frac{1}{3} \cdot \frac{1}{2} \cdot x\,LE \cdot 6\,LE \cdot 4\,LE = 4x\,VE$,

   d. h. $V\,Py \sim x$

d) $V_{Py} = \frac{1}{3} \cdot \frac{1}{2} \cdot x\,LE \cdot y\,LE \cdot z\,LE = 4\,VE$, d. h. $x \cdot y \cdot z = 24$

   Möglichkeiten:

   $x = 24, y = 1, z = 1$; $x = 12, y = 2, z = 1$; $x = 8, y = 3, z = 1$;

   $x = 6, y = 4, z = 1$; $x = 6, y = 2, z = 2$; $x = 4, y = 3, z = 2$ und

   Permutationen

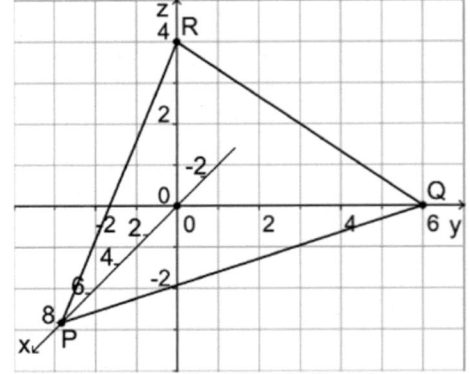

Seite 50, Aufgabe 20

$$V_{Haus} = V_{Quader} + V_{Prisma} + V_{Pyramide} = \left(4 \cdot 10 \cdot 5 + \frac{4 \cdot 3}{2} \cdot 10 + \frac{1}{3} \cdot \frac{3 \cdot (10 - 2 \cdot 2)}{2} \cdot \frac{4}{2}\right) m^3 = 266\ m^3$$

Seite 51, Aufgabe 21

Wegen $2\pi r = U$ ist $V = \frac{1}{3} \cdot \left(\frac{U}{2\pi}\right)^2 \cdot h \approx 763{,}9\ cm^3$ und $m \approx 1{,}07$ kg.

Seite 51, Aufgabe 22

a) $V = \frac{1}{3} \cdot \pi\,(4{,}7\ m)^2 \cdot 5\ m \approx 115{,}7\ m^3$

   Ja, der Vorrat reicht, es sind mehr als 100 m³ Sand.

b) Die Masse von 100 m³ Sand beträgt 140 t, d.h., es müssen 6 Eisenbahnwaggons eingesetzt werden.

c) $h_{Rest} : r_{Rest} = \frac{5m}{4{,}7m}$

   $\Rightarrow r_{Rest} = 0{,}94\ h_{Rest}$

   $\Rightarrow V_{Rest} = \frac{\pi}{3}(0{,}94\ h_{Rest})^2 \cdot h_{Rest}$

   Höhe des restlichen Haufens: $\approx 2{,}6$ m

d) Auch hier gilt $r = 0{,}94 \cdot h$, also

   $V = \frac{\pi}{3} \cdot (0{,}94 \cdot h)^2 \cdot h$

   und durch Auflösen nach h erhält

   man

   $h(V) = \sqrt[3]{\frac{3}{0{,}94^2 \cdot \pi} \cdot V} \approx 1{,}0262 \cdot \sqrt[3]{V}$

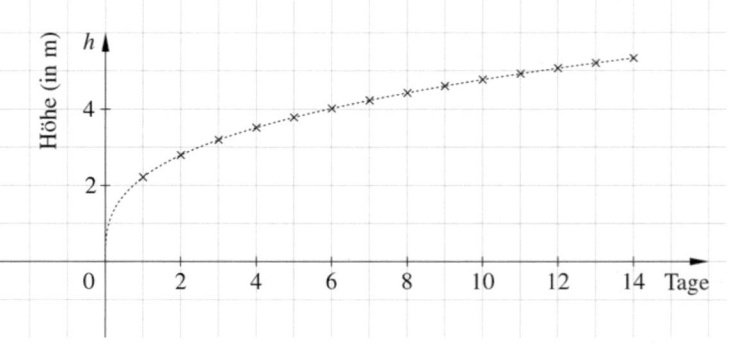

Tag	1	2	3	4	5	6	7	8	9	10	11	12	13	14
V(in m³)	10	20	30	40	50	60	70	80	90	100	110	120	130	140
h (in m)	2,2	2,8	3,2	3,5	3,8	4,0	4,2	4,4	4,6	4,8	4,9	5,1	5,2	5,3

Seite 51, Aufgabe 23

a) 502 mm² b) 500 mm² c) 1616 mm² d) 3839 mm²

Volumen und Masse zu c:

$$V = \frac{1}{3}(2\,cm)^2 \cdot (1{,}5\,cm + 2\,cm) = \frac{14}{3}\,cm^3, \quad m = \rho \cdot V = 3{,}52\frac{g}{cm^3} \cdot \frac{14}{3}\,cm^3 \approx 16{,}43\ g$$

Der Diamant hätte bei einem Volumen von ca. 4,7 cm³ eine Masse von ca. 16,4 g.

Seite 51, Aufgabe 24

Mögliche Lösung – abhängig von den geschätzten Größen:

Anhand der Personen im Bild wird die Höhe des Zylinders auf H = 1,70 m, die Höhe des Kegels auf

h = 0,85 m und der Radius auf r = 2,80 m geschätzt.

Volumen: $V = \pi r^2 \cdot H + \frac{1}{3}\pi r^2 \cdot h \approx 49\ m^3$

Flächeninhalt: $A = 2\pi r \cdot H + \pi r \cot\sqrt{h^2 + r^2} \approx 68\ m^2$

Begründung: individuelle Lösungen.

Seite 52, Aufgabe 25

a) Da die Höhe h im gleichschenkligen Dreieck die Seite a halbiert, erhält
man nach Pythagoras:

$h = a^2 - \left(\frac{a}{2}\right)^2 = \frac{3}{4}a^2.$ Also ist $h = \sqrt{\frac{3}{4}a^2} = \frac{a}{2}\sqrt{3}.$

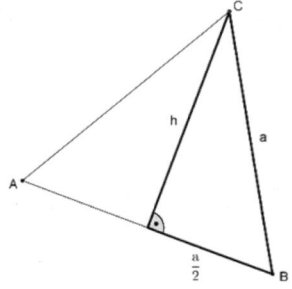

b) Für den Flächeninhalt eines gleichseitigen Dreiecks erhält man

allgemein: $A = \frac{1}{2}a \cdot \frac{a}{2}\sqrt{3} = \frac{1}{4}a^2\sqrt{3}$, also ist der gesuchte Oberflächeninhalt

$O = 4\,A = a^2\sqrt{3}.$

c) Der Abstand von S zu einer der Ecken am A „Boden" des Tetraeders beträgt zwei Drittel der
Höhenlänge im Dreieck, also:

$|\overline{AS}| = \frac{2}{3} \cdot \frac{a}{2}\sqrt{3} = \frac{a}{3}\sqrt{3} = \frac{a}{\sqrt{3}}.$

Für die Höhe H des Tetraeders gilt daher:

$H^2 + |\overline{AS}|^2 = a^2$

$H = \sqrt{a^2 - \left(\frac{a}{\sqrt{3}}\right)^2} = \sqrt{\frac{2}{3}a^2} = \sqrt{\frac{6}{9}a^2} = \frac{a}{3}\sqrt{6}.$

d) $V = \frac{1}{3} \cdot G \cdot H = \frac{1}{3} \cdot \frac{1}{2} \cdot a \cdot \frac{a}{2} \cdot \sqrt{3} \cdot \frac{a}{3} \cdot \sqrt{6}$

$= \frac{1}{36} \cdot a^3 \cdot \sqrt{18} = \frac{1}{36} \cdot a^3 \cdot \sqrt{9 \cdot 2}$

$= \frac{1}{36} \cdot a^3 \cdot 3 \cdot \sqrt{2}$

$= \frac{1}{12}a^3\sqrt{2}.$

Seite 52, Aufgabe 26

a) $O_{\text{Tetraeder}} = a^2 \cdot \sqrt{3} \approx 85\ cm^2.$

Für die beiden Klebekanten benötigt man etwa $4 \cdot 7 = 28\ cm^2$ Material. Damit wächst der
Materialverbrauch auf ca. 113 cm².

b) $V_{\text{Tetraeder}} = \frac{1}{12}a^3 \cdot \sqrt{2} \approx 40{,}4\ cm^3.$

Seite 52, Aufgabe 27

Radius und Höhe eines einzelnen Kegels sind gleich groß. Die Mantellinie m ist 1,30m lang.

$$O_{Doppelkegel} = 2 \cdot \pi\, r\, m = 2 \cdot \pi \cdot 0{,}65\sqrt{2}\ m \cdot 1{,}30\ m \approx 7{,}51\ m^2$$

$$V_{Doppelkegel} = 2 \cdot \frac{\pi}{3}\, r^2\, h = 2 \cdot \frac{\pi}{3} \cdot \left(0{,}65\ \sqrt{2}\ m\right)^3 \approx 1{,}63\ m^2$$

Seite 52, Aufgabe 28

Da der Oktaeder einem Würfel der Kantenlänge 1 m einbeschrieben ist, haben die beiden Teilpyramiden eine Grundfläche von 0,5 m^2 und eine Höhe von 0,5 m, also erhält man für das gesuchte Volumen: $V = 2 \cdot \frac{1}{3} \cdot 0{,}5\ m^2 \cdot 0{,}5\ m = \frac{1}{6} m^3$.

Seite 52, Aufgabe 29

$V_{Zylinder} = \pi \cdot (3{,}4\ cm)^2 \cdot 12{,}8\ cm \approx 464{,}86\ cm^3$, $V_{Kegel} = \frac{1}{3}\pi \cdot (2\ cm)^2 \cdot 9\ cm \approx 37{,}7\ cm^3$, es können 12 Sektgläser komplett gefüllt werden. Das 13. Glas wird ca. 33% voll.

Seite 52, Aufgabe 30

Radius und Höhe des Kegels sind doppelt so groß wie beim Zylinder.

	Zylinder	Kegel	Verhältnis
Radius	r	2r	
Höhe	r	2r	
Oberflächeninhalt	$2\,\pi \cdot r\,(r+r) = 4\,\pi\,r^2$	$\pi \cdot (2r) \cdot \left(2r + \sqrt{2} \cdot 2\,r\right)$ $= 4\,\pi\,r^2\,(1 + \sqrt{2})$	$1 + \sqrt{2} \approx 2{,}41$
Volumen	$\pi\,r^2 \cdot r = \pi\,r^3$	$\frac{1}{3}\,\pi\,(2r)^2 \cdot (2r) = \frac{8}{3}\,\pi r^3$	$\frac{8}{3} \approx 2{,}67$

Seite 52, Aufgabe 31

a) Holzanteil: $\dfrac{V_{Stift} - V_{Mine}}{V_{Stift}} = 1 - \dfrac{V_{Mine}}{V_{Stift}} = 1 - \dfrac{\pi\,h\,(1{,}5\ mm)^2}{\pi\,h\,(6\ mm)^2} = 0{,}9375$

Der Bleistift besteht zu fast 94% aus Holz.

b) Mit den Strahlensätzen erhält man für die Minenspitze eine Höhe von 6 mm, also ist

$V_{Abfall} = V_{Zylinder} - V_{Kegel} = \frac{2}{3}\,\pi \cdot (1{,}5\ mm)^2 \cdot 6\ mm = 9\pi\ mm^3 \approx 28{,}3\ mm^3$.

Seite 53, Aufgabe 32

a) Zylinderglas: $V = \pi \cdot r^2 \cdot h \Leftrightarrow \pi \cdot 3^2\ cm^2 \cdot 8\ cm = 72\pi \approx 226{,}19\ ml$

Kegelglas: $V = \frac{1}{3}\pi \cdot r^2 \cdot h \Leftrightarrow \frac{1}{3}\pi \cdot 3^2 cm^2 \cdot 8\ cm = 24\pi \approx 75{,}4\ ml$

In dem Zylinderglas ist 3x so viel Flüssigkeit, wie in dem Kegelglas

b) Zylinderglas: Löse $75\ ml = \pi \cdot 3^2 cm^2 \cdot h \Leftrightarrow h = \frac{75}{\pi \cdot 3^2} \Leftrightarrow h = 2{,}65\ cm$

Kegelglas: Löse $75\ ml = \frac{1}{3}\pi \cdot 3^2 cm^2 \cdot h \Leftrightarrow h = \frac{75}{\frac{1}{3}\pi \cdot 3^2} \Leftrightarrow h = 7{,}96\ cm$

Vernetzen

Seite 53, Aufgabe 33

a) b ist der Umfang der Grundfläche des Kegels, also $b = 2 \cdot \pi \cdot r$. Die Länge der Mantellinie ist der Radius des Kreises, also hat dieser den Umfang $U = 2 \cdot \pi \cdot m$. Es folgt: $\frac{\alpha}{360} = \frac{2 \cdot \pi \cdot r}{2 \cdot \pi \cdot m} = \frac{r}{m}$.

b) Für die Fläche des gesamten Kreises gilt $A = \pi \cdot m^2$. Für die Mantelfläche M erhält man nun:

$M = \frac{\alpha}{360} \cdot A = \frac{r}{m} \cdot \pi \cdot m^2 = r \cdot \pi \cdot m$.

Seite 53, Aufgabe 34

Volumen des Kegels: $V = \frac{1}{3} \cdot \pi \left(\frac{a}{2}\right)^2 \cdot \frac{1}{2} a\sqrt{2} = \frac{1}{24} \cdot \sqrt{2} \cdot \pi \cdot a^3$, der prozentuale Anteil beträgt also ca. 18,51 %.

Seite 53, Aufgabe 35

Volumen der Pyramide: $V = \frac{1}{3} \cdot \frac{1}{2} a^2 \cdot a = \frac{1}{6} a^3$, der prozentuale Anteil beträgt also ca. 16,67 %.

Seite 53, Aufgabe 36

R = 12 cm; r = 5 cm; h = 16 cm.

Nach dem Strahlensatz gilt:

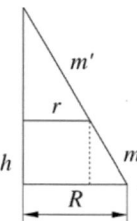

$\frac{m'}{r} = \frac{m+m'}{R} \Rightarrow m' = m \cdot \frac{r}{R-r}$

Flächeninhalt des Kegelstumpfmantels:

$$A_M = \pi R (m' + m) - \pi r m'$$
$$= \pi m'(R - r) + \pi R m$$

$= \pi m \cdot \frac{r}{R-r}(R - r) + \pi R m$

$$= \pi m (R + r)$$
$$= \pi \sqrt{h^2 + (R - r)^2} (R + r)$$
$$\approx 933 \text{ cm}^2$$

$$A_{Stoff} = A_M + 0,1 \cdot A_{Stoff} \Rightarrow A_{Stoff} \approx 1036,35 \text{ cm}^2$$

Lisa muss mindestens 1037 cm² Stoff kaufen.

Seite 53, Aufgabe 37

a) Zeichnung im Maßstab 1 : 10.

Für die Höhe der Trapeze gilt:

$$h_T = \sqrt{(12\text{cm})^2 + (2,5\text{cm})^2} \approx 12,26 \text{ cm}$$

b) $O = (10\text{cm})^2 + (15\text{cm})^2 + 4 \cdot \frac{10\text{cm}+15\text{cm}}{2} \cdot h_T \approx 937,88 \text{ cm}^2$

Da für Klebefalze auch noch Pappe benötigt wird, werden pro Tüte ca. 1000 cm² Pappe gebraucht.

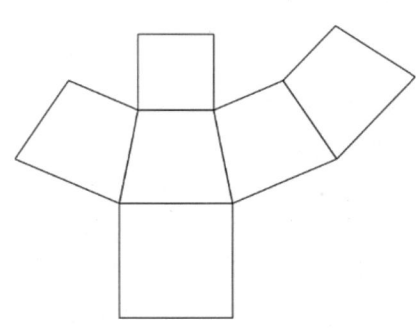

Methode: Pyramidenstumpf

Pyramidenvolumen: $V = \frac{1}{3}a^2 \cdot h$

Zu berechnen sind die Kosten je Pyramidenschicht der Höhe $h_s = 1$ m.

Die Pyramidenschicht hat eine quadratische Grundfläche (Kantenlänge $2b_2$ in der Höhe $(n-1) \cdot h_s$) und eine quadratische Deckfläche (Kantenlänge $2b_1$ in der Höhe $n \cdot h_s$). Die Kantenlängen werden mit Hilfe der Strahlensätze bestimmt:

$$\frac{b_1}{a} = \frac{h - nh_s}{h} \Rightarrow b_1 = \frac{a}{h}(h - nh_s)$$

$$\frac{b_2}{a} = \frac{h - (n-1)h_s}{h} \Rightarrow b_2 = \frac{a}{h}(h - (n-1)h_s)$$

Das Volumen V s einer Pyramidenschicht wird berechnet als Differenz der Volumina der beiden Pyramiden auf den durch b_1 und b_2 bestimmten Flächen:

$$V_s = V_{b2} - V_{b1} = \frac{1}{3}(2b_2)^2 \cdot (h - (n-1)h_s) - \frac{1}{3}(2b_1)^2 \cdot (h - nh_s)$$

Mit dieser Formel kann man das Volumen von allen 26 Schichten bestimmen. Zur Vereinfachung wird hierzu auf ein Tabellenkalkulationsprogramm zurückgegriffen (s. Tabelle unten).

Die Kosten einer Schicht setzen sich zusammen aus den Materialkosten k_M und den Arbeitskosten k_A: $k_{ges} = k_M + k_A$, wobei $k_M = V_s \cdot 10$ GE ist.

Für k_M ist eine Geradengleichungen beschrieben, die die Abhängigkeit der Arbeitskosten von der Höhe verdeutlicht: $k_A = (0{,}1 + 0{,}2\,(n-1)h_s) \cdot V_s$ [GE]

Auch diese Größen werden in der Tabellenkalkulation ermittelt. Der Berechnung entnimmt man, dass die gesamte Pyramide 56985,58 GE gekostet hätte, die halbe Pyramide hat 46941,92 GE, also 82,4 % der gesamten Baukosten gekostet. Insgesamt betrachtet hat Claudia Recht mit ihrer Behauptung, aber die Überlegung von Sidath war keineswegs abwegig, denn wie man an der Spalte k_A erkennt, nehmen die Arbeitskosten mit zunehmender Höhe tatsächlich zunächst zu. Wegen des überproportionalen Absinkens des Volumens wird die Zunahme jedoch mehr als ausgeglichen. Bei der 9. Schicht ergibt sich das Maximum der Arbeitskosten.

n	b_1[m]	b_2[m]	V_{b1} [m³]	V_{b2} [m³]	V_s [m³]	K_M [GE]	K_A [GE]	K_s [GE]	Akkum.
1	28,85	30,00	6934,17	7500,00	565,83	5658,28	56,58	5714,87	5714,87
2	27,69	28,85	6134,91	6656,80	521,89	5218,93	156,57	5375,50	11090,37
3	26,54	27,69	5399,56	5879,29	479,73	4797,34	239,87	5037,20	16127,57
4	25,38	26,54	4725,44	5164,79	439,35	4393,49	307,54	4701,04	20828,61
5	24,23	25,38	4109,91	4510,65	400,74	4007,40	360,67	4368,06	25196,67
6	23,08	24,23	3550,30	3914,20	363,91	3639,05	400,30	4039,35	29236,02
7	21,92	23,08	3043,93	3372,78	328,85	3288,46	427,50	3715,96	32951,98
8	20,77	21,92	2588,17	2883,73	295,56	2955,62	443,34	3398,96	36350,95
9	19,62	20,77	2180,33	2444,38	264,05	2640,53	448,89	3089,42	39440,37
10	18,46	19,62	1817,75	2052,07	234,32	2343,20	445,21	2788,40	42228,77
11	17,31	18,46	1497,78	1704,14	206,36	2063,61	433,36	2496,97	44725,74
12	16,15	17,31	1217,75	1397,93	180,18	1801,78	414,41	2216,18	46941,92
13	15,00	16,15	975,00	1130,77	155,77	1557,69	389,42	1947,12	48889,04
14	13,85	15,00	766,86	900,00	133,14	1331,36	359,47	1690,83	50579,87
15	12,69	13,85	590,68	702,96	112,28	1122,78	325,61	1448,39	52028,25
16	11,54	12,69	443,79	536,98	93,20	931,95	288,91	1220,86	53249,11
17	10,38	11,54	323,52	399,41	75,89	758,88	250,43	1009,30	54258,42
18	9,23	10,38	227,22	287,57	60,36	603,55	211,24	814,79	55073,21
19	8,08	9,23	152,22	198,82	46,60	465,98	172,41	638,39	55711,60
20	6,92	8,08	95,86	130,47	34,62	346,15	135,00	481,15	56192,75
21	5,77	6,92	55,47	79,88	24,41	244,08	100,07	344,16	56536,91
22	4,62	5,77	28,40	44,38	15,98	159,76	68,70	228,46	56765,37
23	3,46	4,62	11,98	21,30	9,32	93,20	41,94	135,13	56900,50
24	2,31	3,46	3,55	7,99	4,44	44,38	20,86	65,24	56965,74
25	1,15	2,31	0,44	1,78	1,33	13,31	6,52	19,84	56985,58

2.2 Kugeln

Aufträge

Seite 55, Waage im Gleichgewicht

Für die Volumina Z des Zylinders, K des Kegels und H der Halbkugel erhält man die Gleichungen

$$3K \quad = Z$$
$$K + H = Z$$

und durch Gleichsetzen folgt $K + H = 3\,K$, also $H = 2\,K = 2 \cdot \frac{1}{3}\pi\,r^3$. Das Volumen der Kugel ist doppelt so groß, also: $V_{Kugel} = \frac{4}{3}\pi\,r^3$.

Seite 55, Tauchkugeln

Das verdrängte Wasser hat die Form eines Zylinders mit dem Radius $2r$ und der Höhe r und somit das Volumen: $\pi \cdot (2r)^2 \cdot r = 4\pi r^3$. Da drei Kugeln versenkt wurden, erhält man für eine Kugel das Volumen $V_{Kugel} = \frac{4}{3}\pi r^3$.

Trainieren

Seite 57, Aufgabe 1

a) $V \approx 82447{,}96 \text{ cm}^3 \approx 82{,}45 \text{ dm}^3$

b) $V \approx 1150{,}35 \text{ cm}^3 \approx 1{,}15 \text{ dm}^3$

c) $V \approx 65449{,}85 \text{ mm}^3 \approx 65{,}45 \text{ cm}^3$

Seite 57, Aufgabe 2

a) $O \approx 9852{,}03 \text{ mm}^2 \approx 98{,}5 \text{ cm}^2$

b) $O \approx 181{,}46 \text{ cm}^2 \approx 1{,}8 \text{ dm}^2$

c) $O \approx 844{,}96 \text{ cm}^2 \approx 8{,}45 \text{ dm}^2$

Seite 57, Aufgabe 3

a) $V \approx 33{,}51 \text{ cm}^3, O \approx 50{,}27 \text{ cm}^2$

b) $V \approx 381{,}7 \text{ mm}^3, O \approx 254{,}47 \text{ mm}^2 \approx 2{,}54 \text{ cm}^2$

c) $V \approx 0{,}13726 \text{ m}^3 \approx 137{,}3 \text{ dm}^3, O \approx 1{,}29 \text{ m}^2$

d) $V \approx 63891{,}58 \text{ cm}^3 \approx 63{,}92 \text{ dm}^3, O \approx 7728{,}82 \text{ cm}^2 \approx 77{,}29 \text{ dm}^2$

e) $V \approx 7238{,}23 \text{ dm}^3 \approx 7{,}24 \text{ m}^3, O \approx 1809{,}56 \text{ dm}^2 \approx 18{,}1 \text{ m}^2$

f) $V \approx 137\,258\,277\,400 \text{ km}^3, O \approx 128\,679\,635 \text{ km}^2$

Seite 57, Aufgabe 4

Wegen $O = 4\pi r^2$ ist $r = \sqrt{\dfrac{O}{4\pi}}$

a) $r \approx 2 \text{ m}$ b) $r \approx 2{,}82 \text{ m}$ c) $r \approx 1{,}41 \text{ m}$

Seite 58, Aufgabe 5

Wegen $V = \frac{4}{3}\pi r^3$ ist $r = \sqrt[3]{\dfrac{3V}{4\pi}}$

a) $r \approx 1{,}47 \text{ m}$ b) $r \approx 0{,}4 \text{ m}$ c) $r \approx 2 \text{ m}$

Seite 58, Aufgabe 6

Die vorgeschriebenen Maße liegen jeweils in einem bestimmten Intervall, hier wird nur für einen Wert aus diesem Intervall gerechnet.

Art	Radius [cm]	Volumen ($\approx$)	Oberflächeninhalt ($\approx$)
Medizinball	17	20,6 [dm^3]	36,32 [dm^2]
Fußball	11	5,6 [dm^3]	15,21[dm^2]
Basketball	12	7,2 [dm^3]	18,1 [dm^2]
Tennisball	3,3	150,5 [cm^3]	0,137 [dm^2]
Volleyball	10,5	4,85 [dm^3]	13,85 [dm^2]

Seite 58, Aufgabe 7

(Die berechneten Werte sind grau hinterlegt.)

Radius ($\approx$)	V_{Kugel} ($\approx$)	O_{Kugel} ($\approx$)
38 cm	229,8 dm^3	1,8 m^2
4,46 cm	371,7 cm^3	250 cm^2
2,27 cm	49 cm^3	64,76 cm^2
66,8 m	1248584,7 m^3	56074 m^2
6 m	904,32 m^3	452,2 m^2
28,2 cm	94,03 dm^3	1 m^2
6,2 dm	1 m^3	4,84 m^2
1 dm	4,19 dm^3	12,57 dm^2
12,3 mm	7,78 cm^3	1899 mm^2

Seite 58, Aufgabe 8

Das Volumen wird $2^3 (= 8)$-mal, $3^3 (= 27)$-mal, $4^3 (= 64)$-mal, ... so groß. Der Oberflächeninhalt wird $2^2 (= 4)$-mal, $3^2 (= 9)$-mal, $4^2 (= 16)$-mal, ... so groß.

Seite 58, Aufgabe 9

$V_{Würfel} \approx 216$ cm^3; $V_{Kugel} \approx 113$ cm^3. Der Karton ist zu ca. 52,4 % gefüllt.

Seite 58, Aufgabe 10

Für r = 5 cm ist $O_{Kugel} \approx 314$ cm^2, für r = 10 cm bereits $O_{Kugel} \approx 1257$ cm^2. Unter Berücksichtigung der Fugen reichen die Mosaiksteine voraussichtlich für die Kugel mit r=10 cm aus.

Seite 58, Aufgabe 11

$V_{Kugel} \approx 4,19$ m^3. Die Kugel ist ca. 105 kg schwer.

Seite 58, Aufgabe 12

$V = \frac{7}{8} \cdot \frac{4}{3}\pi \cdot 5^3$ cm$^3 \approx 458,15$ cm^2, $\quad O = \left(\frac{7}{8} \cdot 4\pi \cdot 5^2 + 3 \cdot \frac{1}{4}\pi \cdot 5^2\right)$ cm$^2 \approx 333,79$ cm^2

Seite 58, Aufgabe 13

a) $V = \frac{5}{6} \cdot \frac{4}{3} \cdot \pi \cdot 12^3 \ cm^3 = \frac{10}{9} \cdot \pi \cdot 12^3 \ cm^3 \approx 6,03 \ dm^3$

$O = \left(\frac{5}{6} \cdot 4 \cdot \pi \cdot 12^2 + 2 \cdot \frac{1}{2} \cdot \pi \cdot 12^2\right) cm^2 = \frac{13}{3} \cdot \pi \cdot 12^2 \ cm^2 \approx 19,6 \ dm^2$

b) $\frac{10}{9} \pi r^3 = 1 \ dm^3$, also somit $r = \sqrt[3]{\frac{9}{10\pi}} \ dm \approx 6,59 \ cm$

c) Mit a) erhält man $r = \sqrt{\frac{3 \cdot 5000}{13\pi}} \ cm \approx 19,16 \ cm$ und $V \approx 24,57 \ dm^3$.

Seite 59, Aufgabe 14

Kantenlänge a des Würfels: $a = \sqrt[3]{512 \ dm^3} = 8 \ dm$

Oberflächeninhalt des Würfels: $O_W = 6 \cdot a^2 = 6 \cdot (8 \ dm)^2 = 384 \ dm^2$

Radius r einer volumengleichen Kugel: $\frac{4}{3}\pi r^3 = 512 \ dm^3$, also $\sqrt[3]{\frac{512 \cdot 3}{4\pi}} \ dm \approx 4,963 \ dm$

Oberflächeninhalt der Kugel: $O_K = 4\pi \cdot r^2 \approx 309,5 \ dm^2$

$\frac{O_K}{O_W} \approx 0,805996$, der prozentuale Anteil liegt also bei ca. 80,6 %

Die analoge Berechnung mit $V_W = 1000 \ dm^3$ liefert:

$a = 10 \ dm$, $O_W = 600 \ dm^2$, $r \approx 6,2 \ dm$, $O_K \approx 483,6 \ dm^2$ und damit wieder einen prozentualen Anteil von ca. 80,6 %

(Eine entsprechende allgemeine Berechnung liefert $\frac{O_K}{O_W} = \sqrt[3]{\frac{\pi}{6}}$, diese ist aber mit den Kenntnissen der Schülerinnen und Schüler an dieser Stelle kaum zu leisten.)

Noch fit?

Seite 59, Aufgabe I

a) $x_1 = 4$; $x_2 = -8$

b) $x = 4$

c) $x_1 = 4$; $x_2 = 2$

d) $x^2 - 14x + 49 = 0$; $x = 7$

e) $x_1 = 0$; $x_2 = 5$

f) $\left(x + \frac{3}{2}\right) \cdot \left(x - \frac{3}{2}\right)$; $x_{1,2} = \mp\frac{3}{2}$

g) $x_1 = 0$; $x_2 = 2$; $x_3 = -3$

h) $x^2 - 11x = 0$;

$x_1 = 0$; $x_2 = 11$

Seite 59, Aufgabe II

a) $(x - 3)(x + 8) = 0$ $x^2 + 5x - 24 = 0$

b) $(x + 4)(x - 7) = 0$ $x^2 - 3x - 28 = 0$

c) $x(x - 2) = 0$ $x^2 - 2x = 0$

d) $x^2 = 0$

e) $(x - 9)^2 = 0$ $x^2 - 18x + 81 = 0$

f) $(x - 5)(x + 5) = 0$ $x^2 - 25 = 0$

g) $(x - \sqrt{8})(x + \sqrt{8}) = 0$ $x^2 - 8 = 0$

h) $h)(x - 4 + \sqrt{6})(x - 4 - \sqrt{6}) = 0$ $x2 - 8x + 10 = 0$

Seite 59, Aufgabe III

a) $d = 6,25$ $x^2 + 5x + 6,25 = (x + 2,5)^2$

b) $d = 16$ $x^2 - 16x + 64 = (x - 8)^2$

c) $d = 64$ $x^2 + 16x + 64 = (x + 8)^2$

d) $d = 0{,}4$ $10 \cdot (x^2 - 0{,}4x + 0{,}04) = 10(x - 0{,}2)^2$

e) $d = 9;$ $x^2 - 6x + 9 = (x - 3)^2$

f) $d > 0, \quad z.\,B.: d = 2$ $\left(x + \sqrt{8d}\right) \cdot \left(x - \sqrt{8d}\right), \quad z.\,B.\, x^2 - 16 = (x + 4)(x - 4)$

Seite 59, Aufgabe IV

a) $(x - 2)(x + 3) = x^2 - 2x + 3x - 6 = x^2 + x - 6$

b) $(x - 1)(x^3 + x^2 + x + 1) = x^4 + x^3 + x^2 + x - x^3 - x^2 - x - 1 = x^4 - 1$

c) $(x - 6)(x - 6) + 12 = x^2 - 12x + 36 + 12 = x^2 - 12x + 48$

d) $(x + 9)(x + 9) - 3 = x^2 + 18x + 81 - 3 = x^2 + 18x + 78$

e) $(x + 3s)^2 - x(x + 2s) = x^2 + 6sx + 9s^2 - x^2 - 2sx = 4sx + 9s^2$

f) $2(x - y)(3x + 4y) = 6x^2 + 8xy - 6xy - 8y^2 = 6x^2 + 2xy - 8y^2$

Seite 59, Aufgabe V

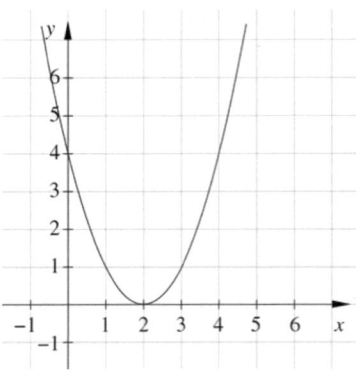

a) $x = -2$ e) $x = 4; x = -4$

b) $x = -3$ f) $x = -7; x = 7$

c) $x = 5$ g) $x = 0; x = -1; x = 4$

d) $x = 4$

Seite 59, Aufgabe VI

$$(x - 2)^2 = 0, \quad x = 2$$

Das Ergebnis ist die Nullstelle des Graphen der Parabel.

Anwenden

Seite 59, Aufgabe 15

$V_{\text{Stahlkugel}} = \frac{4}{3}\pi \cdot 1{,}2^3 \text{ cm}^3 \approx 7{,}238 \text{ cm}^3, m = \rho \cdot V_{\text{Stahlkugel}} \approx 56{,}8 \text{ g}.$

Seite 59, Aufgabe 16

Volumen der Bleikugel: $V_B = 523{,}6 \text{ cm}^3$, Volumen der zu gießenden Kugel: $V = \frac{1}{8} \cdot V_B \approx 65{,}45 \text{ cm}^3$,

Radius der zu gießenden Kugel: $r = \sqrt[3]{\dfrac{3\,V}{4\,\pi}} = 2{,}5 \text{ cm}$

(Alternativ: $r = \sqrt[3]{\dfrac{3 \cdot \frac{1}{8} \cdot \frac{4}{3}\pi r^3}{4\,\pi}} = \frac{1}{2}r$, vgl. Aufgabe 8)

Seite 59, Aufgabe 17

$\dfrac{V_{\text{neu}}}{V} = \dfrac{r^3_{\text{neu}}}{r^3} = 1{,}15$, also ist $r_{\text{neu}} = \sqrt[3]{1{,}15} \cdot r \approx 1{,}0477 \cdot r$

Bei Vergrößerung des Volumens um 15 % wächst der Radius also um ca. 4,77 %.

Analog erhält bei Vergrößerung der Oberfläche um 15 % den Radius $r_{\text{neu}} = \sqrt{1{,}15} \cdot r \approx 1{,}0724 \cdot r$, also eine Vergrößerung des Radius um ca. 7,24 %.

Seite 60, Aufgabe 18

$\dfrac{V_{\text{neu}}}{V} = \dfrac{r^3_{\text{neu}}}{r^3} = 2$, also ist $r_{\text{neu}} = \sqrt[3]{2} \cdot r$, $\dfrac{O_{\text{neu}}}{O} = \dfrac{4\pi \cdot \left(\sqrt[3]{2} \cdot r\right)^2}{2 \cdot 4\pi r^2} = \dfrac{1}{2}\left(\sqrt[3]{2}\right)^2 \approx 0{,}63$

Der Oberflächeninhalt verringert sich also um ca. 37 %.

Seite 60, Aufgabe 19

Wenn man von einem Halbzylinder mit Radius r und Höhe h ausgeht mit zwei aufgesetzten Viertelkugeln mit gleichem Radius r, dann ist eine naheliegende Annahme: r = 106 m und somit h=148 m. Man erhält mit dem GTR:

$$V = 2 \cdot \frac{1}{4} \cdot \frac{4}{3}\pi r^3 + \frac{1}{2} \cdot \pi r^2 h \approx 5\ 106\ 580\ m^3 \text{ und } O = 2 \cdot \frac{1}{4} \cdot 4\pi r^2 + \frac{1}{2} \cdot 2\pi r \cdot h \approx 119\ 883\ m^2.$$

Die Halle hat also ein Volumen von ca. 5,11 Mio. m^3 und einen Oberflächeninhalt von ca. 0,12 Mio. m^2.

Seite 60, Aufgabe 20

Das verdrängte Wasservolumen $V = \pi r^2 h = \pi \cdot 6^2 \cdot 4\ cm^3 \approx 452\ cm^3$ ist gleich dem Volumen der Kugel, diese hat also den Radius $r = \sqrt[3]{\frac{3V}{4\pi}} \approx 4,8\ cm$.

Seite 60, Aufgabe 21

a) Mit dem inneren Radius $r_i = 27,96\ m$ erhält man $V_i \approx 91.559\ m^3$.

b) $O_i = 4\pi r_i^2 \approx 9824\ m^2$, und mit $r_a = 28\ m$ ist $O_a = 4\pi r_a^2 \approx 9852\ m^2$.

c) $V_{Stahl} = V_a - V_i \approx 393,5\ m^3$ und $m = \rho \cdot V_{Stahl} \approx 3125\ t$.

Seite 60, Aufgabe 22

Die Schätzwerte, die man z.B. erhält, wenn man in der Abbildung den Durchmesser der Kugel mit der Größe von Personen vergleicht, können sehr stark variieren – der tatsächliche Wert ist d = 36 m und somit hat die Kugel einen Oberflächeninhalt von ca. 4072 m^2.

Dabei wird zunächst vernachlässigt, dass die Kugel nicht vollständig an der Oberfläche zu sehen ist. Da eine Kugelhülle technisch schwer zu realisieren ist, wird aus statischen Gründen häufig nur ein Teil der Sphäre errichtet. Man nähert eine Kugel in den meisten Fällen mit Hilfe eines Ikosaeders. La Géode besteht aus 6433 gleichseitigen nicht-ebenen Dreiecken aus Chromnickelstahl.

Seite 61, Aufgabe 23

$\frac{O_{groß}}{O_{klein}} = \frac{4\pi \cdot 30^2}{4\pi \cdot 25^2} = 1,44$, der Oberflächeninhalt ist bei einem großen Globus also um 44 % größer als bei einem kleinen Globus.

Seite 61, Aufgabe 24

$O_{Segment} = \frac{1}{12} \cdot O_{Kugel} \approx 3770\ cm^2$

Seite 61, Aufgabe 25

a) Ein Stück wiegt 15 g, man kann also $\frac{180}{15} = 12$ solche Stücke aus einer ganzen Frucht schneiden.

b) $V = \frac{1}{12} \cdot V_{Kugel} \approx 31,8\ cm^3$ \qquad c) $O = \frac{1}{12} \cdot \pi r^2 + 2 \cdot \frac{1}{2} \cdot \pi r^2 \approx 84,8\ cm^2$

Seite 61, Aufgabe 26

Die Seifenblase hat einen Außenradius $r_a = 2\ cm$ und einen zu ermittelnden inneren Radius r_i; der Radius des Seifenlaugentropfens ist $r_T = 0,1\ cm$.

Für die zugehörigen Volumina gilt $V_a - V_i = V_T$ bzw. $\frac{4}{3}\pi r_a^3 - \frac{4}{3}\pi r_i^3 = \frac{4}{3}\pi r_T^3$ und es folgt $r_a^3 - r_i^3 = r_T^3$,

also gilt für die gsuchte Wandstärke d: $d = r_a - \sqrt[3]{r_a^3 - r_T^3} \approx 0,000083\ cm = 0,83\ \mu m$.

Seite 61, Aufgabe 27

a) Es entsteht eine Hohlkugel.

$O = O_{innen} + O_{außen} = 4\pi r^2 + 4\pi \cdot (1{,}5r)^2 = 13\pi r^2$

$V = V_{außen} - V_{innen} = \frac{4}{3}\pi(1{,}5r)^3 - \frac{4}{3}\pi r^3 = \frac{19}{6}r^3 = 3\frac{1}{6} \cdot r^3$

b) Es entsteht ein Zylinder mit herausgeschnittener Halbkugel.

$O = O_{Kreis} + O_{Mantel} + O_{Kreisring} + O_{Halbkugel}$

$= \pi(2r)^2 + 2\pi \cdot (2r) \cdot (3r) + \pi((2r)^2 - r^2) + 4\pi r^2 = 21\pi r^2$

$V = V_{Zylinder} - V_{Halbkugel} = \pi(2r)^2 \cdot (3r) - \frac{1}{2} \cdot \frac{4}{3}\pi r^3 = \frac{24}{3}\pi r^3 = 11\frac{1}{3} \cdot \pi r^3$

c) Es entsteht eine Halbkugel mit aufgesetztem Zylinder, aus dem ein Kegel herausgeschnitten wurde.

$O = O_{Halbkugel} + O_{Zylindermantel} + O_{Kegelmantel} = \frac{1}{2} \cdot 4\pi r^2 + 2\pi r \cdot r + \pi r \cdot r\sqrt{2} = (4 + \sqrt{2}) \cdot \pi r^2$

$V = V_{Halbkugel} + V_{Zylinder} - V_{Kegel} = \frac{1}{2} \cdot \frac{4}{3}\pi r^3 + \pi r^2 \cdot r + \frac{1}{3}\pi r^2 \cdot r = \frac{4}{3}\pi r^3$

d) Es entsteht ein Zylinder Z1, aus dem ein Zylinder Z2 herausgeschnitten wurde, mit aufgesetztem Zylinder Z3 und aufgesetztem Kegel.

$O = O_{Kreis} + O_{Mantel\,Z1} + O_{Kreisring\,1} + O_{Mantel\,Z2} + O_{Kreisring\,2} + O_{Mantel\,Z3} + O_{Kegelmantel}$

$= \pi(3d)^2 + 2\pi \cdot (3d) \cdot d + \pi((3d)^2 - (2{,}5d)^2) + 2\pi \cdot (2{,}5d) \cdot 0{,}5d + \pi \cdot ((2{,}5d)^2 - (1{,}5d)^2) +$

$\quad 2\pi \cdot (1{,}5d) \cdot 0{,}5d + \pi \cdot (1{,}5d) \cdot \sqrt{2} = \frac{1}{4}(103 + 9\sqrt{2})\pi \cdot d^2$

$V = V_{Z1} - V_{Z2} + V_{Z3} + V_{Kegel} = \pi(3d)^2 \cdot d - \pi(2{,}5d)^2 \cdot 0{,}5d + \pi(1{,}5d)^2 \cdot 0{,}5d + \frac{1}{3}\pi(1{,}5d)^2 \cdot 1{,}5d$

$= 8{,}125\pi d^3$

e) Es entsteht ein Kegel, aus dem eine Halbkugel herausgeschnitten wurde.

$O = O_{Halbkugel} + O_{Kreisring} + O_{Kegelmantel} = \frac{1}{2} \cdot 4\pi r^2 + \pi \cdot ((2r)^2 - r^2) + \pi \cdot (2r) \cdot (2{,}5r) = 10\pi r^2$

$V = V_{Kegel} - V_{Halbkugel} = \frac{1}{3}\pi \cdot (2r)^2 \cdot \sqrt{(2{,}5)^2 - (2r)^2} - \frac{1}{2} \cdot \frac{4}{3}\pi r^3 = \frac{4}{3}\pi r^3$

f) Es entsteht ein aus einem Kegel und einem Zylinder zusammengesetzter Körper, aus dem eine Halbkugel herausgeschnitten wurde.

$O = O_{Kegelmantel} + O_{Zylindermantel} + O_{Halbkugel} = 2\pi \cdot (0{,}5r) \cdot r\sqrt{2} + 2\pi r \cdot (0{,}5r) + \frac{1}{2} \cdot 4\pi r^2$

$= (3 + \sqrt{2}) \cdot \pi r^2$

$V = V_{Kegel} + V_{Zylinder} - V_{Halbkugel} = \frac{1}{3}\pi r^2 \cdot r + \pi r^2 \cdot (0{,}5r) - \frac{1}{2} \cdot \frac{4}{3}\pi r^3 = \frac{1}{6}\pi r^3$

Projekt: Gekrümmte Flächen und ebene Karten

Seite 62, Aufgabe 1

Längentreu: Man verwendet das Wort „längentreu" als Abkürzung für „längenverhältnistreu".
Es bedeutet, dass sich beliebige Längenverhältnisse der Realität unverändert in der Karte
wiederfinden. „Flächentreu" ist die Abkürzung von „flächenverhältnistreu". Flächeninhaltsverhältnisse
auf der Karte entsprechen Flächeninhaltsverhältnissen der Realität.

Seite 63, Aufgabe 2

Individuelle Lösungen, z. B. würden sich für Reutlingen der 48. und 49. Breitengrad anbieten.

Seite 63, Aufgabe 3

Die Kegelmantelprojektion kann sich nur auf einen Teil einer Halbkugel beziehen. Je kleiner der betrachtete Bereich ist, umso weniger ist die Karte verzerrt. Die Mercatorprojektion ist eine spezielle Zylinderprojektion und bildet die ganze Welt ab, sodass die Verzerrung an den Polen nicht zu vermeiden ist.

Seite 63, Aufgabe 4

Individuelle Lösungen

Vernetzen

Seite 64, Aufgabe 28

Der äußere Radius sei R, der innere r.

a) $V = \frac{4}{3}\pi R^3 - \frac{4}{3}\pi r^3 = \frac{4}{3}\pi (R^3 - r^3)$

b) $(a - b) \cdot (a^2 + ab + b^2) = a^3 + a^2b + ab^2 - a^2b - ab^2 - b^3 = a^3 - b^3$

c) Es gilt $d = R - r$ und für $d \ll R$ ist $R \approx r$,

also: $R^3 - r^3 = (R - r)(R^2 + Rr + r^2) \approx d \cdot (R^2 + R^2 + R^2) = d \cdot R^2$,

also ist $V \approx \frac{4}{3}\pi \cdot d \cdot 3R^2 = 4\pi R^2 \cdot d = O \cdot d$

Seite 64, Aufgabe 29

Doppelkegel: $V = \pi r^2 \cdot (4r) - 2 \cdot \frac{1}{3}\pi r^2 \cdot (2r) = \frac{8}{3}\pi r^3$

Zwei Halbkugeln ergeben eine ganze Kugel: $V = \pi r^2 \cdot (4r) - \frac{4}{3}\pi r^3 = \frac{8}{3}\pi r^3$

Halbkugel und Kegel: $V = \pi r^2 \cdot (4r) - \frac{1}{2} \cdot \frac{4}{3}\pi r^3 - \frac{1}{3}\pi r^2 \cdot (3r) = \frac{7}{3}\pi r^3$

Seite 64, Aufgabe 30

a) $O_{\text{Zylinder}} = O_{\text{Kugel}}$

$2\pi \cdot r^2 + 2\pi \cdot r \cdot h = 4\pi \cdot r^2$

$2\pi \cdot r \, (r + h) \qquad = 4\pi \cdot r^2$

$r + h \qquad\qquad\quad = 2r, \quad$ d.h. $h = r$

$V_{\text{Zylinder}} = \pi r^2 \cdot h = \pi \cdot r^3$

$V_{\text{Kugel}} = \frac{4}{3}\pi r^3 \Rightarrow V_{\text{Zylinder}} < V_{\text{Kugel}}$

b) $V_{\text{Kegel}} = V_{\text{Kugel}} \Rightarrow \frac{1}{3}\pi r^2 \cdot h = \frac{4}{3}\pi r^3 \Rightarrow h = 4r$ und für die Mantellinie erhält man

$m = \sqrt{(4r)^2 + r^2} = r\sqrt{17}$. Damit ergibt sich für die Oberflächen:

$O_{\text{Kugel}} = 4\pi r^2$ und $O_{\text{Kegel}} = \pi r \cdot (r + r\sqrt{17}) = \pi r^2 \cdot (1 + r\sqrt{17})$,

also $4 = 1 + r\sqrt{17} \Rightarrow 3 = r\sqrt{17} \Rightarrow r \approx 0{,}72$ LE, d.h. $\quad$ falls $r < 0{,}72$ LE, dann $O_{\text{Kugel}} > O_{\text{Kegel}}$

falls $r = 0{,}72$ LE, dann $O_{\text{Kugel}} = O_{\text{Kegel}}$

falls $r > 0{,}72$ LE, dann $O_{\text{Kugel}} < O_{\text{Kegel}}$

Seite 64, Aufgabe 31

Es passen 48; 2058 bzw. 16 464 Kugeln in die Schachtel.

Wegen $48 \cdot \frac{4}{3}\pi \cdot 3{,}5^3 = 2058 \cdot \frac{4}{3}\pi \cdot 1^3 = 16\,464 \cdot \frac{4}{3}\pi \cdot 0{,}5^3 = 2744\pi$ ist das Gesamtvolumen der Kugeln

jeweils gleich, der Luftanteil beträgt immer 47,6 %.

Seite 64, Aufgabe 32

Volumen des rechten Glases $V_r = \frac{1}{3} \cdot (4\ \text{cm}^2 \cdot 20\ \text{cm}) \approx 335{,}1\ \text{cm}^3$

a) Füllhöhe im linken Glas: $h_1 = \frac{V_r}{\pi \cdot (3\ \text{cm})^2} \approx 11{,}85\ \text{cm}$

b) Das Volumen setzt sich aus einer Halbkugel und einem Zylinder zusammen;

$$V_r = \frac{1}{2} \cdot \frac{4}{3}\pi \cdot (3\ \text{cm})^2 + \pi \cdot (3\ \text{cm})^2 \cdot (h_2 - 3\ \text{cm}) \Rightarrow h_2 \approx 12{,}85\ \text{cm}$$

Seite 64, Aufgabe 33

a) $V = \frac{1}{2} \cdot \frac{4}{3}\pi(4\ \text{cm})^3 + \frac{1}{3}\pi(4\ \text{cm})^2 \cdot (7\ \text{cm}) \approx 251{,}3\ \text{cm}^3$. Davon entfallen auf die Halbkugel 53,3 %.

b) Im Grenzfall haben der Kegel mit der Höhe h_K und die Halbkugel gleiches Volumen:

$$\frac{1}{3}\pi\,(4\ \text{cm})^2 \cdot h_K = \frac{1}{2} \cdot \frac{4}{3}\pi\,(4\ \text{cm})^3 \Rightarrow h_K = 8\ \text{cm}.$$

3. Funktionen mit Potenzen untersuchen

3.1 Rechengesetze für Potenzen

Aufträge

Seite 68, Was ist 2^5 mal 2^4?

Die Aufgaben kann man in drei Kategorien einteilen:

(1) Verschiedene Basen, aber gleicher Exponent

(2) Gleiche Basis, aber verschiedene Exponenten

(3) Potenz von einer Potenz

Über die Ergebnisse findet man die im Schülerband formulierten Potenzgesetze.

Seite 68, Alternative: „Mega"-groß und „Mikro"-klein?

a) Anzahl der Züge: $\dfrac{\text{Masse der Erde}}{\text{Masse eines leeren ICE}} = \dfrac{5{,}97 \cdot 10^{24}\,\text{kg}}{4{,}09 \cdot 105\,\text{kg}} \approx 1{,}46 \cdot 10^{19}$

Der Masse der Erde entspricht die Masse von ca. 14,6 Trillionen leeren ICE-Zügen.

Masse eines ICE mit 1600 Fahrgästen, deren durchschnittliche Masse 75 kg beträgt:

$$409\,\text{t} + 1600 \cdot 75\,\text{kg} = 5{,}29 \cdot 10^5\,\text{kg}$$

Anzahl der Züge: $\dfrac{5{,}97 \cdot 10^{24}\,\text{kg}}{5{,}29 \cdot 10^5\,\text{kg}} \approx 1{,}13 \cdot 10^{19}$

Sind die ICE-Züge in der angegebenen Weise besetzt, entspricht die Masse der Erde der Masse von ca. 1,13 Trillionen ICE-Zügen.

b) Im ersten Abschnitt auf der Seite wird der Atomdurchmesser des Wasserstoffs mit 0,000000000106 m angegeben, das sind 0,000 000 106 mm.

1 mm : 0,000 000 106 mm=9 433 962,2...

Um eine Länge von einem Millimeter zu erhalten, müsste man ca. neuneinhalb Millionen Wasserstoffatome nebeneinanderlegen.

c) Benötigte Zeit: $\dfrac{\text{Distanz Sonne−Erde}}{\text{Lichtgeschwindigkeit}} = \dfrac{149\,600\,000\,000\,\text{m}}{299792458\,\frac{\text{m}}{\text{s}}} \approx 500\,\text{s} = 8{,}\overline{3}\,\text{min}$

Das Licht benötigt knapp $8\frac{1}{2}$ Minuten, um von der Sonne zur Erde zu gelangen.

d) $1\,\text{Lichtjahr} = 299\,792\,458\,\frac{\text{m}}{\text{s}} \cdot 60\,\text{s} \cdot 60 \cdot 24 \cdot 365 = 9{,}4605 \cdot 10^{12}\,\text{km}$

$4{,}22\,\text{Lichtjahre} = 4{,}22 \cdot 9{,}4605 \cdot 10^{12}\,\text{km} = 39{,}92331 \cdot 1012\,\text{km}$

Proxima Centauri ist von der Sonne rund 40 Billionen Kilometer entfernt.

Trainieren

Seite 72, Aufgabe 1

a) $2^3 = 8$

b) $3^2 = 9$

c) $2^5 = 32$

d) $5^2 = 25$

e) $(-2)^5 = -32$

f) $5^{-2} = \frac{1}{25}$

g) $(-5)^{-2} = \frac{1}{(-5)^2} = \frac{1}{25}$

h) $(-5)^{-3} = \frac{1}{(-5)^3} = \frac{1}{-125} = -\frac{1}{125}$

i) $(-1)^7 = -1$

j) $(-1)^{-1} = \frac{1}{-1} = -1$

k) $(-1)^{-2} = \frac{1}{(-1)^2} = 1$

l) $1^{-3} = \frac{1}{1^3} = 1$

m) Das Vertauschen von Basis und Exponent ändert das Ergebnis(a-e). Das Vorzeichen des Exponenten hat keinen Einfluss auf Vorzeichen des Ergebnisses (d-k). Bei negativer Basis und ungeradem Exponenten ist das Ergebnis negativ, sonst positiv

Seite 72, Aufgabe 2

Umformungen unter der Voraussetzung, dass die Terme, in denen Variablen auftreten, definiert sind:

a)

$4^{\frac{1}{3}} = \sqrt[3]{4}$

$2^{\frac{3}{4}} = \sqrt[4]{2^3} = \sqrt[4]{8}$

$32^{\frac{3}{5}} = \sqrt[5]{32^3} = 8$

$27^{\frac{2}{3}} = \sqrt[3]{27^2} = 9$

$64^{\frac{3}{4}} = \sqrt[4]{63^3} = 16\sqrt{2}$

$25^{\frac{4}{3}} = \sqrt[3]{25^4} = 25\sqrt[3]{25}$

$a^{\frac{2}{7}} = \sqrt[7]{a^2}$

$1^{\frac{1}{2}} = \sqrt{1} = 1$

$a^{\frac{b}{3}} = \sqrt[3]{a^b}$

$3^{-\frac{1}{2}} = \dfrac{1}{\sqrt{3}} = \dfrac{1}{3}\sqrt{3}$

$9^{\frac{1}{3}} = \sqrt[3]{9}$

$4^{\frac{1}{4}} = \sqrt[4]{4} = \sqrt{2}$

b)

$\sqrt[3]{2} = 2^{\frac{1}{3}}$

$\sqrt[5]{3} = 3^{\frac{1}{5}}$

$\sqrt[2]{a} = a^{\frac{1}{2}}$

$\sqrt[7]{b^4} = b^{\frac{4}{7}}$

$\sqrt[4]{3^5} = 3^{\frac{5}{4}}$

$\sqrt[a]{7^2} = 7^{\frac{2}{a}}$

$\sqrt[2]{a^5} = a^{\frac{5}{2}}$

$\sqrt[3]{x^4} = x^{\frac{4}{3}}$

$\sqrt[6]{(3a)^5} = (3a)^{\frac{5}{6}}$

$\sqrt[3]{a^3} = a$

$\sqrt[b]{a^c} = a^{\frac{c}{b}}$

$\sqrt[2x]{x^n} = x^{\frac{1}{2}}$

Seite 72, Aufgabe 3

a) $\sqrt[3]{27} = 27^{\frac{1}{3}} = 3$

c) $\sqrt{64} = 64^{\frac{1}{2}} = 8$

e) $\sqrt[x]{x^6} = x^{\frac{6}{x}}$

b) $\sqrt[3]{64} = 64^{\frac{1}{3}} = 4$

d) $\sqrt[3]{125} = 125^{\frac{1}{3}} = 5$

f) $\sqrt{\sqrt[3]{x^{12}}} = \sqrt{x^{\frac{12}{3}}} = x^3$

Seite 72, Aufgabe 4

a) $\sqrt{3}$

b) $\sqrt[3]{8}$

c) $\sqrt[4]{5}$

Seite 72, Aufgabe 5

Potenzgesetz, das zur *linken Spalte* gehört: Potenzen mit gleicher Basis werden multipliziert (bzw. dividiert), indem man die Basis beibehält und die Exponenten addiert (bzw. subtrahiert).

Potenzgesetz, das zur *mittleren Spalte* gehört: Potenzen mit gleichem Exponenten werden multipliziert (bzw. dividiert), indem man den Exponenten beibehält und die Basen multipliziert (bzw. dividiert).

Potenzgesetz, das zur *rechten Spalte* gehört: Potenzen werden potenziert, indem man die Exponenten multipliziert.

Umformungen unter der Voraussetzung, dass die Terme, in denen Variablen auftreten, definiert sind:

a) $2^5 = 32$

e) z^8

i) $(ab)^2$

l) $2^6 = 64$

b) $10^3 = 1000$

f) $10^3 = 1000$

j) $\left(\dfrac{x}{y}\right)^6$

m) $-2^6 = -64$

c) $0^{10} = 0$

g) $3^2 = 9$

k) $2^6 = 64$

n) p^{15}

d) a^2

h) $1^7 = 1$

o) x^{2n^2}

Seite 72, Aufgabe 6

a) $12^{-3} \cdot 12^4 = 12^{3+4} = 12$ (B)

b) $\left(\frac{22}{44}\right)^4 \cdot \left(\frac{49}{33}\right)^4 = \left(\frac{22}{49} \cdot \frac{49}{33}\right)^4 = \left(\frac{2}{3}\right)^4 = \frac{16}{81}$ (E)

c) $\left(\sqrt{3}\right)^7 \cdot \left(\sqrt{3}\right)^{-5} = \left(\sqrt{3}\right)^2 = 3$ (B)

d) $2^6 \cdot 5^6 = (2 \cdot 5)^6 = 10^6 = 1\,000\,000$ (E)

e) $\frac{10^3}{10^{-3}} = 10^{3-(-3)} = 10^6 = 1\,000\,000$ (B)

f) $\left(\frac{3}{3}\right)^5 \cdot \left(\frac{8}{3}\right)^5 = \left(\frac{3 \cdot 8}{4 \cdot 3}\right)^5 = 2^5 = 32$ (E)

Seite 72, Aufgabe 7

a) Gleiche Basis (B)

$$a^2 \cdot a^3 = a^5$$
$$a^{-1} \cdot a^{-4} = a^{-5} = \frac{1}{a^5}$$
$$a^6 \cdot a^{-6} = a^0 = 1$$

b) Potenz der Potenz (P)

$$(2^3)^2 = 2^{3 \cdot 2} = 2^6 = 64$$
$$((-10)^3)^2 = (-10)^6$$
$$= 1\,000\,000$$
$$(a^3)^{-5} = a^{-15} = \frac{1}{a^{15}}$$

c) gleicher Exponent (E)

$$a^7 \cdot \left(\frac{1}{a}\right)^7 = \left(\frac{a}{a}\right)^7 = 1$$
$$2^9 \cdot 5^9 = (2 \cdot 5)^9 = 10^9$$
$$= 1\,000\,000\,000$$
$$(a-b)^2 \cdot (a+b)^2$$
$$= [(a-b)(a+b)]^2$$
$$= (a^2 - b^2)^2$$
$$= a^4 - 2a^2b^2 + b^4$$

Seite 73, Aufgabe 8

a) 2^{12}

b) 2^{-18}

c) -3^{15}

d) 12^{-6}

e) 10^{14}

f) 5^{12}

g) 3^{16}

h) 2^{-16}

i) 10^{-18}

Seite 73, Aufgabe 9

a) $x = 10^5$

b) $x = 10^{-1}$

c) $x = 10^3$

d) $x = 10^{-7}$

e) $x = 10^{-2}$

f) $x = 10^6$

g) $x = 10^{-8}$

h) $x = 10^{-3}$

Seite 73, Aufgabe 10

a) $L = \{-1; 1\}$

b) $L = \{-1\}$

c) $L = \left\{\frac{1}{2}\right\}$

d) $L = \{-2\}$

e) $L = \{-5; 5\}$

f) $L = \{\}$

g) $L = \{-2; 2\}$

h) $L = \{0\}$

Seite 73, Aufgabe 11

a) $65\,045\,345\,000 = 6,5045345 \cdot 10^{10}$

b) $4\,096 = 4,096 \cdot 10^3$

c) $234\,000\,000 = 2,34 \cdot 10^8$; $65\,000\,000\,000 = 6,5 \cdot 10^{10}$; $1\,000\,000 = 10^6$

d) $789\,304\,000 = 7,89304 \cdot 10^8$; $231\,562\,789 = 2,31562789 \cdot 10^9$; $900\,870 = 9,0087 \cdot 10^5$

e) $77\,986,987 = 7,7986987 \cdot 10^4$; $14,8765 = 1,48765 \cdot 10^1$; $23,87 = 2,387 \cdot 10^1$

f) $5,679 \cdot 10^{20}$; $9,891239 \cdot 10^{62}$

Seite 73, Aufgabe 12

a) $78,9 \cdot 10^3 = 78\,900$; $6,89 \cdot 10^8 = 689\,000\,000$; $0,56 \cdot 10^{12} = 560\,000\,000\,000$

b) $2,786433 \cdot 10^7 = 27\,864\,330$; $5,71 \cdot 10 = 57,1$; $45,08 \cdot 10^5 = 4\,508\,000$

c) $0,00123 \cdot 10^5 = 123$; $0,00004506 \cdot 10^6 = 45,06$

d) $0,12007 \cdot 10^{13} = 1\,200\,700\,000\,000$

Seite 73, Aufgabe 13

a) $0,000000708 = 7,08 \cdot 10^{-7}$; $0,00054665 = 5,4665 \cdot 10^{-4}$; $0,0078 = 7,8 \cdot 10^{-3}$

b) $8 \cdot 10^{-32} = 0,8 \cdot 10^{-31}$; $32 \cdot 10^{-8} = 3,2 \cdot 10^{-7}$; $13,09 \cdot 10^{-3} = 1,309 \cdot 10^{-2}$

c) $\frac{23}{1\,000\,000} = 2,3 \cdot 10^{-5}$; $\frac{1}{1\,000\,000} = 10^{-6}$; $\frac{1}{2\,000\,000} = 0,5 \cdot 10^{-6}$

Seite 73, Aufgabe 14

a) $2,37 \cdot 10^7 \cdot 1,9 \cdot 10^3 \approx 4 \cdot 10^{10}$

b) $9,8 \cdot 10^4 \cdot 2,706 \cdot 10^4 \approx 25 \cdot 10^8 = 2,5 \cdot 10^9$

c) $1,2 \cdot 10^{-8} \cdot 3 \cdot 10^{12} = 3,6 \cdot 10^4$

d) $9,8 \cdot 10^{12} \cdot 5 \cdot 10^{-7} \approx 50 \cdot 10^5 = 5 \cdot 10^6$

e) $3 \cdot 10^{-3} \cdot 4 \cdot 10^{-6} = 12 \cdot 10^{-9} \approx 0,000\,000\,001$

f) $\frac{2 \cdot 10^{-4}}{5 \cdot 10^3} = \frac{2}{5} \cdot 10^{-7} = 4 \cdot 10^{-8}$

Seite 73, Aufgabe 15

a) $0,0029 \cdot 10^7 \cdot 5,01 \cdot 10^8 \approx 3 \cdot 10^4 \cdot 5 \cdot 10^8 \approx 1,5 \cdot 10^{13}$

b) $102,7 \cdot 10^4 \cdot 20,08 \cdot 10^5 \approx 10^6 \cdot 2 \approx 2 \cdot 10^{12}$

c) $\frac{17 \cdot 10^{-8}}{8 \cdot 10^{-2}} \approx 2 \cdot 10^{-6}$

d) $2,103 \cdot 10^5 \cdot 16,04 \cdot 10^{-12} \approx 3,2 \cdot 10^{-6}$

Seite 73, Aufgabe 16

Lösungswort: CIRCLE

Seite 74, Aufgabe 17

a) 4 cm

b) 12 m

c) $15\sqrt{15}\ mm \approx 51,1$ mm

d) 1,3 km

e) $200\sqrt{2}$ m $\approx 282,8$ m

f) 0,6 m

Seite 74, Aufgabe 18

a) 3 cm

b) 20 mm

c) 11 dm

d) $\approx 13,6$ m

e) $\approx 1,4$ m

f) 0,1 dm

Seite 74, Aufgabe 19

a) $\frac{(5x)^4}{5x^3} = 125x\ (x \neq 0)$

b) $-20a^4 + 7a^3 \cdot 8a = (6a^2)^2$

c) $(a^3 \cdot b^4 \cdot c^2) \cdot (a \cdot b^2 \cdot c)^2 = a^5 \cdot b^8 \cdot c^4$

d) $\frac{a^4 \cdot x^3 \cdot b^3 \cdot x^2}{a^2 \cdot b \cdot x^0} = a^2 \cdot b^2 \cdot x^5\ (a, b, x \neq 0)$

Seite 74, Aufgabe 20

a) $a^5 + a^5 = 2a^5$

b) $a^{\frac{1}{3}} - a^{\frac{1}{3}} = 0$

c) $b^{\frac{1}{4}} \cdot b^{\frac{1}{2}} = b^{\frac{3}{4}}$

d) $\frac{s^{-3}}{s^3} = s^{-6}$

e) $x^3 + 2x^3 + 4x^3 = 7x^3$

f) $4p^2 \cdot 8q^2 = 32(pq)^2$

Seite 74, Aufgabe 21

a) Potenzen werden ~~durcheinander~~ dividiert, indem man die beiden Exponenten subtrahiert.

b) Wenn man zwei ~~Variablen~~ <u>Potenzen mit gleicher Basis</u> multipliziert, so kann man ~~die Potenzen~~ <u>ihre Exponenten</u> addieren und <u>die Basis bleibt gleich</u>.

c) Eine Potenz mit negativem Exponenten kann man auch als Bruch schreiben. Hierfür schreibt man die Potenz mit <u>positivem Exponenten</u> in den Nenner und 1 in den Zähler.

d) Quadriert man ~~die Summe~~ <u>das Produkt</u> zweier Potenzen, so verdoppelt sich in jeder Potenz der Exponent.

e) Man kann die Quadratwurzel auch als Potenz schreiben und zwar: $\sqrt{a} = \underline{a^{\frac{1}{2}}}$

Seite 74, Aufgabe 22

a) $\frac{a^4 c^3}{a^5 c^5} = a^{-1} c^{-2}$; $\frac{-a^3 x - b^3}{a^4 b^2} = a^{-1} b$

b) $\frac{x^3 y^4}{x^6 (-y^5)} = -x^{-3} y^{-1}$; $\frac{x^{-1}}{y^3 x^5} = y^{-3} x^{-6}$

Noch fit?

Seite 74, Aufgabe I

P („2" oder „4" oder „6" oder „8" oder „10" oder „12") $= 2 \cdot \left(\frac{1}{36} + \frac{3}{36} + \frac{5}{36} \right) = \frac{1}{2}$

Seite 74, Aufgabe II

a) 0,1

b) 0,2

c) 0,4

d) 0,5

Seite 75, Aufgabe III

a) $P = \frac{2}{32} \cdot \frac{1}{31} = \frac{1}{496}$

b) $P = \frac{4}{32} \cdot \frac{3}{31} = \frac{3}{248}$

c) $P = \frac{16}{32} \cdot \frac{15}{31} = \frac{15}{62}$

Anwenden

Seite 75, Aufgabe 23

$29300000 \frac{km}{s} = 3 \cdot 10^8 \frac{m}{s}$

$3 \cdot 10^8 \frac{m}{s} : 340 \frac{m}{s} \approx 8,82 \cdot 10^5$

Das Licht bewegt sich fast 900000-mal so schnell wie der Schall.

Seite 75, Aufgabe 24

a) $2^{128} = 2^{16} \cdot 2^{112}$. Der Faktor ist 2^{116}.

b) $2^{128} = 2^{8+120} = 2^8 \cdot (2^{10})^{12} \approx 256 \cdot 1000^{12} = 256 \cdot (10^3)^{12} = 256 \cdot 10^{36} = 2,56 \cdot 10^{38}$

c) (CASIO fx-CG 20:) $2^{128} = 3,4 \ldots \cdot 10^{38}$

   Größenordnung gut getroffen. Der Rundungsfehler von $1024 \approx 1000$ potenziert sich sehr.

Seite 75, Aufgabe 25

Die Anzahl der Reiskörner pro Feld verdoppelt sich mit jedem Feld, das heißt, auf dem zweiten Feld sind doppelt so viele Körner wie auf dem ersten Feld, auf dem dritten Feld doppelt so viele wie auf dem zweiten usw.

Schachfeld	1	2	3	4	5	6	7	8
Anzahl an Reiskörnern für dieses Feld	1	2	4	8	16	32	64	128

Für das 8. Feld erhält Sessa Ebn Daher bereits 128 Reiskörner:

$[(1 \cdot 2) \cdot 2] \cdot 2 \ldots = 1 \cdot 27 = 128$

Die Anzahl y der Reiskörner auf dem n-ten Feld kann als

Funktionsgleichung geschrieben werden: $f(n) = 1 \cdot 2^{n-1} = 2^{n-1}$

Wenn die Ausgangsgröße n um 1 zunimmt, erhöht sich die zugeordnete Größe f(n) stets um denselben Faktor 2. Man spricht hier von exponentiellem Wachstum. 1 heißt Anfangswert, 2 ist der Wachstumsfaktor pro Zeiteinheit.

Da das Schachbrett bekanntlich aus 64 Feldern besteht, müsste der König allein für das letzte Feld $2^{63} \approx 9{,}223 \cdot 10^{18}$, also ungefähr 9,223 Trillionen Reiskörner abgeben. Diese Körner hätten ein Gewicht von etwa $18{,}5 \cdot 1012$ t, also 18,5 Billionen Tonnen. Dies ist fast 30000-mal so viel wie die Weltreisernte 2005!

Seite 75, Aufgabe 26

$0{,}00000000000000000001602176 = 1{,}602176 \cdot 10^{-19}$

$$\frac{1}{1{,}602176 \cdot 10^{-19}} = \frac{1}{1{,}602176} \cdot 10^{19} = 0{,}6241511544 \cdot 10^{19} = 6{,}241511544 \cdot 10^{18}$$

Seite 75, Aufgabe 27

22,9 % von 75 kg = 17 175 g

$$\frac{17175\,g}{0{,}000\,000\,000\,000\,000\,000\,000\,019\,94\,g} \approx 861\,334\,002\,006\,018\,000\,000\,000\,000$$

Ein Mensch mit einer Masse von 75 kg enthält ca. 861000 Trilliarden Kohlenstoffatome.

Seite 75, Aufgabe 28

$$E = \frac{6{,}63 \cdot 10^{-34} \cdot 2{,}99792458 \cdot 10^{8}}{4 \cdot 10^{-11}} \frac{Jsm}{sm} = 4{,}969059991 \cdot 10^{-15} \, J$$

Methode: Der Modellierungskreislauf – Beispiel Bevölkerungswachstum

Seite 77, Aufgabe 1

a)

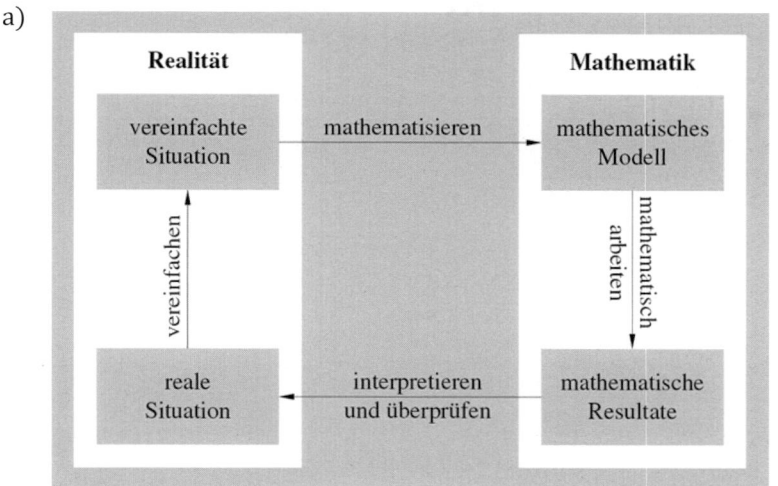

b) Das Interpretieren und Überprüfen der mathematischen Resultate in der realen Situation kann ergeben, dass sich z. B. Annahmen oder Vereinfachungen so auswirken, dass die Realität durch die gewählte Mathematisierung nicht angemessen modelliert wird. Dann ist die Modellierung anzupassen und das Verfahren wird erneut durchlaufen.

Seite 77, Aufgabe 2

Zeitpunkt	x	$f(x)$	$g(x)$
vor ca. 2000 Jahren	−2000	$3{,}416 \cdot 10 - 7$	$1{,}611 \cdot 10 - 15$
Mitte des 17. Jhs.	−250	0,2474	0,0150
1800	−100	0,7863	0,1934
1900	0	1,7000	1,0652
1950	50	2,4996	2,5000
2006	106	3,8494	6,4999
2050	150	5,4041	13,7707

Die Wachstumsraten müssen bisher zugenommen haben, da die mit den Funktionen f und g für die Vergangenheit berechneten Bevölkerungszahlen viel zu gering sind.

Seite 77, Aufgabe 3

Es sind viele Funktionen möglich, z.B. erhält man ausgehend von den Daten für 1800 (eine Milliarde) und 1950 (2,5 Milliarden) $h(x) = 1{,}842015749 \cdot 1{,}0061273^{x}$. Wie bei f und g stimmen auch hier die Funktionswerte insbesondere für die Vergangenheit nicht mit der Realität überein.

Seite 77, Aufgabe 4

Beide Funktionen beruhen auf den Daten von 1950, also x=50. Leichte Abweichungen in der Tabelle sind durch Rundungsfehler erklärbar.

Seite 77, Aufgabe 5

Für den Zeitraum von 1800 bis 2050 würde eine zusammengesetzte Funktion z mit
$$z(x) = f(x) \ für \ -100 = x < 50 \quad und \quad z(x) = g(x) \ für \ 50 = x = 150$$
die Bevölkerungszunahme annähernd beschreiben, wobei die Zahl für 1800 etwas zu gering und die der Schätzung für 2050 zu hoch ist.

Seite 77, Aufgabe 6

Exponentialfunktionen gehen von einer gleichbleibenden Wachstumsrate aus, das ist in der Realität jedoch nicht der Fall.

Fortsetzung Anwenden

Seite 78, Aufgabe 29

a) Masse: $m = 0{,}107 \cdot 5{,}97 \cdot 10^{24}$ kg $= 0{,}63879 \cdot 10^{24}$ kg $= 6{,}3879 \cdot 10^{23}$ kg

Volumen: $V = 0{,}15 \cdot 1{,}083 \cdot 10^{21}$ m^3 $= 0{,}16245 \cdot 10^{21}$ m^3 $= 1{,}6245 \cdot 10^{20}$ m^3

b) Erde: $\rho_E = \frac{5{,}97 \cdot 10^{24}\,\text{kg}}{1{,}083 \cdot 10^{21}\,\text{m}^3} = 5{,}5124 \cdot 10^3 \frac{\text{kg}}{\text{m}^3}$

Mars: $\rho_M = \frac{6{,}387 \cdot 10^{23}\,\text{kg}}{1{,}6245 \cdot 10^{20}\,\text{m}^3} = 3{,}9322253 \cdot 10^3 \frac{\text{kg}}{\text{m}^3}$

Wasser: $1 \cdot 10^3 \frac{\text{kg}}{\text{m}^3}$

c) $V = \frac{m}{p} = \frac{1{,}99 \cdot 10^{30}}{1{,}41 \cdot 10^3}$ m^3 $\approx 1{,}41 \cdot 10^{27}$ kg

d) $F = \frac{6{,}67 \cdot 10^{-11} \cdot 5{,}97 \cdot 10^{24} \cdot 1{,}99 \cdot 10^{30}}{(1{,}496 \cdot 10^{11})^2}$ N $\approx 35{,}4 \cdot 10^{21}$ N $= 3{,}54 \cdot 10^{22}$ N

Seite 78, Aufgabe 30

$n \neq 0; n \in N$

	$a > 0$	$a < 0$
n gerade	Genau zwei Lösungen: $x = \sqrt[n]{a}$ oder $x = -\sqrt[n]{a}$	Keine reelle Lösung
n ungerade	Genau eine Lösung: $x = \sqrt[n]{a}$	Genau eine Lösung: $x = -\sqrt[n]{a}$

Vernetzen

Seite 78, Aufgabe 31

	Quader mit den Kantenlängen a, a und h	Neuer Quader
a)	$V_{alt} = a^2 \cdot h$ $O_{alt} = 2a^2 + 4ah$	$V_{neu} = (2a)^2 \cdot \frac{1}{2}h = 2V_{alt}$ $O_{neu} = 2 \cdot (2a)^2 + 4 \cdot 2a \cdot \frac{1}{2}h = 8a^2 + 4ah = O_{alt} + 6a^2$
b)	$V_{alt} = a^2 \cdot h_{alt}$	$V_{neu} = (2a)^2 \cdot h_{neu} = V_{alt} \Rightarrow \frac{a^2 \cdot h_{alt}}{4a^2} = \frac{1}{4}h_{alt}$
c)	$V_{alt} = (a_{alt})^2 \cdot h$	$V_{neu} = a_{neu}^2 \cdot \frac{1}{2}h = V_{alt} \Rightarrow a_{neu} = \sqrt{2 \cdot a_{alt}^2} = a_{alt} \cdot \sqrt{2}$

Seite 78, Aufgabe 32

a) Die Aussage ist für $n \in N$ falsch, da 12 keine Dreierpotenz ist.

b) Die Aussage ist für $n \in N$ falsch, da die Primfaktorzerlegung von 3^n nur aus Dreien besteht.

c) Die Aussage ist richtig, da $27 = 3^3$ und daher $27^2 = 3^6$ ist, also n = 6.

d) Die Aussage ist für $n \in N$ falsch, da die Quersumme 10 und somit nicht durch 3 teilbar ist.

e) Die Aussage ist richtig, denn z. B. für n = 6 gilt: $3^6 = 9^3 = 27^2$

Seite 78, Aufgabe 33

$a \geq 0, m > 0, n > 0$

$$\sqrt[m]{a} \cdot \sqrt[n]{a} = a^{\frac{1}{m}} \cdot a^{\frac{1}{n}} = a^{\frac{1}{m} + \frac{1}{n}} = a^{\frac{n+m}{m \cdot n}} = \sqrt[mn]{a^{m+n}}$$

Seite 78, Aufgabe 34

Individuelle Lösungen

Seite 79, Aufgabe 35

Radius eines Goldatoms: $144\ pm = 0{,}000000000144\ m = 144 \cdot 10^{-12}\ m = 1{,}44 \cdot 10^{-10}\ m$

Leistung eines Verkehrsflugzeugs: $66\ MW = 66000000\ W = 66 \cdot 10^{6}\ W = 6{,}6 \cdot 10^{7}\ W$

Wellenlänge des sichtbaren Lichts: $\quad 380\ nm = 0{,}00000038\ m = 380 \cdot 10^{-9}\ m = 3{,}8 \cdot 10^{-7}\ m$

$\quad\quad\quad\quad\quad\quad\quad\quad\quad\quad\quad 780\ nm = 0{,}00000078\ m = 780 \cdot 10^{-9}\ m = 7{,}8 \cdot 10^{-7}\ m$

Seite 79, Aufgabe 36

$56\ \mu m = 0{,}056\ mm$

$$\frac{1\ mm}{0{,}056\ mm} = \frac{125}{7} \approx 17{,}8$$

Man müsste wenigstens 18 Heliumatome nebeneinander legen, um eine Länge von 1 mm zu erhalten.

Seite 79, Aufgabe 37

Die Aussage ist...

Fall 1)	$a > 1$	Für $a > 1$ ist $a^n > 0$ $a > 1 \Rightarrow a - 1 > 0 \Rightarrow (a-1) \cdot (a^n) > 0 \Rightarrow a^n < a^{n+1}$	... wahr
Fall 2)	$a = 1$	Für $a = 1$ ist $a^n = 1$ und ebenso $a^{n+1} = 1 \Rightarrow a^n = a^{n+1}$	... falsch
Fall 3)	$0 < a < 1$	Für $0 < a < 1$ ist $a^n > 0$ $0 < a < 1 \mid \cdot a^n$ $0 < a^{n+1} < a^n$	... falsch
Fall 4)	$a = 0$	Für $a = 0$ ist $a^n = 0\ (n \neq 0)$ und $a^{n+1} = 0 \Rightarrow a^n = a^{n+1}$	... falsch
Fall 5)	$a < 0$	Hier wären weitere Fallunterscheidungen nötig, sodass keine allgemeine Aussage möglich ist. Beispiel für eine wahre Aussage: $a = -3$ und $n = -3$ $(-3)^{-3} = -\frac{1}{27},\ (-3)^{-2} = \frac{1}{9}$ Beispiel für eine falsche Aussage: $a = -3$ und $n = -2$ $(-3)^{-2} = \frac{1}{9},\ (-3)^{-1} = -\frac{1}{3}$	

Seite 79, Aufgabe 38

a)

64	2	256
128	32	8
4	512	16

2^6	2^1	2^8
2^7	2^5	2^3
2^2	2^9	2^4

256	2	64
8	32	128
16	512	4

2^8	2^1	2^6
2^3	2^5	2^7
2^4	2^9	2^2

b) Das neue Quadrat ist wieder magisch. Man erkennt es sofort bei Verwendung von Zweierpotenzen

16384	4	16384
1024	1024	1024
64	262144	64

2^{14}	2^2	2^{14}
2^{10}	2^{10}	2^{10}
2^6	2^{18}	2^6

Seite 79, Aufgabe 39

$(a + b)^2 = a^2 + 2ab + b^2$

$(a + b)^3 = a^3 + 3a^{2b} + 3ab^2 + b^3$

$(a + b)^4 = a^4 + 4a^3b + 6a^2b^24ab^3+b^4$

Für die Berechnung von $(a + b)^k$ benötigt man den sogenannten Binomialkoeffizienten:

$$\binom{k}{i} = \frac{k!}{i! \cdot (k - i)!}$$

$$(a + b)^k = \sum_{i=0}^{k} \binom{k}{i} a^{k-i}b^i$$

3.2 Potenzfunktionen untersuchen

Aufträge

Seite 80, Erkunden und Strukturieren

Dieser Auftrag wird im Schülerbuch auf Seite 81f. bearbeitet.

Seite 80, Alternative: Potenz gegen Faktor

$f_1(x) > f_2(x)$ gilt für x < 15. An der Stelle x = 15 schneiden sich die Graphen von f_1 und f_2 und für x > 15 gilt umgekehrt $f_1(x) > f_2(x)$.

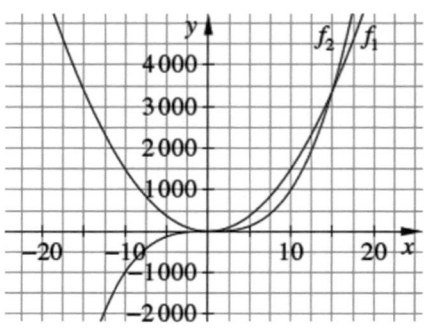

Seite 80, Alternative: Lichtintensität

r in m	$E = \frac{1}{r^2}$
0,1	100
0,2	25
0,25	16
0,4	6,25
0,5	4
1	1
2	0,25
4	0,0625

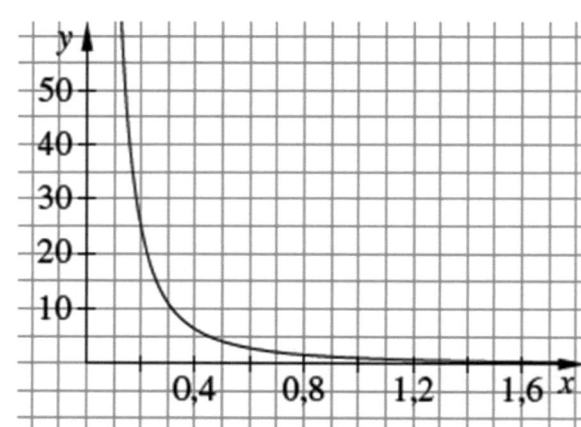

Seite 80, Alternative: Durchflussmenge von Blut

Das Beispiel geht von einer 10%-igen Verringerung des Durchmessers aus. Das bedeutet beispielsweise von 4 mm auf 3,6 mm oder allgemein von R auf 0,9R. Das Verhältnis zur normalen Durchflussmenge reduziert sich (allgemein) auf $\frac{(0,9R)^4}{R^4} = 0,9^4 = 0,6561$. Die Durchflussmenge wird also um mehr als $\frac{1}{3}$ reduziert. Hier können offen die biologischen und medizinischen Konsequenzen besprochen werden (z.B. für die Sauerstoffversorgung von Organen usw.).

Trainieren

Seite 83, Aufgabe 1

Auf den Graphen liegen die folgenden Punkte:

f	g	h	k	m	n
P und Q	S	S und T	P und Q	Keiner	S

Seite 83, Aufgabe 2

a) nein

b) nein

c) ja (für $x_1 = 0{,}5$ bzw. $x_2 = -0{,}5$)

d) nein

e) ja (für $x = 0$)

f) ja $\left(\text{für } x = \sqrt[3]{\dfrac{1}{3}} \right)$

g) ja (für alle x)

h) nein

Seite 83, Aufgabe 3

a) $y = 2x^4$

x	-4	-3	-2	-1	0	1	2	3	4
y	512	162	32	2	0	2	32	162	512

b) $y = 0{,}2x^3$

x	-4	-3	-2	-1	0	1	2	3	4
y	$-12{,}8$	$-5{,}4$	$-1{,}6$	$-0{,}2$	0	0,2	1,6	5,4	12,8

c) $y = -0{,}5x^5$

x	-4	-3	-2	-1	0	1	2	3	4
y	512	121,5	16	0,5	0	$-0{,}5$	-16	$-121{,}5$	-512

d) $y = 6x$

x	-4	-3	-2	-1	0	1	2	3	4
y	-24	-18	-12	-6	0	6	12	18	24

e) $y = 4x^{-3}$

x	-4	-3	-2	-1	0	1	2	3	4
y	$-\frac{1}{16}$	$-\frac{4}{9}$	$-\frac{1}{2}$	-4	$-$	4	$\frac{1}{2}$	$\frac{4}{9}$	$\frac{1}{16}$

f) Es gibt unendlich viele Lösungen, wobei n ungerade ist, z.B. $y = 0{,}5x^3$.

x	-4	-3	-2	-1	0	1	2	3	4
y	-32	$-13{,}5$	-4	$-0{,}5$	0	0,5	4	13,5	32

Seite 83, Aufgabe 4

a) Der Graph f(x) wurde um den Faktor 2 gestreckt und um 4 Einheiten nach links verschoben.

b) Der Graph f(x) wurde um den Faktor 16 gestreckt und um 102 Einheiten nach rechts verschoben.

c) Der Graph f(x) wurde um den Faktor 20 gestreckt, nach unten geklappt und um 32 Einheiten nach links verschoben.

Seite 83, Aufgabe 5

a) Der Graph ist nach unten geöffnet, sein Scheitelpunkt liegt in S(0|0) und die Nullstelle ist bei NS(0|0)

b) Der Graph ist nach oben geöffnet, sein Scheitelpunkt liegt in S(0|0) und die Nullstelle ist bei NS(0|0)

c) Für x gegen 0 geht der Graph Richtung -∞, für x gegen +∞ geht der Graph gegen 0.

d) Für x gegen 0 geht der Graph Richtung -∞, wenn man die Werte von link immer kleiner werden lässt. Für x-Werte aus dem positiven Achsenabschnitt geht der Graph in Richtung +∞.

Seite 84, Aufgabe 6

Individuelle Lösungen

Seite 84, Aufgabe 7

a) n=3   b) n=4   c) n= -1   d) n = -2

blau: x^n rote Graph: $2x^n$ gelb: $2(x-3)^n$ grün: $2(x-3)^n +1$

Seite 84, Aufgabe 8

a) B   b) R   c) I   d) E   e) L   f) N

Seite 84, Aufgabe 9

$f(x) = 2x^2$	$g(x) = -x^3$	$h(x) = -\dfrac{1}{4}x^4$	$i(x) = \dfrac{1}{x^2}$	$k(x) = \dfrac{1}{x}$
2	4	5	1	3

Seite 84, Aufgabe 10

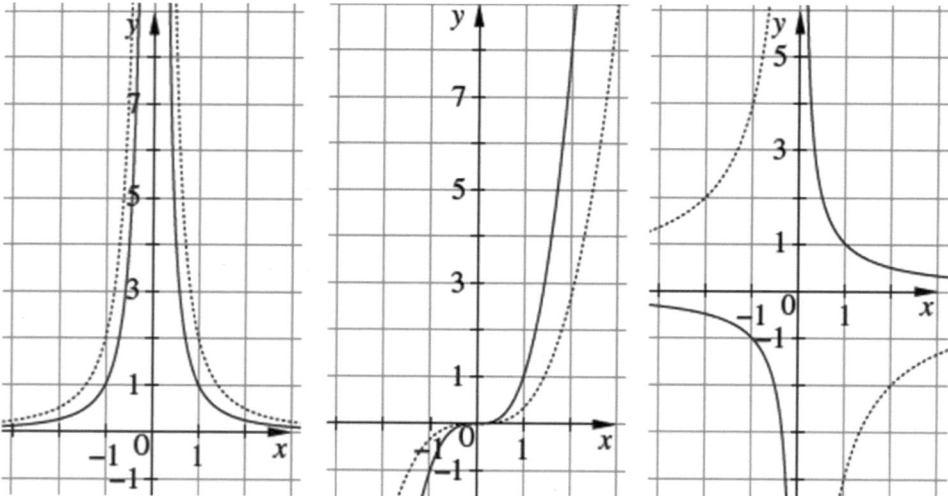

$f_1(1) = 1$; $f_2(1) = 2$; Der Faktor 2 bewirkt eine Streckung in y-Richtung,

$g_1(1) = 1$; $g_2(1) = \frac{1}{3}$; Der Faktor $\frac{1}{3}$ bewirkt eine Stauchung in y-Richtung,

$h_1(1) = 1$; $h_2(1) = -4$; Der Faktor -4 bei bewirkt eine Streckung in y-Richtung und zudem eine Spiegelung an der x-Achse.

Seite 85, Aufgabe 11

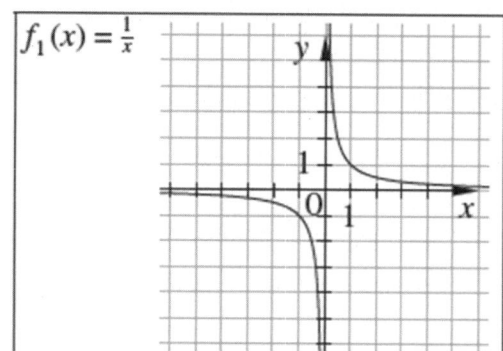

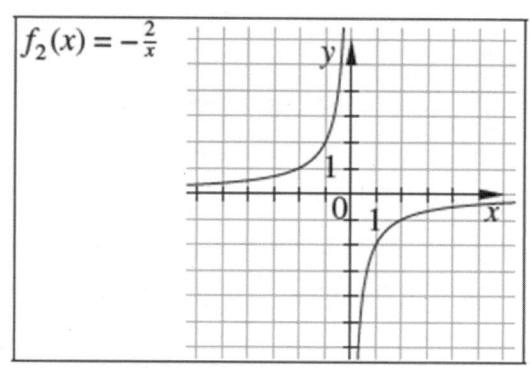

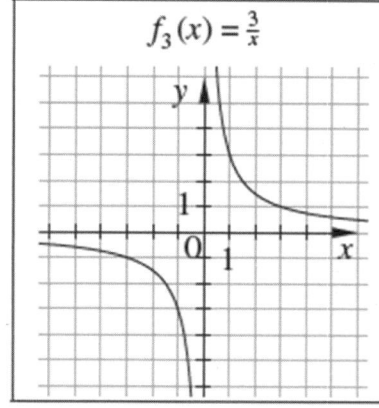

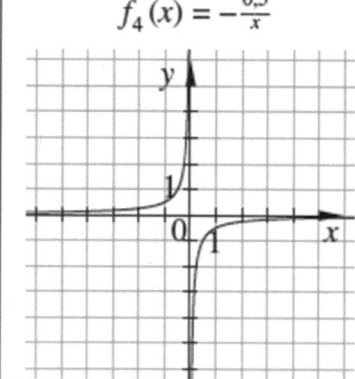

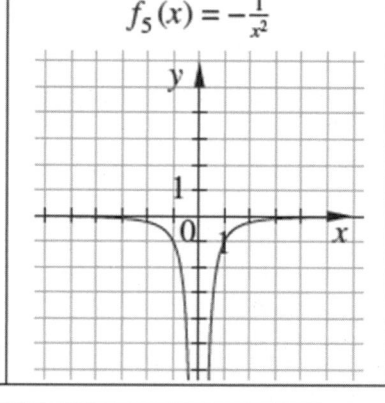

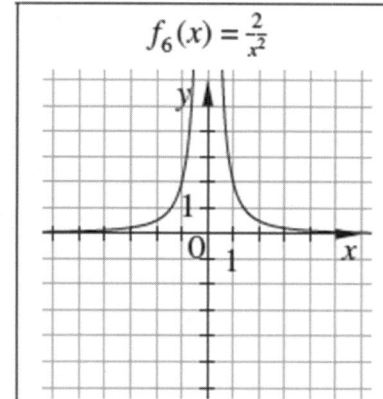

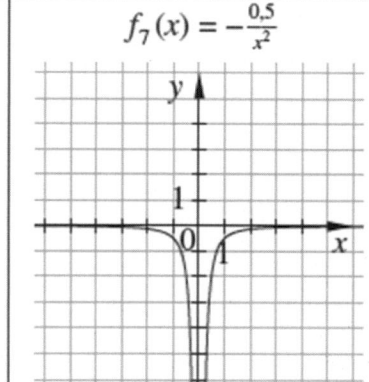

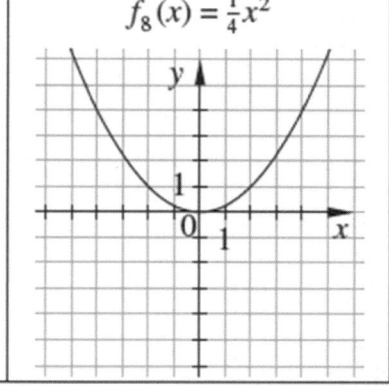

Seite 85, Aufgabe 12

Achsensymmetrisch zur y-Achse sind alle Graphen, deren Funktionsgleichungen ausschließlich

Potenzen von x mit geradem Exponenten haben.

$f(x) = x^2$; $g(x) = x^4$; $h(x) = x^6$

$f(x) = x^{-2}$; $g(x) = x^{-4}$; $h(x) = x^{-6}$

$f(x) = -x^2$; $g(x) = -x^4$; $h(x) = -x^6$

$f(x) = -x^{-2}$; $g(x) = -x^{-4}$; $h(x) = -x^{-6}$

Punktsymmetrisch zum Ursprung sind alle Graphen, deren Funktionsgleichungen ausschließlich

Potenzen von x mit ungeradem Exponenten haben.

$f(x) = x^3$; $g(x) = x^5$; $h(x) = x^7$

$f(x) = -x^{-3}$; $g(x) = x^{-5}$; $h(x) = x^{-7}$

$f(x) = -x^3$; $g(x) = -x^5$; $h(x) = -x^7$

$f(x) = -x^{-3}$; $g(x) = -x^{-5}$; $h(x) = -x^{-7}$

Seite 85, Aufgabe 13

Für die Achsensymmetrie ist nachzuweisen: $f(-x) = f(x)$. Für Potenzfunktionen mit geradem Exponenten gilt: $(-x)^{2n} = (-1)^{2n} \cdot x^{2n} = 1 \cdot x^{2n} = x^{2n}$. Damit ist die Bedingung für die Achsensymmetrie erfüllt.

Seite 85, Aufgabe 14

a) Der Graph verläuft durch P (1 | 1) bei g (x) und h (x). Nachweis durch Einsetzen.

b) Der Graph ist punktsymmetrisch zum Ursprung bei f(x). Nachzuweisen ist: $f(-x) = -f(x)$. Es gilt:
   $$\frac{10}{-x} = -\frac{10}{x}$$
   Dies gilt z.B. nicht für g: $g(-x) = -x^{-10} = x^{-10} = g(x)$.

c) Der Graph schmiegt sich der x-Achse an bei f (x), g (x) und k (x), denn dies sind Potenzfunktionen mit negativem Exponenten, bei denen für x-Werte mit großem Betrag die zugehörigen y-Werte sehr klein werden.

Seite 85, Aufgabe 15

Alle Funktionen mit ausschließlich ungeradem Exponenten sind monoton, ob steigend oder fallend zeigt die folgende Tabelle:

Koeffizient	Exponent	Monoton...
>0	>0	Steigend
>0	<0	Fallend
<0	>0	Fallend
<0	>0	Steigend

a) streng monoton steigend

b) streng monoton steigend (im gesamten Definitionsbereich, also für x ≠ 0)

c) streng monoton fallend für x ≤ 0; streng monoton steigend für x ≥ 0

d) streng monoton steigend für x ≤ 0; streng monoton fallend für x ≥ 0

e) streng monoton fallend (im gesamten Definitionsbereich, also für x ≠ 0)

f) streng monoton steigend für x < 0; streng monoton fallend für x > 0

g) streng monoton steigend

h) streng monoton fallend

Noch fit?

Seite 85, Aufgabe I

a) $x = -2$ oder $x = 4$ b) $x = \frac{3}{2}$ oder $x = 2$ c) Keine Lösung

Seite 85, Aufgabe II

i) $(x-4) \cdot (x-3) = 0$ $x = -3$ oder $x = 4$

ii) $6 - x = \frac{9}{x}$ $x = 3$

Seite 85, Aufgabe III

Alle Angaben in LE bzw. $FE = (LE)^2$:

$A = 0{,}5 \cdot 6 \cdot 5 - 0{,}5 \cdot 2 \cdot (3 - d) = 12 + d = 12{,}83 \Rightarrow d = 0{,}83$

Anwenden

Seite 86, Aufgabe 16

a) folgende Funktionen passen zu den Graphen, wenn das Koordinatensystem entsprechend gewählt

wird: $f_1: \frac{1}{4}x^2$; $f_2: \frac{5}{4}x$; $f_3: -\frac{5}{4}x$; $f_4: -\frac{1}{x^2}$; $f_5: -\frac{1}{x^2}$

b) $f_1: \frac{1}{4}x^2$; $f_2: \frac{5}{4}(x+7,2)$; $f_3: -\frac{5}{4}(x-7,2)$; $f_4: -\frac{1}{(x+4)^2} - 1$; $f_5: -\frac{1}{(x-4)^2} - 1$

c) individuelle Lösung

Seite 86, Aufgabe 17

Fallbeschleunigung: $g = 9,81\,\frac{m}{s^2}$

a) Nach 2 s: $s(2) = \frac{1}{2} \cdot 9,81\,\frac{m}{s^2} \cdot 2^2 s^2 = 19,62 m$

b) Umkehrfunktion: $t = \pm\sqrt{\frac{2s}{g}}$

Aus physikalischen Gründen gibt es natürlich nur

positive Zeiten, so dass hier nur die positive Wurzel als

Lösung in Betracht kommt.

Balkonhöhe: ca. 7 m: t (7) = 1,2 s

c) Tischhöhe: ca. 0,8 m: t (0,8) = 0,4 s

d) siehe Abbildung

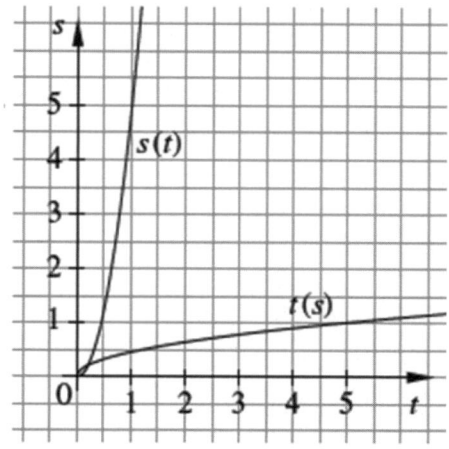

Seite 86, Aufgabe 18

Fläche des gleichseitigen Dreiecks mit der Seitenlänge a:

$A(a) = \frac{1}{4} \cdot a^2 \cdot \sqrt{3}$

Umgestellt nach a: $a(A) = \frac{2}{\sqrt[4]{3}} \cdot \sqrt{A}$

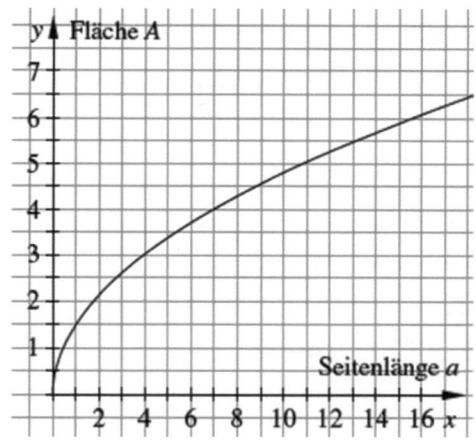

Seite 86, Aufgabe 19

$O(a) = 6a^2$ $\qquad$ $a(V) = \sqrt[3]{V}$

$V(a) = a^3$

$a(O) = \sqrt{\dfrac{O}{6}}$ $\qquad$ $V(O) = \sqrt{\left(\dfrac{O}{6}\right)^3}$

$\qquad\qquad\qquad$ $O(V) = 6 \cdot \sqrt[3]{V^2}$

Seite 86, Aufgabe 20

Die Aussage ist nicht richtig. Die Schnittpunkte der Graphen liegen bei (0 | 0), (3,98 | 3952,85) und (− 3,98 | 3952,85), d. h. der Graph von f liegt nur im Intervall [− 3,98 | 3,98] über dem Graphen von g.

Seite 87, Aufgabe 21

Individuelle Lösungen

Seite 87, Aufgabe 22

In der Nähe von x = 0 schmiegen sich die Graphen
von f und g sehr nah an die x- Achse an, wobei der
Graph von f oberhalb des Graphen von g verläuft. Es
macht den Eindruck, dass die Graphen „auf" der x
Achse verlaufen, beim immer weiteren Vergrößern
wird jedoch deutlich, dass das nicht der Fall ist.

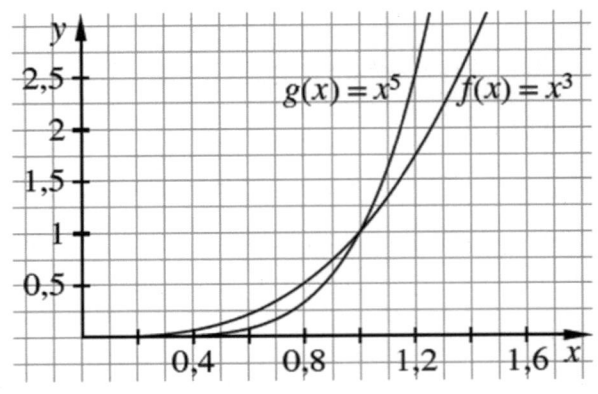

Seite 87, Aufgabe 23

Individuelle Lösungen

Beispiele:

a) $f(x) = c\,x^{2n-1}$ mit $c \in R; n \in Z$

b) $f(x) = c\,x^{2n}$ mit $c \in R; n \in Z$

c) $f(x) = c\,x^{2n-1}$ mit $c \in R$ und $c > 0; n \in Z$

d) $f(x) = c\,x^{2n}$ mit $c \in R$ und $c < 0; n \in Z$

e) $f(x) = c\,x^{n}$ mit $c \in R$ und $c > 0; n \in Z$
   und $n < 0$

Seite 87, Aufgabe 24

a) $f(x) = \dfrac{3}{x}$

b) $f(x) = \dfrac{1}{3x}$

c) $f(x) = -\dfrac{2}{x}$

d) $f(x) = \dfrac{9}{x}$

Seite 87, Aufgabe 25

Der Graph der Funktion f_1 ist jeweils mit einer gepunkteten Linie
gezeichnet.

a) Der Summand bewirkt eine Verschiebung des Graphen der Funktion f_1
   um zwei Einheiten nach oben.

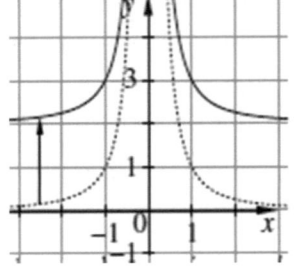

b) Der Summand bewirkt eine Verschiebung des Graphen der Funktion f_1
   um zwei Einheiten nach rechts.

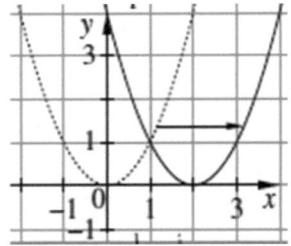

c) Der Summand bewirkt eine Verschiebung des Graphen der Funktion f_1
   um eine Einheit nach links.

d) Der Summand bewirkt eine Verschiebung des Graphen der Funktion f_1
   um eine Einheit nach unten.

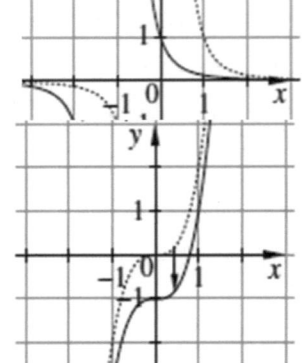

e) Der erste Summand bewirkt eine Verschiebung des Graphen der Funktion f_1 um drei Einheiten nach rechts, der zweite Summand bewirkt eine Verschiebung um eine halbe Einheit nach unten.

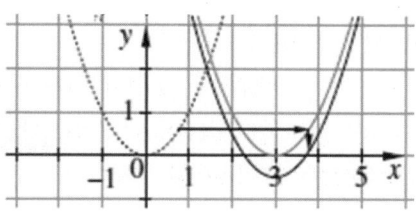

f) Der Summand bewirkt eine Verschiebung des Graphen der Funktion f_1 um eine Einheit nach rechts.

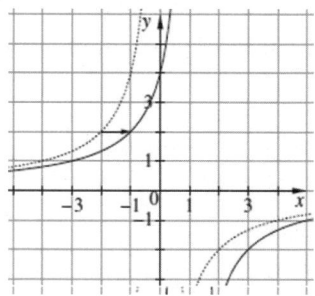

g) Der Summand bewirkt eine Verschiebung des Graphen der Funktion f_1 um eine Einheit nach rechts.

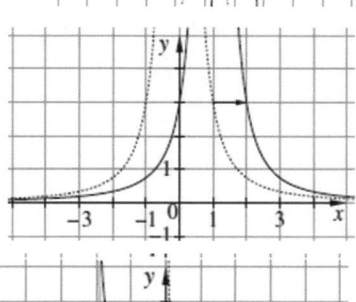

h) Der erste Summand bewirkt eine Verschiebung des Graphen der Funktion f_1 um zwei Einheiten nach links, der zweite Summand bewirkt eine Verschiebung um drei Einheiten nach oben.

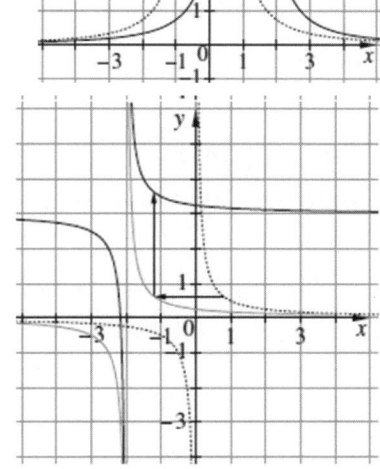

Seite 87, Aufgabe 26

$f_1(x) = (x+2)^{-2} + 3$ bzw. $g_2(x) = \dfrac{2}{x+2} + 3$

Seite 87, Aufgabe 27

Funktion $f(x) = x^4$:

a) Verdoppelt sich der x-Wert, so ver-16-facht sich der zugehörige y-Wert.

b) Verdreifacht sich der x-Wert, so ver-81-facht sich der zugehörige y-Wert.

c) Für positive x-Werte gilt: Je größer der x-Wert, desto größer der zugehörige y-Wert, da f für diesen Bereich streng monoton steigend ist.
Für negative x-Werte gilt: Je größer der x-Wert, desto kleiner der zugehörige y-Wert, da f für diesen Bereich streng monoton fallend ist.

Funktion $g(x) = -2x^3$:

a) Verdoppelt sich der x-Wert, so ver-8-facht sich der zugehörige y-Wert.

b) Verdreifacht sich der x-Wert, so ver-27-facht sich der zugehörige y-Wert.

c) Je größer der x-Wert, desto kleiner der zugehörige y-Wert, da g für alle x ∈ D streng monoton fallend ist.

Seite 88, Aufgabe 28

a) Diese Aussage ist wahr, denn das Symmetriezentrum ist der Ursprung. Die zugehörige Funktionsgleichung hat die Form $f(x) = c \cdot x^3$

b) Die Aussage ist falsch, denn z. B. hat der Graph von f mit $f(x) = (x-4)^4$ mit der x-Achse nur den Punkt (4 | 0) gemeinsam.

Beispiel für eine umformulierte wahre Aussage: Jede achsensymmetrische Funktion vierten Grades, deren Graph einen gemeinsamen Punkt mit der x-Achse im positiven Bereich hat, hat mit ihr auch einen gemeinsamen Punkt im negativen Bereich.

c) Die Aussage ist falsch, denn z. B. schmiegt sich der Graph von f mit $f(x) = \frac{1}{x^2} + 1$ an die Gerade $y = 1$ an.

Beispiel für eine umformulierte wahre Aussage: Jede Hyperbel schmiegt sich an eine horizontale Achse an.

Vernetzen

Seite 88, Aufgabe 29

a) Die Graphen schneiden einander in den Punkten:

(1) S (−1 | −2) und T (1 | −2)

(2) S (−2 | −1) und T (2 | 1)

(3) Die Lösung kann man zeichnerisch, durch Probieren oder mit dem GTR ermitteln. S(1,68|1,67)

b) Die Ermittlung der Schnittpunkte erfolgt über das Lösen der beiden gleichgesetzten Funktionsterme. Diese Gleichung wird so umgeformt, dass auf der einen Seite des Gleichheitszeichens ein Polynom, auf der anderen Seite die Zahl 0 steht. Der Grad des Polynoms gibt die höchstmögliche Anzahl der Schnittpunkte der beiden Graphen an.

Seite 88, Aufgabe 30

Individuelle Lösungen

Beispiele:

a) $f(x) = x^2 - 4 \quad g(x) = x^4 - 16$

b) $f(x) = -x^2 + 1 \quad g(x) = x^4 + 1$

c) $f(x) = 2x^3 \quad g(x) = 0{,}5x^5$

d) $f(x) = 4x - x^2 \quad g(x) = 4x^3 - x^4$

e) $f(x) = x^{-2} - 4 \quad g(x) = x^{-2} + 16$

f) $f(x) = x^{-2} - 1 \quad g(x) = x^2 - 1$

g) $f(x) = x^3 + 4x \quad g(x) = 8x$

h) $f(x) = x - 2 \quad g(x) = x^{-2} - \frac{1}{4}$

Seite 88, Aufgabe 31

Einsatz von GeoGebra – Versuch eine Parabel
zweiten Grades zu finden

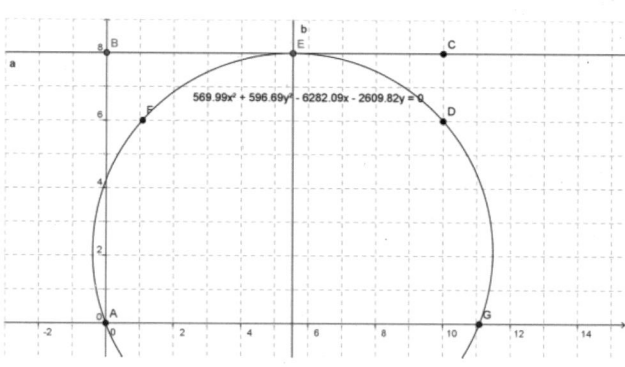

1. Möglichkeit:

Über fünf Punkte einen Kegelschnitt bestimmen,
der durch die gesuchte Gleichungsform
beschrieben wird. Der Scheitelpunkt (hier E)
wird an die Gerade gebunden. Die Pfeiler-
Endpunkte (hier A und D) werden entsprechend
festgelegt. Die Symmetrieachse und die Pfeilerendpunkte ermöglichen durch den Einsatz der
Spiegelfunktion zwei weitere Punkte (hier F und G) in Abhängigkeit vom Scheitelpunkt anzugeben.
Durch das Verschieben des Punktes E auf der Geraden, erhält man unterschiedliche mögliche
Kegelschnitte, hier beispielsweise einen Kreis:

Eine weitere Suche führt z. B. zu den Parabel-Gleichungen: $83{,}333y = -15x^2 + 200x$ und
$200y = -4x^2 + 160x$

$\Rightarrow y = -0{,}18x^2 + 2{,}5x$ und $y = -0{,}02x^2 + 0{,}8x$, wobei die zweite Funktionsgleichung keine Lösung
des Sachproblems darstellt.

2. Möglichkeit:

Der Einsatz durch Schieberegler führt zu einer
Näherungslösung, sofern man keine Darstellung
der Form $ay = bx^2 + cx$ wählt, da dann irrationale
Zahlen als Lösung möglich sind.

Für das folgende Bild wurde $y = a(x - b)^2$ als
Ansatz gewählt.

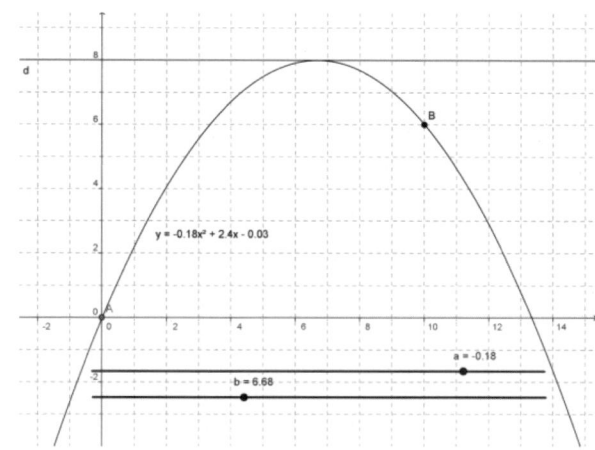

3. Möglichkeit:

Einsatz von Derive – Versuch eine Parabel
vierten Grades zu finden:

Angenommen der Scheitelpunkt ist der
Urspung. So hat die Parabel eine Gleichung der
Form $y = ax^4$.

Damit ergibt sich: $A(x - 10| - 8)$ und $B(x| - 2)$

$-2 = aw^2$

$-8 = a(w - 10)^4$ für $a \neq 0, 0 \leq w \leq 10$

Derive liefert: $w = 10\sqrt{2} - 10$

oder $w = -10\sqrt{2} - 10$, also ergibt sich damit

$a \approx -0{,}00679$

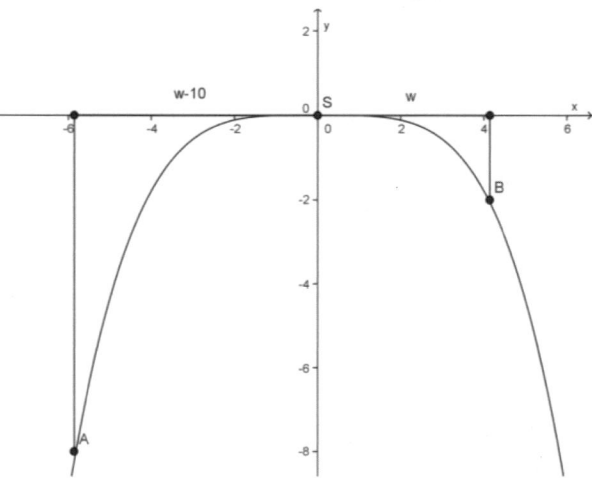

4. Wachstumsformen

4.1 Exponentialfunktionen

Aufträge

Seite 92, Mooresches Gesetz

a)

Jahr	1971	1973	1975	1977	1979
Transistoren	2300	4600	9200	18400	36800

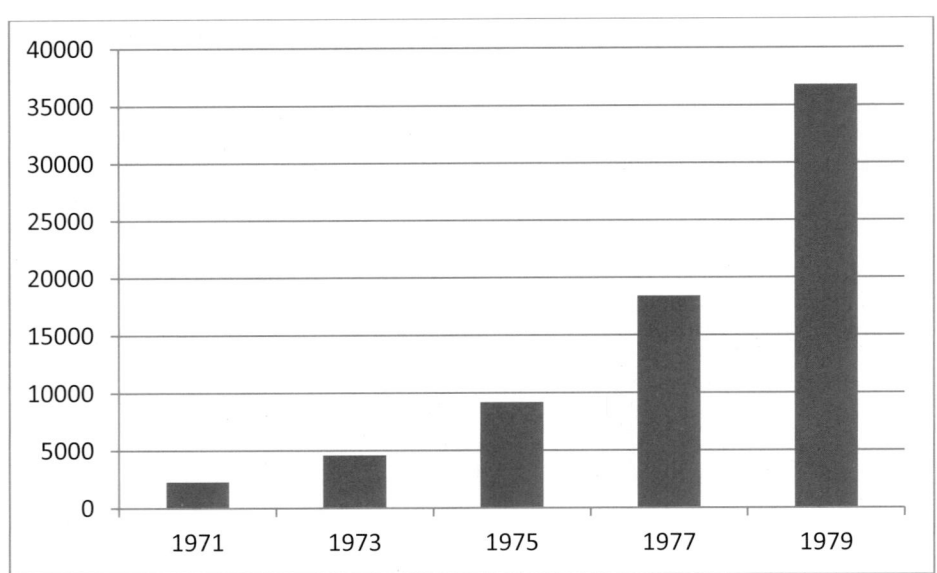

b) Bis beispielsweise 2017 gab es 23 Zweijahreszyklen, in denen jeweils eine Verdopplung stattgefunden hat. Die Anzahl hat sich also um den Faktor $2^{23} = 8388608$ vervielfacht.

c) $x :=$ Zweijahreszyklus seit 1971

$f(x) = 2300 \cdot 2^x$

d) Die Anzahl wächst innerhalb eines Jahres um den Faktor $\sqrt{2}$.

Seite 92, Alternative: Funktionenforschung

a) $f(0) = 1$; $f(1) = 1{,}2$

b) Es gilt $f(x + 1) = 1{,}2 \cdot f(x)$. Wegen der Potenzgesetze gilt: $1{,}2^{x+1} = 1{,}2^x \cdot 1{,}2^1 = 1{,}2 \cdot 1{,}2^x$

x	-2	-1	0	1	2	3	4
f(x)	0,69	0,83	1,00	1,20	1,44	1,73	2,07

c) $g(0) = 1$; $g(1) = 1{,}8$ und $h(0) = 1$; $h(1) = 13$.

Für die Funktionswerte einer Funktion der Form $i(x) = a^x$ gilt $i(0) = 1$ und $i(1) = a$.

d) Die beiden Graphen sind mit der y-Achse als Symmetrieachse symmetrisch zueinander.

Seite 93, Alternative: Zinseszins

a) Martin denkt linear. Er denkt, dass ein jährlicher Zinssatz von 2% in 50 Jahren einen gesamten Zinssatz von 100% ergibt. Dabei berücksichtigt er die Zinseszinsen nicht. Franzi hingegen kennt den Zinseszinseffekt.

b) Martin wird im Laufe seines 52. Lebensjahres über 100€ verfügen.

c) $t :=$ Zeit in Jahren
$f(t) = 50 \cdot 1{,}02^t$

Jahr	Guthaben	Zins
0	50,00 €	1,00 €
1	51,00 €	1,02 €
2	52,02 €	1,04 €
3	53,06 €	1,06 €
4	54,12 €	1,08 €
5	55,20 €	1,10 €
6	56,31 €	1,13 €
7	57,43 €	1,15 €
...	...	...
31	92,38 €	1,85 €
32	94,23 €	1,88 €
33	96,11 €	1,92 €
34	98,03 €	1,96 €
35	99,99 €	2,00 €
36	101,99 €	2,04 €

Trainieren

Seite 96, Aufgabe 1

a) Lineares Wachstum

$x := Jahr$	0	1	2	3	4	5
$y := Taschengeld$	50	65	80	95	110	125

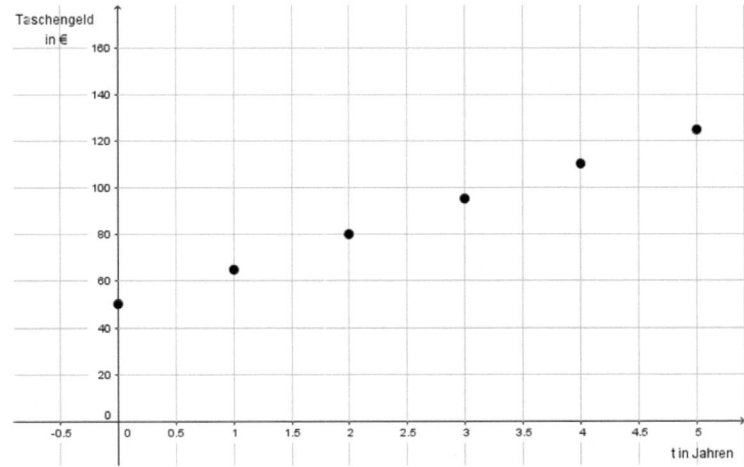

b) Exponentielles Wachstum mit Wachstumsfaktor 1,04

$x := Monat$	0	1	2	3	4	5	6	7	8	9	10
$y := Guthaben$	20,00	20,80	21,63	22,50	23,40	24,33	25,31	26,32	27,37	28,47	29,60
	11	12	13	14	15	16	17	18	19	20	...
	30,79	32,02	33,30	34,63	36,02	37,46	38,96	40,52	42,14	43,82	

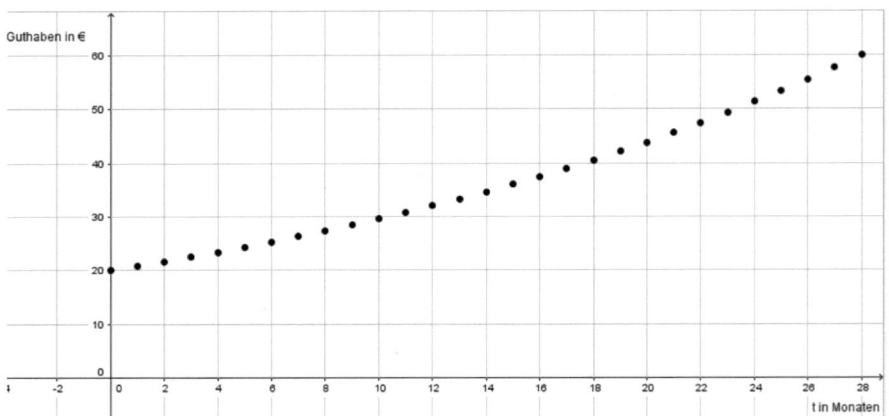

c) Negatives exponentielles Wachstum mit Wachstumsfaktor 0,5

$x := Jahr$	$y := Wert$
0	1200
1	600
2	300
3	150
4	75
5	37,50
6	18,75
7	9,38
8	4,69

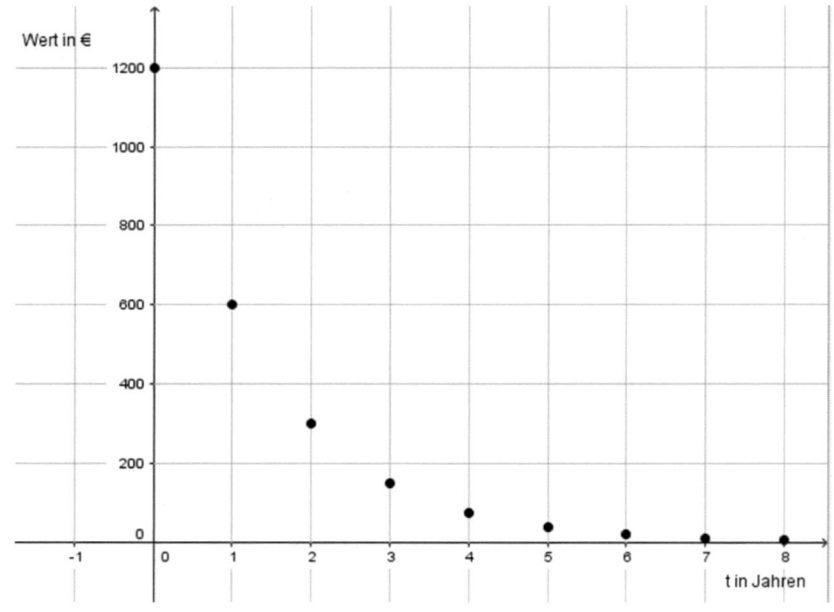

d) Lineares Wachstum

$x := Stunde$	0	10	20	30	40	50	60	70	80	90
$y := Wasserhöhe$	1,80	1,60	1,40	1,20	1,00	0,80	0,60	0,40	0,20	0

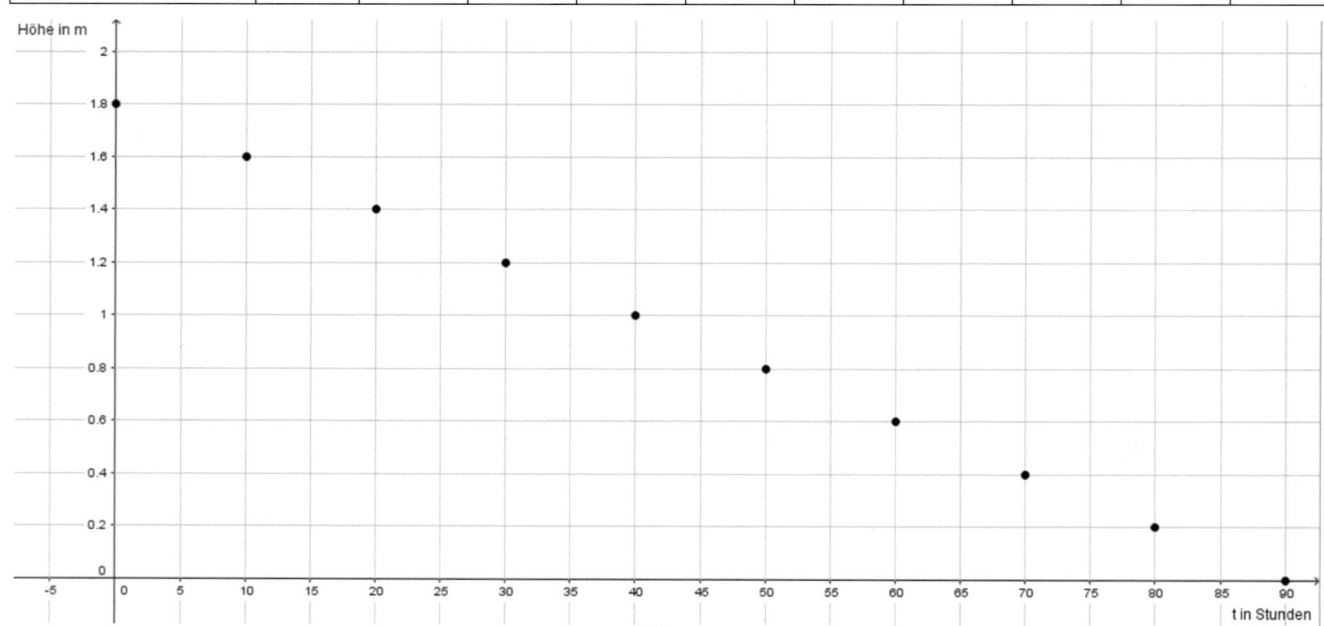

Seite 96, Aufgabe 2

$f(x)$: Lineares Wachstum; $b = 0$; $m = 2$

$g(x)$: Exponentielles Wachstum; $c = 8$; $a = 1,5$

$h(x)$: Exponentieller Zerfall; $c = 10$; $a = 0,8$

$k(x)$: Lineare Abnahme; $b = 10$; $m = 0,26$

Seite 97, Aufgabe 3

a)

x	$f(x)$
-3	0,13
-2,5	0,18
-2	0,25
-1,5	0,35
-1	0,5
-0,5	0,71
0	1
0,5	1,41
1	2
1,5	2,83
2	4
2,5	5,66
3	8

b)

x	$f(x)$
-3	0,3
-2,5	0,36
-2	0,44
-1,5	0,54
-1	0,67
-0,5	0,82
0	1
0,5	1,22
1	1,5
1,5	1,84
2	2,25
2,5	2,76
3	3,38
3,5	4,13
4	5,06
4,5	6,2
5	7,59

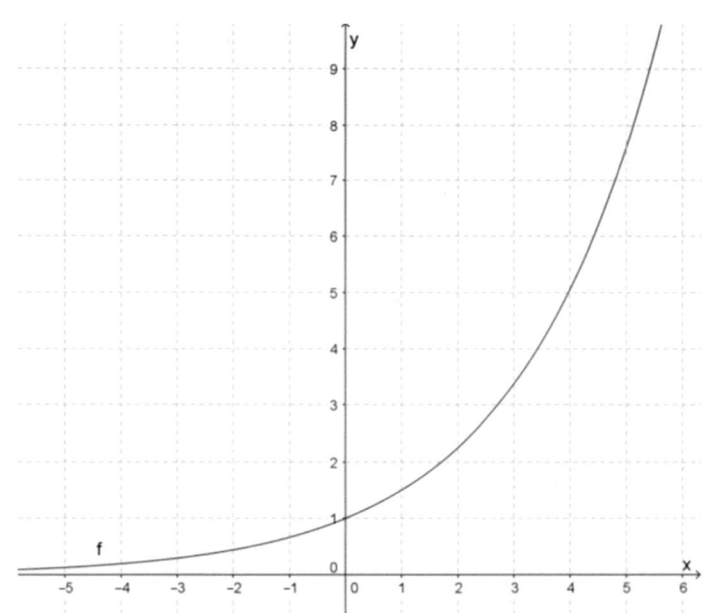

83

c)

x	$f(x)$
-3	8
-2,5	5,66
-2	4
-1,5	2,83
-1	2
-0,5	1,41
0	1
0,5	0,71
1	0,5
1,5	0,35
2	0,25
2,5	0,18
3	0,13

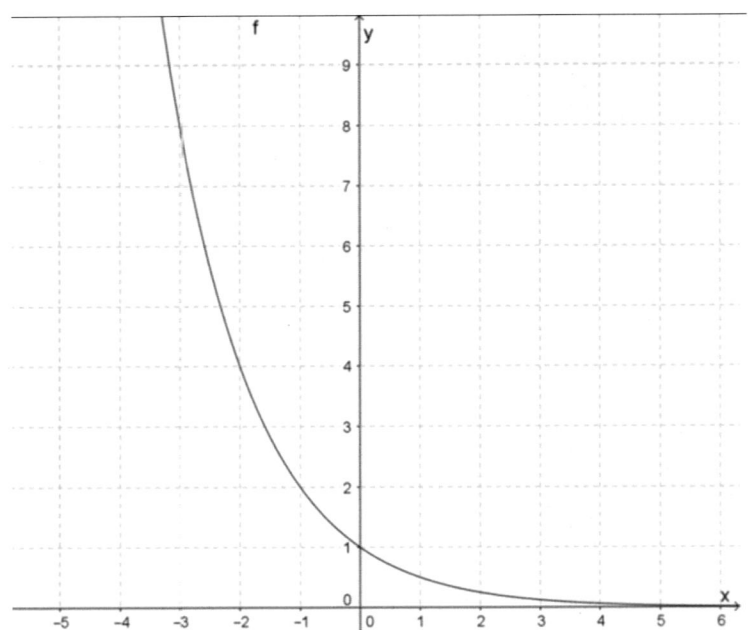

d)

x	$f(x)$
-3	0,51
-2,5	0,57
-2	0,64
-1,5	0,72
-1	0,8
-0,5	0,89
0	1
0,5	1,12
1	1,25
1,5	1,4
2	1,56
2,5	1,75
3	1,95
3,5	2,18
4	2,44
4,5	2,73
5	3,05

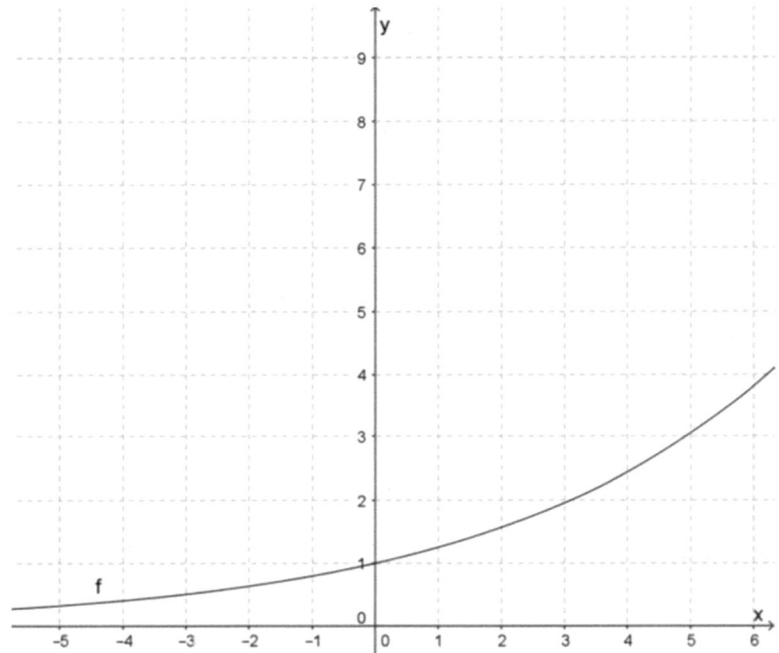

e)

x	$f(x)$
-5	4,21
-4,5	3,65
-4	3,16
-3,5	2,74
-3	2,37
-2,5	2,05
-2	1,78
-1,5	1,54
-1	1,33
-0,5	1,15
0	1
0,5	0,87
1	0,75
1,5	0,65
2	0,56
2,5	0,49
3	0,42

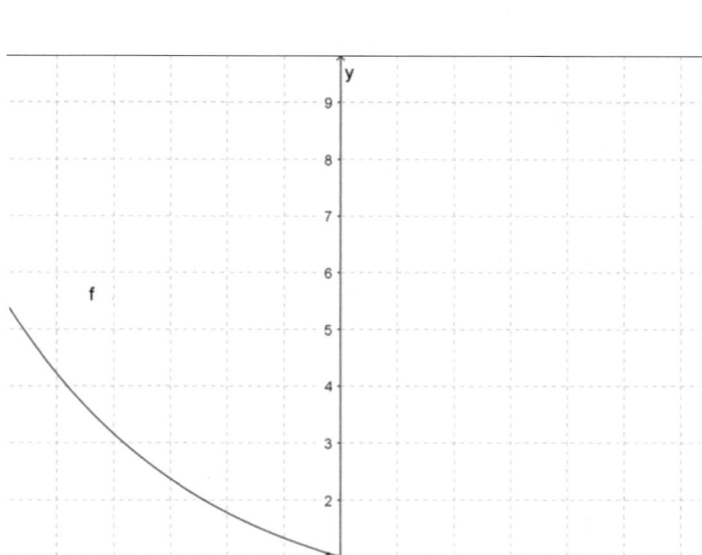

f)

x	$f(x)$
-3	0,06
-2,5	0,1
-2	0,16
-1,5	0,25
-1	0,4
-0,5	0,63
0	1
0,5	1,58
1	2,5
1,5	3,95
2	6,25
2,5	9,88

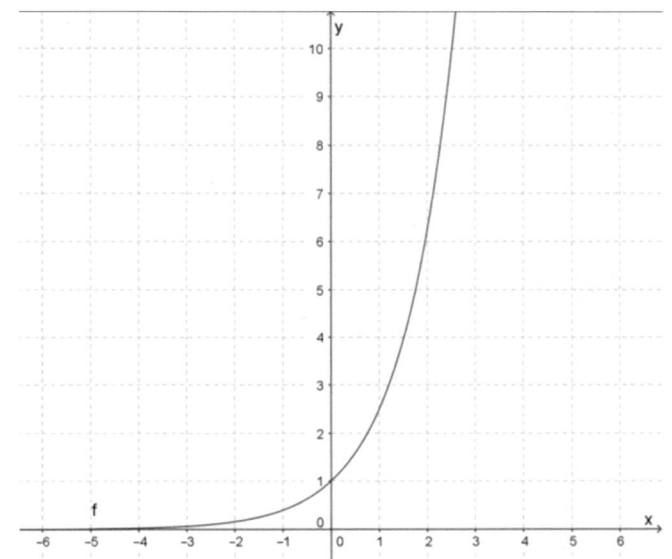

Seite 97, Aufgabe 4

$f(0) = 1; g(0) = 100; h(0) = 0$ $f(10) = 1024; g(10) = 600; h(10) = 40000$

Also gilt: $h(0) < f(0) < g(0)$ Also gilt: $g(10) < f(10) < h(10)$

$f(20) = 1048576; g(20) = 1100; h(20) = 16000$

Also gilt: $g(0) < h(0) < f(0)$

Seite 97, Aufgabe 5

a) $f(x) = 3000 \cdot 2{,}3^x$ b) $f(x) = 600 + 60x$ c) $f(x) = 8800 \cdot \left(\frac{1}{2}\right)^x$

d) Bei a) handelt es sich um exponentielles Wachstum.

Bei b) handelt es sich um lineares Wachstum.

Bei c) handelt es sich um exponentiellen Zerfall.

85

Seite 97, Aufgabe 6

a) $c = \frac{300}{1,04^{10}} = 10,37$ b) $c = \frac{400}{0,6^5} = 5144,03$ c) $a = \sqrt[5]{7} = 1,476$ d) $a = \sqrt[6]{0,6875} = 0,939$

Seite 97, Aufgabe 7

a) $a = 3$ f) $a = 0,8$

b) $a = 0,5$ g) Es handelt sich nicht um exponentielles

c) $a = 1,12$ Wachstum, da $a < 0$.

d) $a = 0,76$ h) $a = 2$

e) $a = 1,0002$ i) $a = 5$

Seite 97, Aufgabe 8

a) $b = 400$

b) 15%

c)

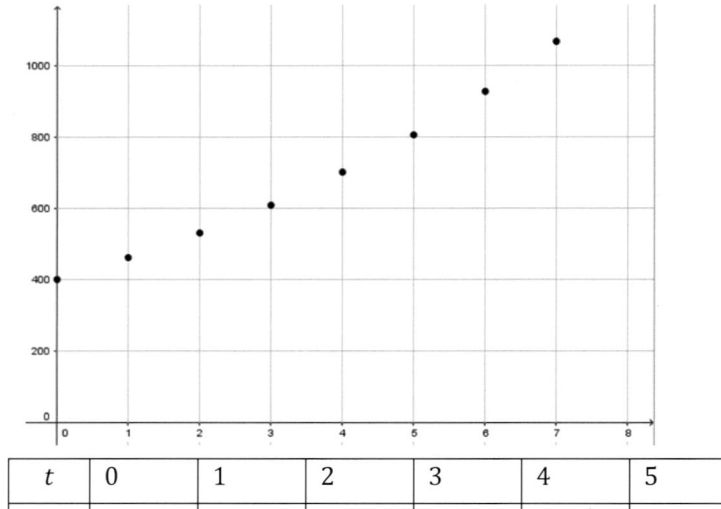

t	0	1	2	3	4	5	6	7
$f(t)$	400,00	460,00	529,00	608,35	699,60	804,54	925,22	1064,01

d) $B(28) = 400 \cdot 1,15^{28} = 20026,24$

Seite 97, Aufgabe 9

Nach einem Jahr: 2060€   Nach zwei Jahren: 2121,80€

Formel: $B(t) = 2000 \cdot 1,03^t$

Nach 40 Jahren: $B(40) = 2000 \cdot 1,03^{40} = 6524,08€$

Seite 97, Aufgabe 10

a) Prüfe: $A(10) = 2000€$

                $B(10) = 1000€ \cdot 1,07^{10} = 1967,15€$ A ist nach 10 Jahren günstiger.

b) Prüfe: $A(20) = 3000€$

                $B(20) = 3869,68€$ B ist nach 20 Jahren günstiger

c) Prüfe: $A(30) = 4000€$

                $B(30) = 7612,26€$ B ist nach 30 Jahren günstiger

Seite 98, Aufgabe 11

a) $f(x) = \sqrt[6]{3}^x$ (in x Tagen)

b) $f(x) = 20 \cdot \sqrt[4]{5}^x$ (in x Tagen)

c) $f(x) = 30 \cdot \sqrt[3]{0,5}^x$ (in x Wochen)

d) $f(x) = 100 \cdot \sqrt[3]{1,12}^x$ (in x Jahren)

Seite 98, Aufgabe 12

a) $f(x) = 4^x$

b) $f(x) = 2^x$

c) $f(x) = 2^x$

d) $f(x) = \sqrt{7}^x$

e) $f(x) = \left(\frac{1}{2}\right)^x$

f) $f(x) = \left(\frac{3}{2}\right)^x$

g) $f(x) = 3^x$

h) $f(x) = \left(\frac{1}{25}\right)^x$

i) unendlich viele Lösungen $f(x) = a^x$

j) Diese Aufgabe ist nicht lösbar.

Seite 98, Aufgabe 13

a)

x	0	1	3
$f(x) = 3^x$	1	3	27

b)

x	-1	1	2
$f(x) = 2,5^x$	0,4	2,5	6,25

c)

x	2	4	8
$f(x) = \left(\sqrt{3}\right)^x$	3	9	81

d)

x	0,5	1	1,5
$f(x) = 0,25^x$	0,5	0,25	0,125

Seite 98, Aufgabe 14

$f(x) = 2,5^x$

$g(x) = 4^x$

$h(x) = \sqrt{3}^x$

$i(x) = 0,5^x$

$j(x) = \left(\frac{1}{3}\right)^x$

Seite 98, Aufgabe 15

Prinzip der Ermittlung von a und c:

$$y_1 = c \cdot a^{x_1} \text{ und } y_2 = c \cdot a^{x_2} \Rightarrow \frac{y_1}{y_2} = a^{(x_1-x_2)} \Rightarrow a = \left(\frac{y_1}{y_2}\right)^{\frac{1}{x_1-x_2}} \Rightarrow c = \frac{y_1}{a^{x_1}}$$

a) $a = 4; c = 3$

b) $a = 3; c = 0,3$

c) $a \approx 1,40; c \approx 1,65$

d) $a \approx 0,71; c \approx 22,63$

e) $a \approx 1,58; c \approx -1$

f) $a = 2; c = -3$

Seite 98, Aufgabe 16

$I \quad 46 = c \cdot a^3 \qquad \Rightarrow I' \; c = \frac{46}{a^3}$

$II \quad 188,4 = c \cdot a^6 \qquad \Rightarrow I' in II \quad 188,6 = \frac{[46 \cdot a^6]}{a^3} \quad \Rightarrow \quad a = \sqrt[3]{\frac{188,6}{46}} = \sqrt[3]{4,1} = 1,6$

Lösung a in I': $c = \frac{46}{1,6^3} = 11,2 \qquad f(t) = 11,2 \cdot 1,6^t; \; f(10) = 1231,5 \; mm^2 = 12,3 \; cm^2$

Seite 98, Aufgabe 17

Peter setzt die Angaben in die Funktionsgleichungen ein und erhält, wie in Beispiel 7, zwei

Gleichungen mit den Variablen a und c.

Paul nimmt $t = 3$ als Startzeitpunkt, also $c = 20$.

Damit entspricht der Zeitpunkt 11 nun $t = 11 - 3 = 8$.

Mary sagt sich: „Der Faktor für 8 Jahre beträgt $\frac{30}{20} = \frac{3}{2}$. Also ist $a^8 = \frac{3}{2}$"

Seite 99, Aufgabe 18

Rot: $f(x) = 3 \cdot 2^x$ $\qquad$ Grün: $f(x) = 2 \cdot \left(\frac{1}{3}\right)^x$ $\qquad$ Blau: $f(x) = 2 \cdot 1{,}5^x$

Seite 99, Aufgabe 19

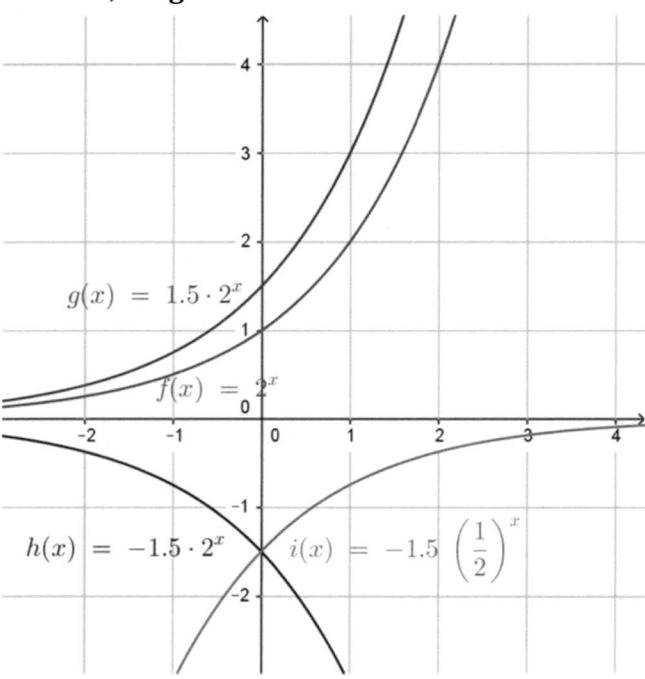

$g(x)$ entsteht aus durch Streckung in y-Richtung.

$h(x)$ entsteht aus $g(x)$ durch Spiegelung an der x-Achse

$i(x)$ entsteht aus $h(x)$ durch Spiegelung an der y-Achse

Noch fit?

Seite 99, Aufgabe I

$O = M + G = \pi \cdot 5 \cdot 13 + \pi \cdot 25 = 65\pi + 26\pi = 90\pi \ [cm^2] \approx 282{,}7 [cm^2]$

$h = \sqrt{m^2 - r^2} = \sqrt{196 - 25} = 12 \ [cm]$

$V = \frac{1}{3}\pi \cdot r^2 \cdot h = \frac{1}{3\pi} \cdot 25 \cdot 12 = 100\pi \approx 314{,}2 \ [cm^3]$

Seite 99, Aufgabe II

Die Grundfläche ist ein gleichseitiges Dreieck mit der Seitenlänge $a = 5 \ cm$. Es gilt für die Höhe

$h_a = \sqrt{5^2 - 2{,}5^2} = \sqrt{18{,}75} \ [cm^2]$

$A_{Dreieck} = \frac{1}{2} \cdot a \cdot h_a = \frac{1}{2} \cdot 5 \cdot \sqrt{18{,}75} = 2{,}5 \cdot \sqrt{18{,}75} \ [cm^2]$

$O = 4 \cdot A_{Dreieck} = 10 \cdot \sqrt{18{,}75} = \sqrt{1875} = \sqrt{625 \cdot 3} = 25 \cdot \sqrt{3} \approx 43{,}3 \ [cm^2]$

Seite 99, Aufgabe III

$r = 11\ cm;\qquad O = 4 \cdot \pi \cdot 121\ cm^2 \approx 1521\ cm^2$

$V = \frac{4}{3} \cdot \pi \cdot 1331\ cm^3 \approx 5575\ cm^3$

Anwenden

Seite 99, Aufgabe 20

a) Eine Lichtintensität von 70% ist in ca. 2 m Tiefe vorhanden.

b) In 8 m tiefe beträgt die Lichtintensität noch 25%, das heißt der Taucher kann nicht ohne Hilfemittel vom Messgerät ablesen.

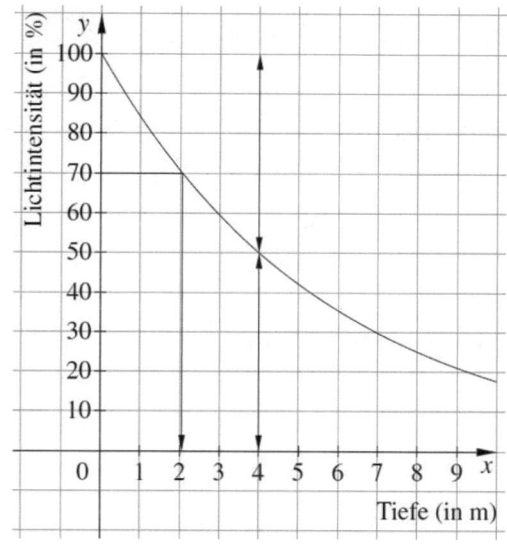

Seite 99, Aufgabe 21

a) $f(x) = 7{,}3 \cdot 1{,}0114^x$ (in Mrd.)

Jahr	1980	1990	2000	2010	2016	2020	2030	2040	2050	2060	2070	2080
Menschen in Mrd.	4,83	5,42	6,08	6,81	7,30	7,64	8,56	9,58	10,73	12,02	13,46	15,08

b) Die Vereinten Nationen gehen davon aus, dass die Wachstumsrate geringer wird, da u. a. die Geburtenrate in den Entwicklungsländern sinken wird.

Seite 100, Aufgabe 22

$B(5) = 120 \cdot 4^5 = 120 \cdot 1024 = 122880$

Seite 100, Aufgabe 23

Für das Jahr 2016 gilt: $1{,}02^{2016} \approx 217.744.037.750.205.000$, also ca. 218 Billiarden Euro.
Das entspricht 435.488.075.500.411 500-Euro-Scheinen. Ein 500-Euro-Schein ist ca. 0,1 mm dick. Der Stapel wäre 43 Millionen Kilometer hoch. Das ist knapp ein Drittel der Entfernung zur Sonne.

Seite 100, Aufgabe 24

a) $f(12) = 36295 \approx 36000$, $f(-10) = 25597 \approx 25500$

b) $45400 = c \cdot 1{,}03^8$, $c = 35839 \approx 36000$

c) $57000 = 25000 \cdot a^{30}$, $a = 1{,}0278 \approx 1{,}028$

Jährliche Zunahme um 2,8%: $\qquad f(x) = 25000 \cdot 1{,}028^x$

Seite 100, Aufgabe 25

a) $a = \sqrt[4]{5} \approx 1{,}4953$. Die tägliche Wachstumsrate beträgt 49,53%. $f(x) = 40 \cdot \sqrt[4]{5}^{\,x}$, $(x \in \mathfrak{R}_{0+})$

b) $f(3) = 133{,}75$, $f(7) = 668{,}74$, $f(20) = 125000$

Seite 100, Aufgabe 26

$18\,ha = 180\,000\,m^2$

$B(7) = 5^7 = 78125 \qquad B(8) = 5^8 = 390625$

Der Seegrund wäre im Laufe der 8. Woche zugewachsen.

Seite 100, Aufgabe 27

$4,9\,mm = 7 \cdot 0,07\,mm$

$\left(\frac{1}{2}\right)^7 = 0,78125\,\% < 1\%$

Eine 5 mm dicke Bleischicht genügt für eine Strahlungsreduzierung auf weniger als 1 %, da dies bereits für eine 4,9 mm dicke Bleischicht gilt.

Seite 101, Aufgabe 28

a) Angabe des Luftdrucks D in hPa und der Höhe h in m:

$D(h) = c \cdot a^h, \qquad D(0) = 1013 \Rightarrow c = 1013$

$a^{5536} = 0,5\ a \approx 0,999875, \qquad D(h) \approx 1,13 \cdot 0,999875^h$

b) $a^{1000} = 0,8823 \dots$

In 1 km Höhe herrschen noch etwa 88,2 % des Luftdrucks in Meereshöhe.

c) Individuelle Lösungen

Seite 101, Aufgabe 29

a) Eine Woche vorher ist der Teich halb zugewachsen.

b) $2\,m^2 \cdot 2^{11} = 4096\,m^2$

Bei zwei Seerosen ist der Teich nach elf Wochen zugewachsen.

$3\,m^2 \cdot 2^{10} = 3072\,m^2$

$3\,m^2 \cdot 2^{11} = 6144\,m^2$

Bei drei Seerosen im Teich liegt der Zeitpunkt des Zuwachsens zwischen der zehnten und elften Woche.

$4\,m^2 \cdot 2^{10} = 4096\,m^2$

Bei vier Seerosen ist der Teich nach zehn Wochen zugewachsen.

	A	B	C	D	E
1		1 Seerose	2 Seerosen	3 Seerosen	4 Seerosen
2	Wochen	zugewachsene Fläche (in m^2)			
3	0	1	2	3	4
4	1	2	4	6	8
5	2	4	8	12	16
6	3	8	16	24	32
7	4	16	32	48	64
8	5	32	64	96	128
9	6	64	128	192	256
10	7	128	256	384	512
11	8	256	512	768	1024
12	9	512	1024	1536	2048
13	10	1024	2048	**3072**	**4096**
14	11	2048	**4096**	**6144**	8192
15	12	**4096**	8192	12288	16384

c) In allen Fällen ist der Teich nach 12 Wochen zugewachsen.

Seite 101, Aufgabe 30

Es darf in den nächsten 12 Jahren kein Einschlag erfolgen.

Formel in B2 := 50400*1,02^A2

	A	B
1	Jahre	Holzbestand (in m^3)
2	0	50 400,00
3	1	51 408,00
4	2	52 436,16
...	...	...
10	8	59 051,63
11	9	60 232,67
12	10	61 437,32
13	11	62 666,07
14	12	63 919,39
15	13	65 197,77

Seite 101, Aufgabe 31

Es dauert ca. 1 Mio. Jahre, bis die Strahlung weniger als 1% des ursprünglichen Werts beträgt.

$a = \sqrt[159200]{0,5} \approx 0,9999956$.

Die Strahlung nimmt täglich um 0,000435 % ab.

Jahre	159200	318400	477600	636800	796000	955200	1114400
Strahlung	0,5	0,25	0,125	0,0625	0,03125	0,015625	0,0078125

Seite 102, Aufgabe 32

$a = \sqrt[10]{0,5} \approx 0,9330$

Die Zerfallsrate beträgt 6,7%.

$0,5^3 = 0,125$; $3 \cdot 10 = 30$; $\left(\frac{1}{8}\right)^2 = \frac{1}{64}$; $2 \cdot 30 = 60$.

Nach 30 Jahren ist noch ein Achtel, nach 60 Jahren noch ein Vierundsechzigstel der ursprünglichen Menge vorhanden.

Seite 102, Aufgabe 33

$A(x) = 1000 \cdot 1,02x$; $B(x) = 1000 \cdot 1,04 \, x - 4$

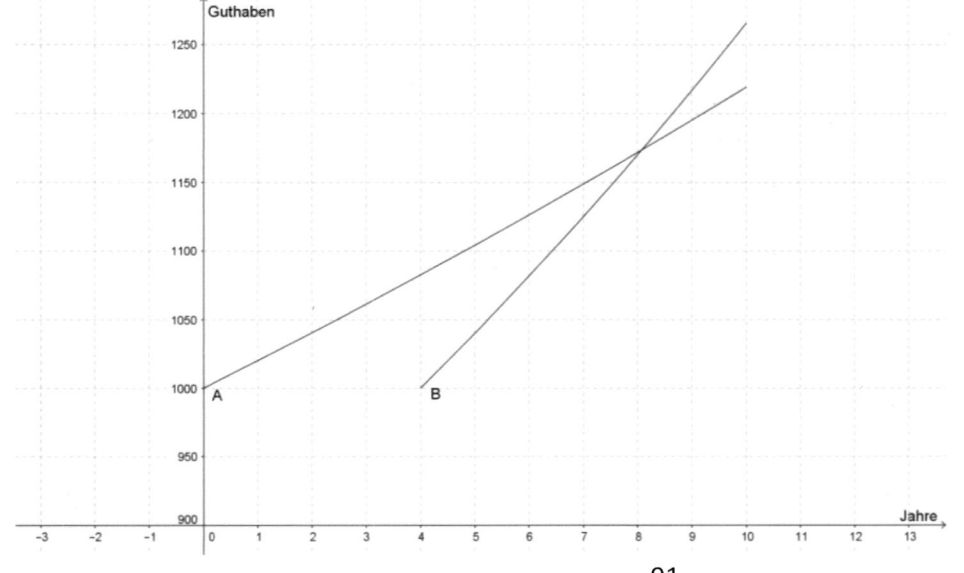

Angebot B lohnt sich erst nach neun Jahren Wartezeit.

Seite 102, Aufgabe 34

x	-2	-1	0	1	2
f(x)	1/4	1/2	1	2	4
g(x)	4	2	1	1/2	1/4

Es gilt $f(-2) = g(2)$, allgemein $f(-x) = g(x)$. Also ist $g(x) = 2^{-x}$.

Rechnerisch: $2^{-x} = \left(\frac{1}{2^x}\right) = \left(\frac{1}{2}\right)^x$

Allgemein gilt für Funktionen der Form $h(x) = a^x$: $f(-x) = a^{-x} = \left(\frac{1}{a}\right)^x$.

Deshalb sind die Graphen von $h(x) = a^x$ und $k(x) = \left(\frac{1}{a}\right)^x$ achsensymmetrisch zur y-Achse.

Seite 102, Aufgabe 35

a) g durch Streckung in y-Richtung mit dem Faktor 1,5

h durch Stauchung in x-Richtung mit dem Faktor $\left(\frac{1}{2}\right)$

i durch Verschiebung um 3 in y-Richtung

j durch Verschiebung um 4 in x-Richtung.

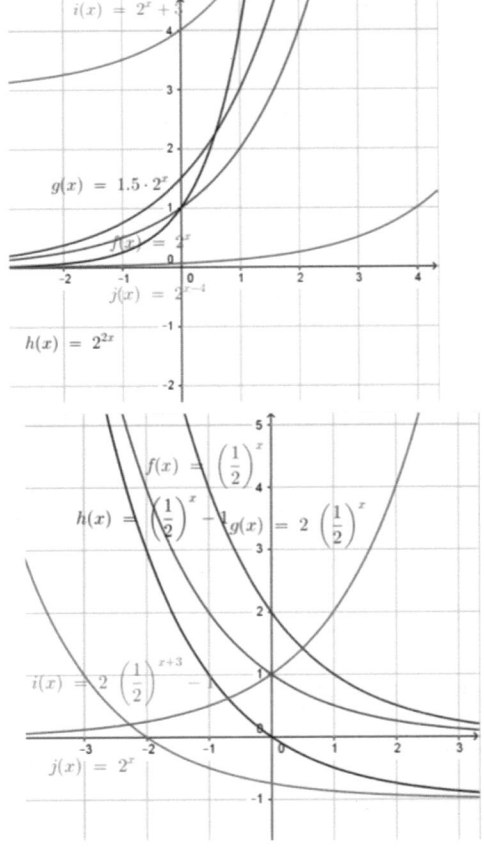

b) $g(x) = 2 \cdot 0,5^x$

$h(x) = 0,5^x - 1$

$i(x) = 2 \cdot (0,5)^{x+3} - 1$

$j(x) = 2^x$

Seite 102, Aufgabe 36

a) Unter Anwendung der Potenzgesetze ergibt sich: $f(x) = 4^{x+3} = 4^x \cdot 64$

Also: Statt den Graphen einer Exponentialfunktion $f(x) = a^x$ um k in x-Richtung zu verschieben, kann man mit dem Faktor a^k in y-Richtung strecken.

(In der Aufgabenstellung ist die Angabe des Faktors nicht erfordert)

b) Unter Anwendung der Potenzgesetze ergibt sich: $f(x) = 4^{2x} = (4^2)^x = 16^x$

Bei einer Exponentialfunktion zu $f(x) = a^x$ entspricht das Stauchen in x-Richtung mit dem Faktor $\frac{1}{k}$ dem Verändern der Basis in a^k.

Seite 103, Aufgabe 37

a) Individuelle Lösungen

c) $f(x) = \frac{3}{4} \cdot 2^x = 3 \cdot 2^{x-2}$

$\frac{3}{4} = 3 \cdot 2^{-2}$

d) Individuelle Lösungen

b) Individuelle Lösungen

$b_f \cdot a^x = b_g \cdot a^{x+d}$

$b_f \cdot a^x = b_g \cdot a^x \cdot a^d \qquad | : a^x$

$b_f = b_g \cdot a^d$

Seite 103, Aufgabe 38

$0{,}7^x$

$g(x) = f(x) - 3$ um 3 nach unten.

$h(x) = -g(x)$ an x-Achse gespiegelt.

$i(x) = \frac{1}{4} \cdot h(x)$ mit ¼ gestaucht.

Dann ergibt sich für f:

$i(x) = 0{,}5\char`\^x$

$h(x) = 4 \cdot i(x) = 4 \cdot 0{,}5^x$

$g(x) = -h(x) = -4 \cdot 0{,}5^x$

$f(x) = g(x) + 3 = -4 \cdot 0{,}5^x + 3$

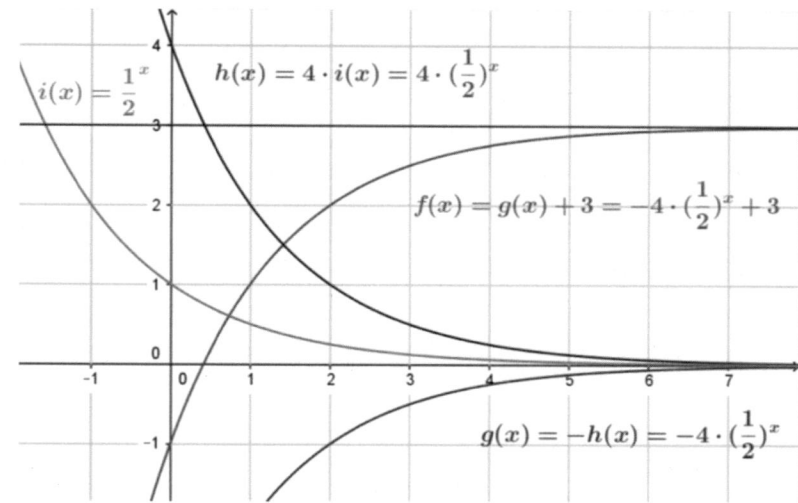

Seite 103, Aufgabe 39

I – d

II – c

III – keinem Graph zuzuordnen

IV – a

V – e

VI – b

Methode: Die C-14-Methode zur Altersbestimmung

Seite 104, Aufgabe 1

$a \approx 0{,}99988$

Seite 104, Aufgabe 2

Alter in Jahren	17190	22920	28650	34380	40110	45840	51570
Verhältnis $^{14}C : ^{12}C$	$1{,}25$ $\cdot 10^{-13}$	$6{,}25$ $\cdot 10^{-14}$	$3{,}125$ $\cdot 10^{-14}$	$1{,}5625$ $\cdot 10^{-14}$	$7{,}8125$ $\cdot 10^{-15}$	$3{,}90625$ $\cdot 10^{-15}$	$1{,}953125$ $\cdot 10^{-15}$

Seite 104, Aufgabe 3

$f(t) = 10^{-12} \cdot 0,99988^t$

Alter in Jahren	5000	10000	15000	20000	25000	30000	35000	40000	45000	50000
Verhältnis $^{14}C : {}^{12}C$	$5,488 \cdot 10^{-13}$	$3,012 \cdot 10^{-13}$	$1,653 \cdot 10^{-13}$	$9,070 \cdot 10^{-14}$	$4,978 \cdot 10^{-14}$	$2,732 \cdot 10^{-14}$	$1,499 \cdot 10^{-14}$	$8,227 \cdot 10^{-15}$	$4,515 \cdot 10^{-15}$	$2,478 \cdot 10^{-15}$

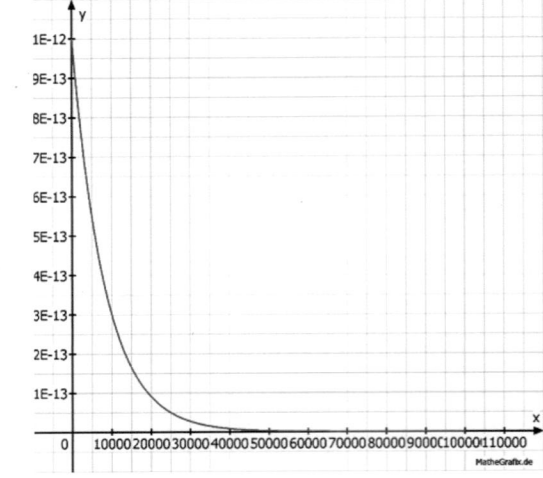

Seite 105, Aufgabe 4

Grabtuch: $^{14}C : {}^{12}C \approx 9,194 \cdot 10^{-13}$

Ötzi: $^{14}C : {}^{12}C \approx 5,358 \cdot 10^{-13}$

Venus: $^{14}C : {}^{12}C \approx 1,499 \cdot 10^{-14}$

Seite 105, Aufgabe 5

Der C-14-Anteil in der Atmosphäre ist zeitlichen Schwankungen unterlegen. Dies

kann zum Teil natürliche Ursachen (z. B. unterschiedliche Sonnenaktivität) haben.

Aber auch menschliche Aktionen haben ihre Spuren in der Atmosphäre hinterlassen. Der

sogenannte Suess‑Effekt beschreibt den Einfluss der Industrialisierung auf den C‑14‑Gehalt

der Atmosphäre. Durch den Verbrauch fossiler Brennstoffe (Erdöl, Kohle, $\cdots$) wird

der C‑14‑Gehalt verdünnt. Dieser Einfluss muss bei der Altersbestimmung nach der

Radiokarbonmethode berücksichtigt werden.

Dagegen wurde durch Einsatz und Tests von Kernwaffen seit Mitte des letzten

Jahrhunderts der C-14-Anteil in der Atmosphäre deutlich erhöht, sodass er bis heute noch

nicht auf seinen ursprünglichen Wert zurückgegangen ist.

Seite 105, Aufgabe 6

a)

(Schul-)Jahr der Berechnung	2016	2017	2018	2019	2020	2021	2022	2023	2024
Mindestalter in Jahren	16	17	18	19	20	21	22	23	24
Gehalt in %	99,81	99,79	99,78	99,77	99,76	99,75	99,73	99,72	99,71
Maximales Alter in Jahren	116	117	118	119	120	121	122	123	124
Gehalt in %	98,61	98,59	98,58	98,57	98,56	98,55	98,53	98,52	98,51

$f(t) < 1$ ergibt t $\approx$ 38 059,3 (Jahre)

b)

Alter in Jahren	2700	2850	3200
Gehalt in %	72,13	70,83	67,89

c) $f(t) = 78{,}4$ ergibt t $\approx 2011{,}1$ (Jahre) somit deutlich jünger.

4.2 Logarithmen und Exponentialgleichungen

Aufträge

Seite 106, Falten bis zum Mond

Ein DIN A4-Blatt kann man ca. 7 Mal falten. Ein 6 Mal gefaltetes Blatt hat eine Dicke von ca. 1 cm.

Um die Anzahl der noch notwendigen Faltungen zu erhalten ergibt sich die Gleichung:

$2x = 38\,400\,000\,000$.

$\log_2(38400000000) \approx 35{,}16$.

Nach 42 Faltungen ist das Papier dicker als die Entfernung zum Mond.

Die Schüler können durch Probieren oder mit Hilfe einer Tabellenkalkulation eine näherungsweise Lösung bestimmen.

x	2^x
-2	$\frac{1}{4}$
-2	$\frac{1}{2}$
0	1
2	4
3	8
5	32
6	64
8	256
11	2048
$\log_2(5)$	5

Seite 106, Alternative: Einfach rechnen mit Exponenten

Frage: Womit muss ich 2 potenzieren, um den gegebenen Wert zu erhalten?

Bei einer Gleichung der Form $a^x = b$ mit unbekanntem x wird also nach dem Exponenten x gefragt.

Die Lösung der Gleichung $a^x = b$ mit $a, b > 0$ und $a \neq 0$ heißt Logarithmus von b zur Basis a. Schreibweise: $\log_a(b)$. $\log_a(b)$ ist die Zahl, mit der a potenziert werden muss, um b zu erhalten.

Seite 106, Alternative: Hochzahl gesucht

$3^x = 9$; $x = 2$

$2^x = 16$; $x = 4$

$10^x = 100\,000$; $x = 5$

$5^x = \dfrac{1}{25}$; $x = -2$

$2^x = 4$; $x = 2$

Die Lösung ist nicht ganzzahlig.

Wegen $2^3 = 8$ und $2^4 = 16$ muss die Lösung im Intervall $[3; 4]$ liegen.

Graphisch: $x \approx 3{,}6$

Die exakte Lösung lautet $x = \log_2(12) \approx 3{,}58$

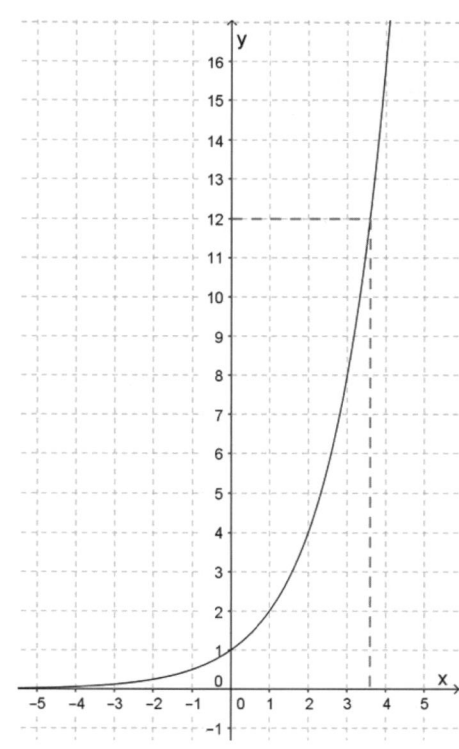

Trainieren

Seite 110, Aufgabe 1

a) $\log_2(8) = 3$

b) $\log_2\left(\frac{1}{8}\right) = -3$

c) $\log_7(7) = 1$

d) $\log_{10}(100000) = 5$

e) $\log_{12}(1) = 0$

f) $\log_7(\sqrt{7}) = \frac{1}{2}$

g) $\log_{13}(\sqrt[3]{13}) = \frac{1}{3}$

h) $\log_{10}\left(\frac{1}{\sqrt[5]{10000}}\right) = -\frac{4}{5}$

Seite 110, Aufgabe 2

a) $3^2 = 9$

b) $10^3 = 1000$

c) $5^{\frac{1}{2}} = \sqrt{5}$

d) $2^{10} = 1024$

Seite 110, Aufgabe 3

a)

x	3	4	13	6	7	9	-1
2^x	8	16	2^{13}	64	128	512	0,5

b)

x	-2	3	-3	-1	0	4	0,5
5^x	$\frac{1}{25}$	125	$\frac{1}{125}$	$\frac{1}{5}$	1	625	$\sqrt{5}$

c)

x	0	3	-3	-2	-1	-7	-0,5
$0,2^x$	1	0,008	125	25	5	5^7	$\sqrt{5}$

Seite 110, Aufgabe 4

a) $x = 3$

b) $x = 4$

c) $x = 3$

d) $x = 2$

e) $x = 0$

f) $x = 4$

g) $x = 8$

h) $x = 1$

Seite 110, Aufgabe 5

a) $x = \frac{1}{2}$

b) $x = \frac{1}{2}$

c) $x = -2$

d) $x = 3$

e) $x = -1$

f) $x = -2$

g) $x = -\frac{3}{2}$

h) $x = 0$

Seite 110, Aufgabe 6

a) 2

b) 3

c) 3

d) 2

e) 4

f) 1

g) 3

h) 6

Seite 110, Aufgabe 7

a) 1

b) 0

c) -1

d) -3

e) 7

f) -21

g) 13,2

h) 0,5

Seite 110, Aufgabe 8

a) $\log_2(2^{-1}) = -1$

b) $\log_5(5^{-1}) = -1$

c) $\log_7(7^{-2}) = -2$

d) $\log_5(5^{0,5}) = 0,5$

e) $\log_{10}(10^{-3}) = -3$

f) $\log_{0,1}(0,1^{-3}) = -3$

g) $\log_{\sqrt{5}}\sqrt{5}^2 = 2$

h) $\log_3(3^{-0,5}) = -0,5$

Seite 110, Aufgabe 9

a) $\log_a(a) = 1$

b) $\log_a(1) = 0$

c) $\log_a\left(\frac{1}{a}\right) = -1$

d) $\log_a(a^n) = n$

Seite 110, Aufgabe 10

a) z. B. $3^x = 9$

b) z. B. $4^x = 1024$

c) z. B. $7^x = \frac{1}{7}$

d) z. B. $2^x = \sqrt{2}$

Seite 111, Aufgabe 11

a) $\log_2(24) \approx 4{,}585$

b) $\log_3(100) \approx 4{,}192$

c) $\log_{10}(50) \approx 1{,}699$

d) $\log_3\left(\frac{1}{5}\right) \approx -1{,}465$

e) $\log_3(\sqrt{18}) \approx 1{,}315$

f) $\log_5(\sqrt{10}) \approx 0{,}715$

g) $\log_{\frac{1}{2}}(6) \approx -2{,}585$

h) $\log_{0{,}2}(0{,}1) \approx 1{,}431$

Seite 111, Aufgabe 12

a) $x = -1$

b) $x = -0{,}631$

c) $x = 0{,}631$

d) Die Gleichung ist nicht lösbar.

Seite 111, Aufgabe 13

a) $\log_2(50) \approx 5{,}644$

b) $\log_{10}(2000) \approx 3{,}301$

c) $\log_4\left(\frac{1}{10}\right) \approx -1{,}661$

d) $\log_{\frac{1}{2}}(5) \approx -2{,}32$

Seite 111, Aufgabe 14

a) $\log_3(243) = 5$

b) $\log_4(16) = 2$

c) $\log_{10}(100000) = 5$

d) $\log_2(256) + \log_2\left(\frac{1}{8}\right) = \log_2(32) = 5$

Seite 111, Aufgabe 15

a) $\log_{12}(3xy)$

b) $\log_a(x)$

c) $\log_a\left(\frac{1}{a}\right) = -1$

d) $\log_a(1) = 0$

Seite 111, Aufgabe 16

a) $\log_3(x) + 4 \cdot \log_3(y)$

b) $1 + \log_3(x)$

c) Nicht möglich

d) $1 + \log_3(2x + 1)$

Seite 111, Aufgabe 17

a) $\log_{10}(4) \approx 0{,}3 + 0{,}3 = 0{,}6$

b) $\log_{10}(20) \approx 0{,}3 + 0{,}3 + 0{,}7 = 1{,}3$

c) $\log_{10}(8) \approx 3 \cdot 0{,}3 = 0{,}9$

d) $\log_{10}(25) \approx 0{,}7 + 0{,}7 = 1{,}4$

e) $\log_{10}(2{,}5) \approx 0{,}7 - 0{,}3 = 0{,}4$

f) $\log_{10}(0{,}2) \approx 0 - 0{,}7 = -0{,}7$

g) $\log_{10}(50) \approx 0{,}3 + 0{,}7 + 0{,}7 = 1{,}7$

h) $\log_{10}(\sqrt{8}) \approx \frac{1}{2} \cdot 3 \cdot 0{,}3 = 0{,}45$

Seite 111, Aufgabe 18

a) $x = -3$

b) $x = 2$

c) $x = -2$

d) $x = 3$

e) $x = -5$

f) $x = 5$

Seite 112, Aufgabe 19

a) $x = \left(\frac{\lg(0,4)}{\lg(2,8)}\right) : 3 \approx -0,297$

b) $x = 2$

c) $x = \log_5(120) \approx 2,97$

d) $x = \log_{1,1}(2000) \approx 79,75$

e) $x = \left(\frac{\lg(22)}{\lg(3)} - 4\right) : 2 \approx -0,593$

f) $x = \left(-\frac{\lg(7)}{\lg(5)} - 1\right) \approx -2,209$

Seite 112, Aufgabe 20

a) Substitution: $4^x = a \; (a > 0)$

$a_1 = 1; a_2 = 2$

Resubstitution:

$4^x = 1; x_1 = 0$

$4^x = 2: x_2 = \frac{1}{2}$

b) Substitution: $7^x = a \; (a > 0)$

$a_1 = -7; a_2 = 3$

Wegen $a > 0$ ist nur $a_2 = 3$ relevant.

Resubstitution:

$7^x = 3; x = \log_7(3) \approx 0,565$

c) $(2^x)^2 + 2^x = 20$

Substitution: $2^x = a \; (a > 0)$

$a1 = -5; a_2 = 4$

Wegen $a > 0$ ist nur $a_2 = 4$ relevant.

Resubstitution:

$2^x = 4; x = 2.$

Noch fit?

Seite 112, Aufgabe I

a) $f(x) = (x + 3)^2 + 2$ S(-3|2)

b) $f(x) = (x - 1)^2 - 4$ S(1|-4)

c) $f(x) = (x - 10)^2 - 45$ S(10|-45)

d) $f(x) = 3(x + 1)^2$ S(-1|0)

Seite 112, Aufgabe II

Aus den Funktionstermen sind die Scheitelpunktskoordinaten direkt ablesbar, sodass sich die Graphen als verschobene Normalparabeln einfach zeichnen lassen (siehe rechte Zeichnung). Bei Aufgabe d) ist noch der Faktor (-2) zu beachten, der eine Streckung bedeutet, sowie eine Spiegelung an der x-Achse.

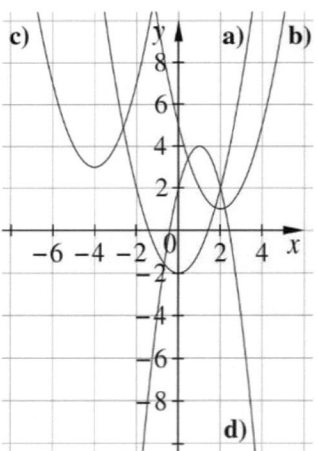

Seite 112, Aufgabe III

$f(x) = (x + 6)^2 - 9 = x^2 + 12x + 27$

Nullstellen: $x_{N1} = -9 \quad x_{N2} = -3$

Anwenden

Seite 112, Aufgabe 21

a) $E = 10^{1,5 \cdot (9,5-2)} \approx 178000 \cdot 10^6$

Das Chile-Erdbeben setzte eine Energie von etwa 177,8 Gigatonnen TNT frei. Das ist das ca. 5230-Fache der Energie der Wasserstoffbombe.

b) $44 \cdot 10^9 = 10^{1,5(M-2)} \Rightarrow log\,44 = log\left(10^{1,5(M-2)-9}\right) \Rightarrow M = 9,095 \dots$

Das Beben hatte eine Stärke von ca. 9,1 auf der Richterskala.

c) $10^{1,5((M+1)-2)} : 10^{1,5(M-2)} = 10^{1,5((M+1)-2)-1,5M+3)} = 10^{1,5} = 31,622\dots$

Die Energie erhöht sich also etwa um den Faktor 31,6.

d) $10^{1,5(M-1,5)} : 10^{1,5(M-2)} = 10^{0,75} = 5,623 \dots$

Das Verhältnis $E_2 : E_1$ beider Beben beträgt ca. 5,6.

Seite 113, Aufgabe 22

$$0,94^x = 0,2 \Rightarrow x = \frac{log(0,2)}{log(0,94)} = 26,0109 \dots$$

26 Glasplatten müssen übereinandergestapelt werden, um die gewünschte Lichtintensität zu erhalten.

Seite 113, Aufgabe 23

a) Anzahl der Lagen: $2^6 = 64$

Dicke d der Folie: $d = \frac{1,3}{64}\ mm \approx 20,3\ \mu m$

b) Für die Höhe h des Stapels und die Anzahl n der Faltungen gilt: $2^n \cdot d = h \Rightarrow n = \log_2\left(\frac{h}{d}\right)$

$h = 1m \Rightarrow n = 15,587 \dots$

Für die Höhe von 1 m sind 16 Faltungen notwendig.

$h = 390\ km \Rightarrow n = 34,160 \dots$

Für die Höhe von 390 km sind 35 Faltungen notwendig.

Seite 113, Aufgabe 24

$N(t) = c \cdot a^t \Rightarrow c \cdot a^2 = 19,6$ bzw. $c \cdot a^{12} = 567 \Rightarrow a^{10} = \frac{567}{19,6} \Rightarrow a \approx 1,4; c = \frac{19,6}{1,4^2} = 10$

t (in Stunden)	0,0	2,0	6,5	12,0	16,4	24,0
N(t) (in 1000)	10,0	19,6	89,1	567,0	2429,0	32142,0

Seite 113, Aufgabe 25

$1,011^t = 3 \Rightarrow t = \log_{1,011}(3) = 100,422 \dots$

Die Bakterienkultur verdreifacht sich nach etwas mehr als 100 Stunden.

Seite 113, Aufgabe 26

a) $0,5 \cdot N_0 = N_0 \cdot a^3 \Rightarrow a = \sqrt[3]{0,5} = 0,794$

b)

t (in Stunden)	0	1	2	3	4	5	6	7	8	9	10
N (in $\frac{mg}{l}$)	5,00	3,97	3,15	2,50	1,99	1,58	1,25	0,99	0,79	0,63	0,50

c) Abgelesen aus b): Nach ca. 7 Stunden fällt die Konzentration unter die Wirksamkeitsgrenze

Seite 113, Aufgabe 27

a) Mit der Halbwertszeit: $0,5 \cdot N_0 = N_0 \cdot a^{1590} \Rightarrow a = \sqrt[1590]{0,5} = 0,999566$

Somit lautet das Zerfallsgesetz: $N(t) = N_0 \cdot 0,99956^t$

b) Es soll gelten: $a^t = 10^{-kt}$. Wenn man diese Gleichung logarithmiert, durch t dividiert ($t > 0$ ist hier gegeben) und abschließend nach k auflöst, erhält man: $k = -\lg(a) = -\lg(0,99956) = 0,00019$

c) $0,2 \cdot N_0 = N_0 \cdot 10^{-0,00019 \cdot t}$

Teilen durch N_0 ($N_0 > 0$) und Logarithmieren liefert: $t = \dfrac{\lg(0,2)}{-0,00019} = 3657$ [Jahre]

d) $t = \dfrac{\lg(0,6)}{-k} = 1167,6$ [Jahre]

e) $\dfrac{19}{20} \cdot N_0 = N_0 \cdot 10^{-0,00019 \cdot t}$; $t = \dfrac{\lg(0,95)}{-0,00019} = 117,2$ [Jahre]

Seite 114, Aufgabe 28

a) $a^{100} = 1 - 4,2\,\% \Rightarrow a = \sqrt[100]{0,958} \approx 0,999571$

$a^t = 0,5 \Rightarrow t = \log_a(0,5) = 1615,44\ldots$

Die Halbwertszeit beträgt ca. 1615 Jahre.

b) $a^{0,3} = 0,5 \Rightarrow a = 0,5^{\frac{1}{0,3}} = 0,09921\ldots$

Zerfallsgesetz für die in μs angegebene Zeit t: $K(t) \approx K_0 \cdot 0,0992^t$

c) $a^{64,15} = 0,5 \Rightarrow a = 0,5^{\frac{1}{64,15}} = 0,989253\ldots$

$a^t = \dfrac{1}{3} \Rightarrow t = \log_a\left(\dfrac{1}{3}\right) = 101,675\ldots$

$a^t = \dfrac{1}{10} \Rightarrow t = \log_a\left(\dfrac{1}{10}\right) = 213,101\ldots$

Ein Drittel des Präparats ist nach ca. 102 Minuten und ein Zehntel des Präparats nach ca. 214 Minuten vorhanden.

Seite 114, Aufgabe 29

a) $K = 1,04^{12} \cdot 3000\,€ \approx 4803,10\,€$

b) $1,04^n \cdot 3000\,€ = 4000\,€ \Rightarrow n = \dfrac{\lg\left(\frac{4}{3}\right)}{\lg(1,04)} = 7,33\ldots$

Es dauert 8 Jahre, um das Kapital auf mindestens 4000 € anwachsen zu lassen.

c) $1,04^n \cdot K = 7000\,€ \Rightarrow K = 4728,95\,€$

d) $x^5 \cdot 60000\,€ = 70000\,€ \Rightarrow n = \sqrt[5]{\dfrac{7}{6}} = 1,031310\ldots$

Das Kapital müsste mit einem Prozentsatz von ca. 3,15 % verzinst werden.

Seite 114, Aufgabe 30

a) $1,02^t = 2 \Leftrightarrow t = \log_{1,02}(2) \approx 35,00$

$1,03^t = 2 \Leftrightarrow t = \log_{1,03}(2) \approx 23,45$

$1,04^t = 2 \Leftrightarrow t = \log_{1,04}(2) \approx 17,67$

b) $p = 2\%$: $t = 36$; $p = 3\%$: $t = 24$; $p = 4\%$: $t = 18$.

Die Abschätzungen liegen etwas über den Ergebnissen.

c) Schätzung: 3,6 %; Berechnung: $\sqrt[20]{2} \approx 1{,}0352$, also $p \approx 3{,}5\%$

d) z. B. 70er-Regel: $t = \dfrac{70}{p}$

   $p = 2\%$: $t = 35$; $p = 3\%$: $t = 23\frac{1}{3}$; $p = 4\%$: $t = 17{,}5$.

   Die 72er-Regel hat sich bewährt, da 72 viele Teiler hat und man damit häufig leicht im Kopf

   rechnen kann. Die Abschätzung liegt leicht über den exakten Werten, weshalb man höchsten so

   lange warten muss, bis sich das Kapital verdoppelt hat.

Seite 114, Aufgabe 31

$10^d = 2^{57885161}$ $\qquad |\log_{10}(\dots)$

$d = \log_{10}(2^{57885161})$

$d = 57885161 \cdot \log_{10}(2) \approx 57885161 \cdot 0{,}30103 \approx 17425170$.

$2^{57885161} - 1 \approx 10^{17425170}$

Die Zahl hat also 17425170 Dezimalstellen.

Wenn man davon ausgeht, dass in einer Buchzeile 40 Zeichen stehen und eine Seite 30 Zeilen umfasst,

also 1200 Zeichen auf einer Buchseite stehen, würde man $17425170 : 1200 \approx 14521$ Seiten benötigen,

um diese Zahl zu drucken.

Vernetzen

Seite 115, Aufgabe 32

a) Siehe Abbildung

b) Der Graph taucht nach einer
   Erdumrundung an der Stelle $x_1 =$
   $\log_4(4000000000) \approx 15{,}95$ wieder auf.
   Er verläuft nahezu linear. Nach der
   zweiten Erdumrundung gilt $x_2 =$
   $\log_4(8000000000) \approx 16{,}45$ und nach
   der dritten $x_3 = \log_4(12000000000) \approx$
   $16{,}74$. Der Rand des Zeichenbereichs ist
   erreicht für die fünfte Erdumrundung
   mit $x_5 = \log_4(20000000000) \approx 17{,}11$.

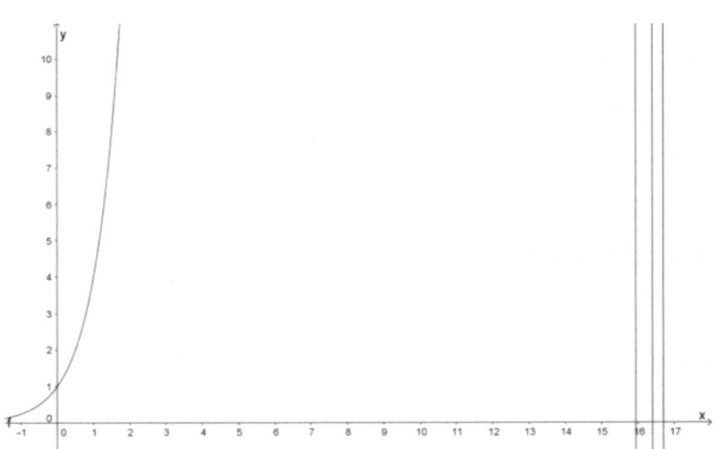

c) Individuelle Lösungen.

Seite 115, Aufgabe 33

a) Wegen des zweiten Potenzgesetzes gilt: $\dfrac{a^{\log_a(b)}}{a^{\log_a(c)}} = a^{\log_a(b) - \log_a(c)}$.

   Wegen der Definition des Logarithmus $\log_a(b) \Leftrightarrow a^x = b$ gilt $a^{\log_a(b)} = b$. Deshalb ist $\dfrac{a^{\log_a(b)}}{a^{\log_a(c)}} = \dfrac{b}{c}$,

   was man in die linke Seite der ersten Gleichung einsetzen kann:

   $\dfrac{b}{c} \qquad = a^{\log_a(b) - \log_a(c)} \qquad\qquad |\log_a(\dots)$

   $\log_a\!\left(\dfrac{b}{c}\right) \quad = \log_a(b) - \log_a(c)$

b) $a^{d \cdot \log_a(b)} = a^{\log_a(b) \cdot d} = \left(a^{\log_a(b)}\right)^d$ wegen des dritten Potenzgesetzes.

Wegen der Definition des Logarithmus $\log_a(b) \Leftrightarrow a^x = b$ gilt $\left(a^{\log_a(b)}\right)^d = b^d$. Setzt man dies in die erste Gleichung ein, ergibt sich:

$a^{d \cdot \log_a(b)} = b^d$ $\mid \log_a (\ldots)$

$d \cdot \log_a(b) = \log_a(b^d)$.

Seite 115, Aufgabe 34

a) $\log_3(8) = \dfrac{\lg(8)}{\lg(3)} \approx 1{,}893$ $\log_9(17) = \dfrac{\lg(17)}{\lg(9)} \approx 1{,}289$

$\log_2(12) = \dfrac{\lg(12)}{\lg(2)} \approx 3{,}585$

b) $x = \log_a(b)$ ist gleichbedeutend mit $a^x = b$.

$a^x = b$ $\mid \lg (\ldots)$

$\lg(a^x) = \lg(b)$ (3. Logarithmusgesetz)

$x \cdot \lg(a) = \lg(b)$ $\mid : \lg(a)$

$x = \dfrac{\lg(b)}{\lg(a)}$ und damit gilt mit der Definition des Logarithmus: $\log_a(b) = \dfrac{\lg(b)}{\lg(a)}$

Seite 115, Aufgabe 35

a)

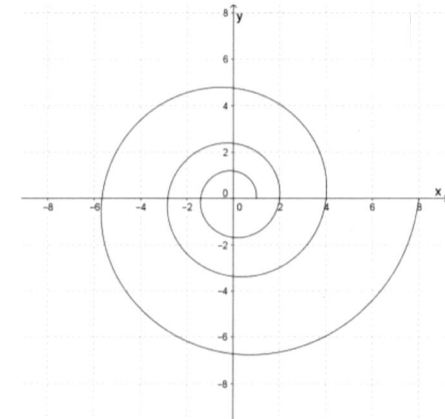

b) $174{,}2 = 0{,}5 \cdot 3^x$

$x \approx 5{,}33$

Der Ammonit hat ca. 5 Windungen.

Methode – Rechenschieber und Logarithmus

Seite 116, Aufgabe 1

Dadurch, dass auf den Skalen die Abstände zwischen den Markierungen proportional zu den Logarithmen der dargestellten Zahlen sind, wird bei einer Addition der Strecken (durch Hintereinanderlegen) eine entsprechende Multiplikationsaufgabe gelöst. Auf den Skalen A und B wird die Multiplikationsaufgabe $2 \cdot 3 = 6$ veranschaulicht.

Seite 116, Aufgabe 2

a) Individuelle Lösungen

b) Die kreisförmige Anordnung hat den Vorteil, dass man keinen „Rückschlag" machen muss, wenn das zu berechnende Ergebnis größer als die Skalen des geraden Rechenschiebers lang ist.

Seite 117, Aufgabe 3

a) Eine Tabelle mit den Mantissen ist völlig ausreichen für die Angabe des Logarithmus von jeder beliebigen Zahl. Man dividiert die Zahl durch eine geeignete Zehnerpotenz, sodass man eine Zahl zwischen 1 und 10 erhält. Von diesem Ergebnis entnimmt man die Mantisse der Tabelle und erhält dann den gesuchten Logarithmus, indem man die Mantisse zum Exponenten der Zehnerpotenz, durch die zuvor dividiert wurde, addiert.

Bespiele: $\lg(4000) = 3{,}6021$, $\lg(40000) = 4{,}6021$, $\lg(0{,}4) = 0{,}6021 - 1 = -0{,}3979$

b) In dem Beispiel wird die Multiplikation der beiden Zahlen durch die Addition ihrer Logarithmen dargestellt.

Seite 117, Aufgabe 4

Individuelle Lösungen

4.3 Umkehrfunktionen untersuchen

Aufträge

Seite 118, Funktionsgraph spiegeln

a)

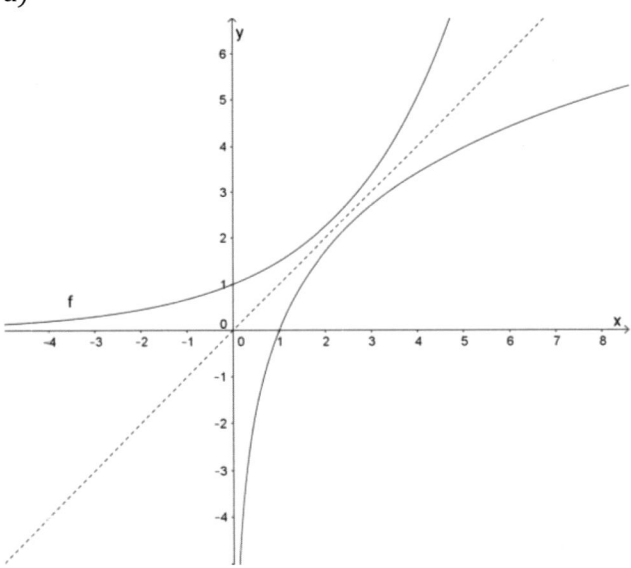

b)

x	0,5	1	2	3	4	5	6	7	8
$\bar{f}(x)$	-1,71	0	1,71	2,71	3,42	3,97	4,42	4,80	5,13

c) Die x-Werte und die Funktionswerte von f und $\bar{f}$ sind vertauscht. Die Funktion ist streng monoton steigend. Der Wertebereich ist positiv. Der Graph geht durch den Punkt $P(1|0)$. Der Funktionsterm lautet $\bar{f}(x) = \log_{1,5}(x)$.

Seite 118, Alternative: Barometrischer Höhenmesser

Höhe → Luftdruck

x	0	100	200	300	400	500	600	700	800	900	1000
y	1013	893,8	788,6	695,8	613,9	541,7	477,9	421,7	372,0	328,3	289,6

Durch Vertauschen der x- und y-Werte: *Luftdruck → Höhe*

x	1013	893,8	788,6	695,8	613,9	541,7	477,9	421,7	372,0	328,3	289,6
y	0	100	200	300	400	500	600	700	800	900	1000

Anwendung von f auf den x-Wert 200 ergibt 788,6. $g(788,6)$ ist dann wieder 200. g macht die Wirkung von f rückgängig; g ist die Umkehrfunktion von f, f ist die Umkehrfunktion von g. Es gilt:

$g(f(200) = 200)$ und $g\big(g(788,6)\big) = 788,6$

Trainieren

Seite 122, Aufgabe 1

a) $f(x) = \log_6(x)$

b) $f(x) = \log_{\sqrt{7}}(x)$

c) $f(x) = \log_{25}(x)$

d) $f(x) = \log_{\frac{1}{5}}(x)$

Seite 122, Aufgabe 2

a) $f(x) = \log_4(x)$

b) $g(x) = \log_9(x)$

c) $h(x) = \log_{\sqrt{7}}(x)$

d) $i(x) = \log_{\frac{1}{6}}(x)$

e) $j(x) = \log_{\frac{2}{3}}(x)$

Seite 122, Aufgabe 3

a) $\bar{f}(x) = \log_6(x)$

b) $\bar{f}(x) = \log_{\frac{1}{2}}(x)$

c) $\bar{f}(x) = \log_3(\frac{x}{2})$

d) $\bar{f}(x) = \log_5(2x)$

e) $\bar{f}(x) = 4^x$

f) $\bar{f}(x) = \left(\frac{1}{4}\right)^x$

g) $\bar{f}(x) = 7 \cdot 5^x$

h) $\bar{f}(x) = \frac{1}{12} \cdot 8^x$

Seite 122, Aufgabe 4

a) $\bar{f}(x) = \frac{1}{4}x$

b) $\bar{f}(x) = x + 3$

c) $\bar{f}(x) = \frac{1}{3}x + 2$

d) $\bar{f}(x) = 2x - 4$

Seite 122, Aufgabe 5

a) streng monoton steigend: a > 1; streng monoton fallend: 0 < a < 1

b) streng monoton steigend: a > 1; streng monoton fallend: 0 < a < 1

Seite 122, Aufgabe 6

a) $D_1 =]-\infty; 0]$: $\bar{f}(x) = -\sqrt{x-2}$

   $D_2 = [0; \infty[$: $\bar{f}(x) = \sqrt{x-2}$

b) $D_1 =]-\infty; 2]$: $\bar{f}(x) = -(\sqrt{x}+2)$

$D_2 = [2; \infty[$: $\bar{f}(x) = \sqrt{x}+2$

c) $D_1 =]-\infty; -3]$: $\bar{f}(x) = -(\sqrt{x+7}-3)$

   $D_2 = [-3; \infty[$: $\bar{f}(x) = \sqrt{x+7}-3$

Seite 123, Aufgabe 7

a)

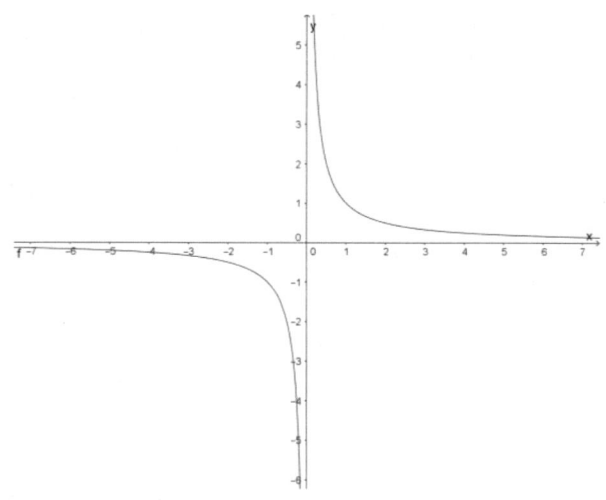

x	-4	-3	-2	-1	-0,5	0,5	1	2	3	4
$f(x)$	-0,25	$-0,\overline{3}$	-0,5	-1	-2	2	1	0,5	$0,\overline{3}$	0,25

b) Die Funktion f ist mit ihrer Umkehrfunktion identisch.

$y = \frac{1}{x}$; $\qquad$ $x = \frac{1}{y}$ $\qquad$ $y = \frac{1}{x}$ $\bar{f}(x) = \frac{1}{x}$

c) z. B $f(x) = \frac{4}{x}$; $\qquad$ $f(x) = \frac{1}{x^2}$

Noch fit?

Seite 123, Aufgabe I

a) 34; 6; 90; 370 $\qquad$ b) 0,0625; 3,6; 1,25; 3 $\qquad$ c) 34,6; 31,25; 0,125; 12

Seite 123, Aufgabe II

a) 896724 $\qquad$ b) 536323 $\qquad$ c) 290500896 $\qquad$ d) 661

Anwenden

Seite 123, Aufgabe 8

a) Eine Umkehrfunktion ist nur bereichsweise definiert: $\quad$ 1) $0 < \theta \le 4$ $\quad$ $\theta(h) = -\sqrt{\frac{10h}{3}} + 4$

$\qquad\qquad\qquad\qquad\qquad\qquad\qquad\qquad\qquad\qquad$ 2) $\theta \ge 4$ $\qquad$ $\theta(h) = \sqrt{\frac{10h}{3}} + 4$#

b) Nur wenn man schon weiß, ob die Temperatur über oder unter 4°C liegt (auf jeden Fall aber über 0°), kann man mit Hilfe von Wasser die Temperatur messen, damit ist das Wasser insgesamt jedoch als Thermometerflüssigkeit ungeeignet.

Seite 124, Aufgabe 9

a) $O(a) = 6a^2$; $V(a) = a^3$ $\qquad\qquad\qquad\qquad$ c) $a = 7$ cm

b) $a(O) = \sqrt{\frac{O}{6}}$; $a(V) = \sqrt[3]{V}$ $\qquad\qquad$ d) $V(O) = \sqrt{\frac{O}{6}}^3$; $O(V) = 6 \cdot \sqrt[3]{V}^2$

Seite 124, Aufgabe 10

a) $T = 20 + 80 \cdot 8^{-0,04t} \Leftrightarrow \frac{T-20}{80} = 8^{-0,04t} \Leftrightarrow \log_8\left(\frac{T-20}{80}\right) = -0,04t \Leftrightarrow (-25) \cdot \left(\frac{\lg\left(\frac{T-20}{80}\right)}{\lg(8)}\right) = t$

$(-25) \cdot \frac{\lg(T-20) - \lg(80)}{\lg(8)} = t \Leftrightarrow \frac{25 \cdot \lg(80) - \lg(T-20)}{\lg(8)} = t$

Die Umkehrfunktion lautet also: $t(T) = \frac{25 \cdot \lg(80) - \lg(T-20)}{\lg(8)}$

b)

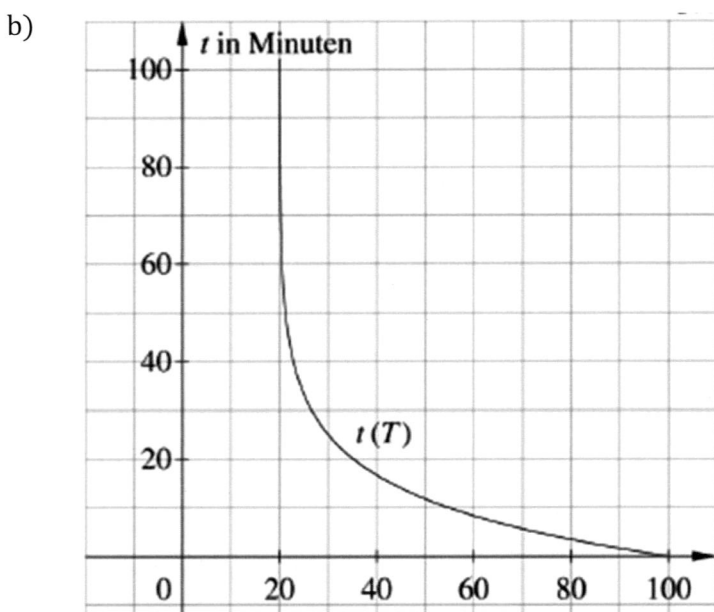

c) $t(60) = \frac{25 \cdot \lg(80) - \lg(60-20)}{\lg(8)} = 8,\overline{3}$.

Nach 8 Minuten und 20 Sekunden hat der Tee also eine Temperatur von 60°C.

Vernetzen

Seite 124, Aufgabe 11

Eine Funktion mit mindestens zwei Nullstellen kann nicht streng monoton sein und ist damit nicht umkehrbar.

Seite 124, Aufgabe 12

a)

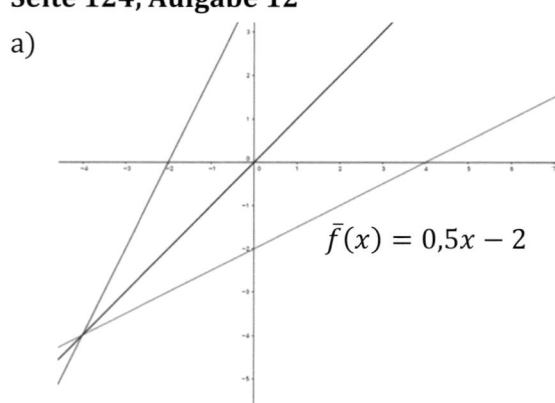

$\bar{f}(x) = 0{,}5x - 2$

b) Eine lineare Funktion dieser Form ist immer streng monoton und somit immer umkehrbar.

c) Für $m = 0$ verläuft der Graph der Funktion parallel zur x-Achse und ist nicht streng monoton und somit nicht umkehrbar.

Seite 124, Aufgabe 13

a) $\bar{f}(x) = -\dfrac{1}{\sqrt{x}}$

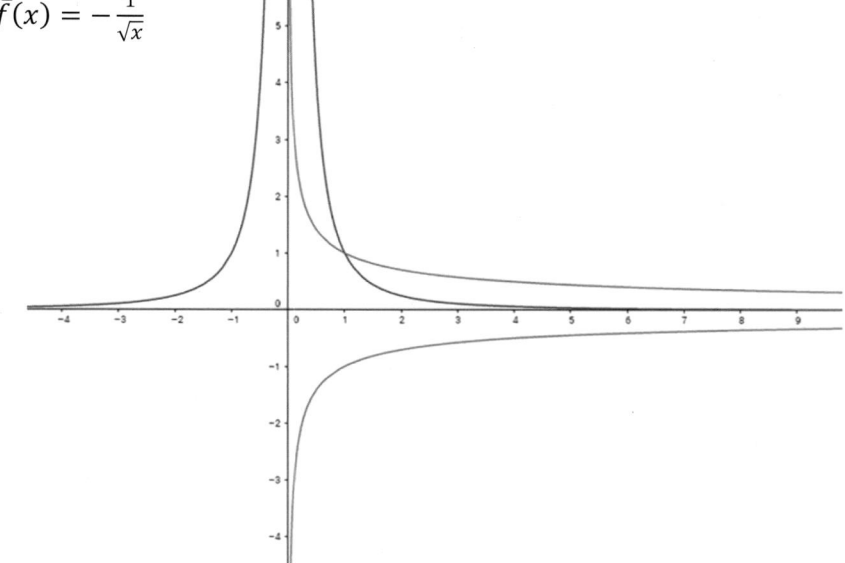

b) Für $f(x)$: $D = \{x \in \Re \,|\, x \neq 0\}$
    $\qquad\qquad W = \{x \in \Re^+\}$

Für $\bar{f}(x)$: $D = \{x \in \Re^+\}$
$\qquad\qquad\quad W = \{x \in \Re \,|\, x \neq 0\}$

Seite 124, Aufgabe 14

Ein n-Eck kann in n Dreiecke zerlegt werden, die jeweils eine Innenwinkelsumme von 180° haben. Es müssen allerdings die 360° im Zentrum des n-Ecks noch abgezogen werden, damit man diese nicht doppelt zählt. Es ergibt sich also für die Innenwinkelsumme im n-Eck die Formel
$n \cdot 180° - 360° = (n - 2) \cdot 180°$.

a) Als Funktion von n lautet die obige Formel wie folgt: $W8n) = m \cdot 180° - 360°$. Davon lässt sich die Umkehrfunktion bestimmen: $n(W) = \dfrac{W + 360°}{180°}$

b) $n(4500°) = \dfrac{4500° + 360°}{180°} = 27$. Ein solches n-Eck hat 27 Ecken, ist also ein 27-Eck.

Seite 124, Aufgabe 15

a) $A(a) = \dfrac{a^2}{4} \cdot \sqrt{3}$

b) $a(A) = \dfrac{2\sqrt{A}}{\sqrt[4]{3}}$

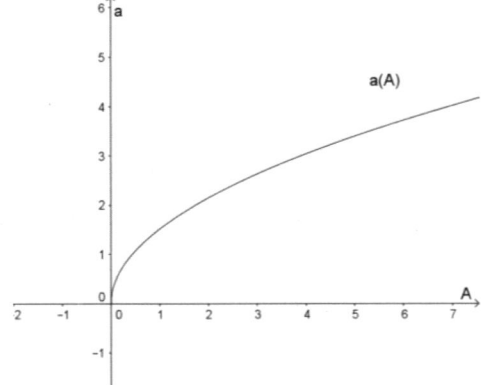

4.4 Wachstum modellieren

Aufträge

Seite 125, Wer wird Millionär?

Die Geldbeträge verdoppeln sich in etwa für jede heute richtig beantwortete Frage. Vereinfachend kann der Gewinn also durch eine Funktion modelliert werden, deren Wert sich von Schritt zu Schritt verdoppelt. Gesucht ist also eine Funktion, deren Wachstumsfaktor 2 ist.

In der Tabelle wir der echte Gewinn und der Gewinn, der sich aus dem Modell ergibt, dargestellt. In der Tabelle ist die Anzahl der Fragen eingetragen, die der Kandidat heute beantworten muss.

Da der Kandidat bereits in der letzten Sendung die erste Frage richtig beantwortet hat, entspricht der Gewinn von 50€ der 0. Frage. Im vereinfachten Modell beträgt der Gewinn

Frage	Real-Gewinn	Modell-Gewinn
0	50 €	50 €
1	100 €	100 €
2	200 €	200 €
3	300 €	400 €
4	500 €	800 €
5	1000 €	1600 €
6	2000 €	3200 €
7	4000 €	6400 €
8	8000 €	12800 €
9	16000 €	25600 €
10	32000 €	51200 €
11	64000 €	102400 €
12	125000 €	204800 €
13	500000 €	409600 €
14	1000000 €	819200 €

auf der n-ten Stufe so viel wie nach n-1 beantworteten Fragen, in Formeln ausgedrückt: $g(n) = g(n-1) \cdot 2$

Für die einzelnen Gewinnstufen gilt:

$g(1) = g(0) \cdot 1$

$g(2) = g(1) \cdot 2 = g(0) \cdot 2 \cdot 2 = g(0) \cdot 2^2$

$g(3) = g(2) \cdot 2 = g(1) \cdot 2 \cdot 2 = g(0) \cdot 2 \cdot 2 \cdot 2 = g(0) \cdot 2^2$ und so weiter

Allgemein ergibt sich daraus folgende Gleichung für den Gewinn g auf der Stufe n: $g(n)' = 50 \cdot 2^n$

Für den Gewinn zur Stufe n muss also im Modell der Anfangsgewinn aus der letzten Sendung $g(0) = 50€$ n-Mal verdoppelt werden.

Seite 126, Alternative: Wachstum von Meerschweinchen

a)

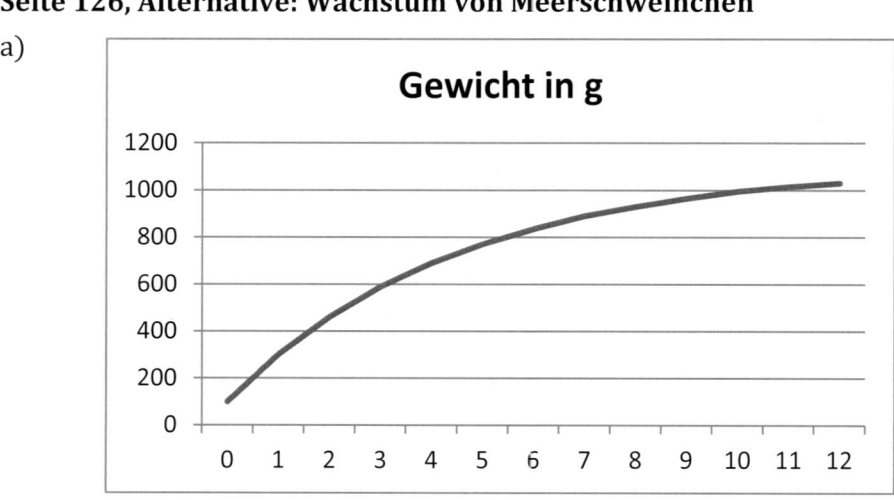

b) Stupsis Gewicht ist beschränkt mit der Schranke S = 1100. Die monatliche Gewichtszunahme wird kontinuierlich weniger. Nach 13 Monaten wiegt Stupsi ca. 1040 g. Für das Gewicht des t+1-ten Monats gilt näherungsweise: G(t+1) = G(t) + 0,2 · (1100 – G(t))

c) Der Graph gehört offensichtlich nicht zu einer linearen Funktion. Potenzfunktionen und Wurzelfunktionen sind wegen der Beschränkung nicht möglich. Möglich wäre eine Exponentialfunktion der Form f(x) = -b · a⁻ˣ + c. Die Funktion f(x) = -1000 · 1,25⁻ˣ + 1100 beschreibt Stupsis Wachstum recht genau.

Seite 126, Alternative: Tropfinfusion

Es wirken zwei Funktionen: Die lineare Funktion, die die Medikamenteninfusion beschreibt:

$f(x) = x + 4$ und die Funktion des negativen exponentiellen Wachstums: $g(c) = 0{,}94x$.

Die Funktionen werden jeweils nacheinander ausgeführt, zunächst die Funktion f, danach die Funktion g.

min	f	g
1	4,00	3,76
2	7,76	7,29
3	11,29	10,62

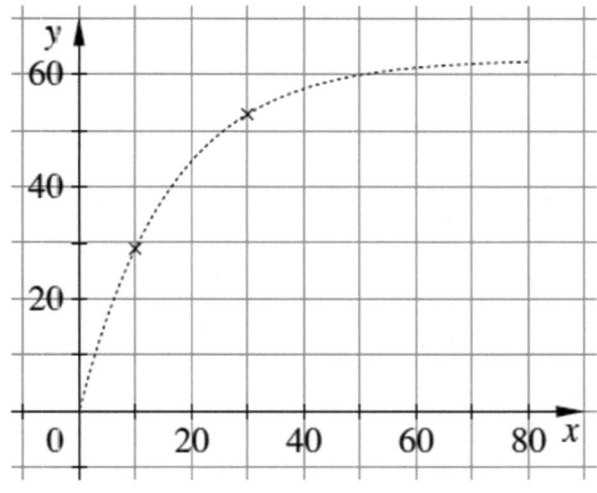

	Medikamentenmenge im Blut
Nach 10 Minuten	28,9 mg
Nach 30 Minuten	52,9 mg
langfristig	62,6 mg

Trainieren

Seite 129, Aufgabe 1

a) Lineares Wachstum

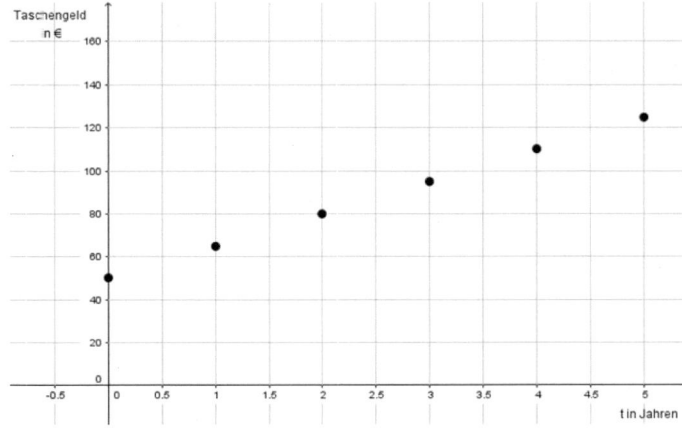

$x :=$ Jahr	0	1	2	3	4	5
$y :=$ Taschen-geld	50	65	80	95	110	125

b) Exponentielles Wachstum mit Wachstumsfaktor 1,04

$x := Monat$	0	1	2	3	4	5	6	7	8	9	10
$y := Guthaben$	20,00	20,80	21,63	22,50	23,40	24,33	25,31	26,32	27,37	28,47	29,60
	11	12	13	14	15	16	17	18	19	20	...
	30,79	32,02	33,30	34,63	36,02	37,46	38,96	40,52	42,14	43,82	

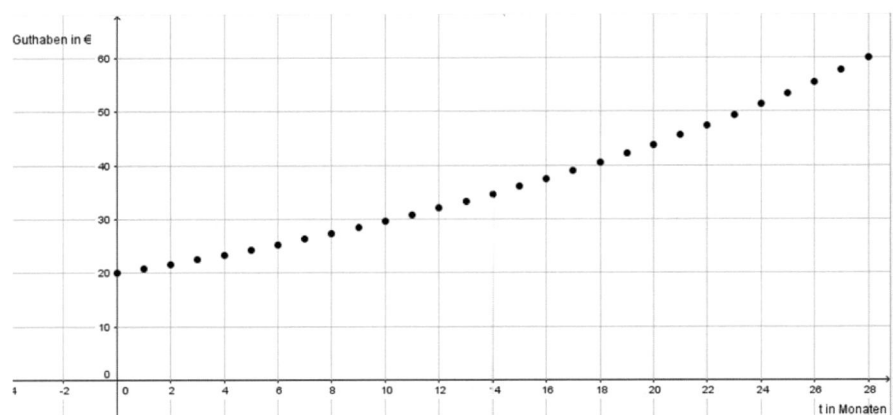

c) Negatives exponentielles Wachstum mit Wachstumsfaktor 0,5

$x := Jahr$	$y := Wert$
0	1200
1	600
2	300
3	150
4	75
5	37,50
6	18,75
7	9,38
8	4,69

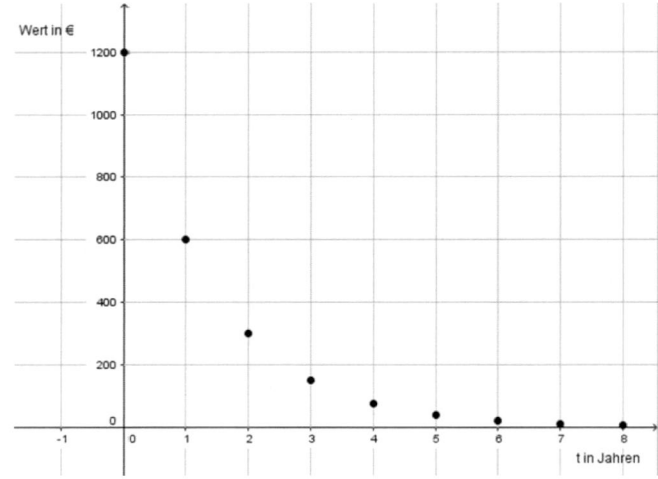

d) Lineares Wachstum

$x := Stunde$	0	10	20	30	40	50	60	70	80	90
$y := Wasserhöhe$	1,80	1,60	1,40	1,20	1,00	0,80	0,60	0,40	0,20	0

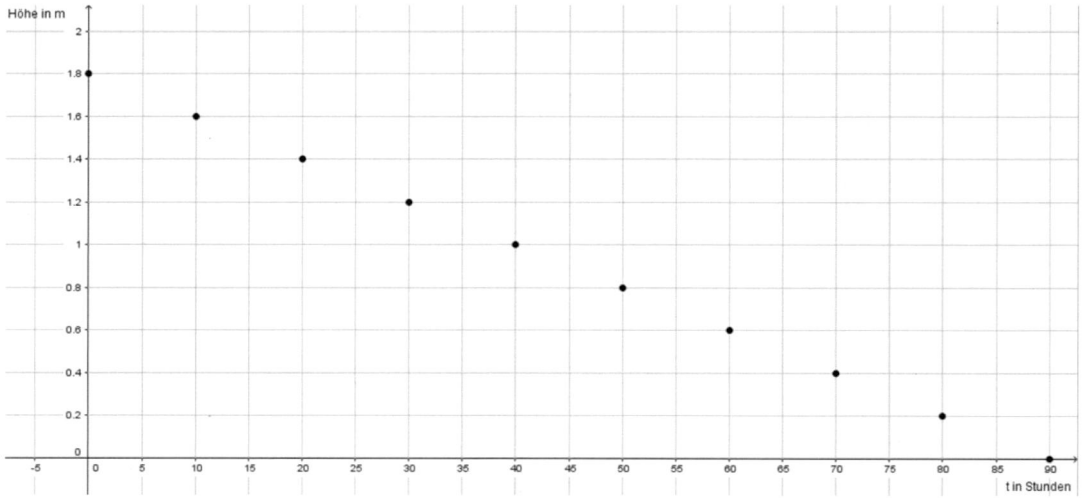

Seite 129, Aufgabe 2

grün: exponentiell (Guthaben mit Zinseszinsen)

rot: linear (Entfernung vom Startpunkt bei konstanter Geschwindigkeit)

gelb: beschränkt (Körpergröße von Menschen)

türkis: logistisch (Pflanzenwachstum)

Seite 129, Aufgabe 3

Auftauen: beschränktes Wachstum

Zinsen: exponentielles Wachstum

Pflanzenwachstum: logistisches Wachstum

Seite 130, Aufgabe 4

t	$B(t)$
0	1000
1	3000
2	4200
3	4920
4	5352
5	5611,2

Seite 130, Aufgabe 5

B(t+1) = B(t) + 0,25 · (100 – B(t))

B(1) = 25

B(2) = 43,75

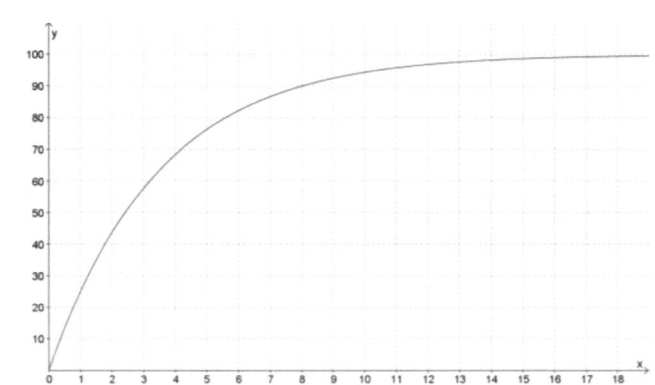

Seite 130, Aufgabe 6

a) $B(t+1) = B(t) + \frac{1}{12} \cdot (10 - B(t))$ in kg

b) B(1) = 1; B(2)= 1,69; B(3) = 2,33

c)

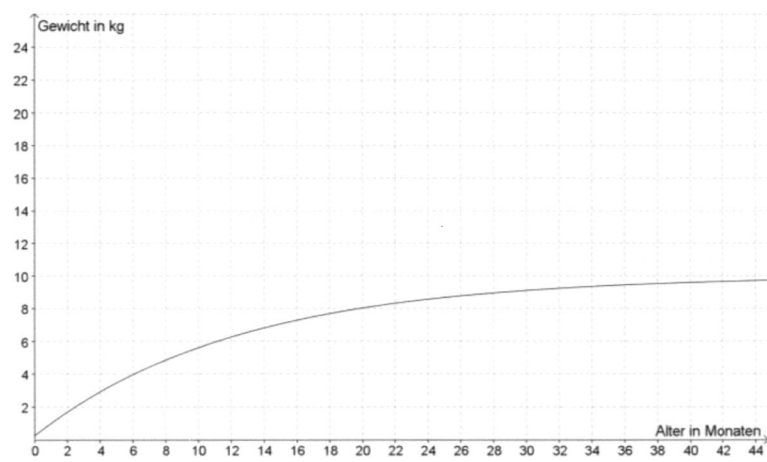

Seite 130, Aufgabe 7

1. Ein Hund wiegt bei seiner Geburt 500 g und wird ausgewachsen 20 kg wiegen. Er nimmt monatlich 10% des Gewichts zu, das ihm noch zu seinem Gewicht als ausgewachsener Hund fehlt.

2. In einem Wald mit einem Baumbestand von 20000 Bäumen sind 1000 Bäume erkrankt. Jährlich erkranken 10% der gesunden Bäume.

3. Eine Pflanze wird mit einer Höhe von 50 cm gepflanzt. Sie wird maximal 20 m hoch. Jährlich wächst sie um 10% der noch fehlenden Höhe.

Seite 130, Aufgabe 8

Es handelt sich um beschränktes Wachstum.

    a) Es gilt $B(0)=0$, $B(1)=300$, $S = 1000$ und $k = 0,3$; $B(t+1) = B(t) + 0,3 \cdot (1000 - B(t))$

    b) Es gilt $B(0)=100$, $B(1)=200$, $S = 600$ und $k = 0,2$; $B(t+1) = B(t) + 0,2 \cdot (600 - B(t))$

Seite 131, Aufgabe 9

a) Angenommen, dass sich alle Schüler begegnen gibt es $B(t) \cdot (S - B(t))$ Begegnungen von infizierten und nichtinfizierten Kindern. Damit erhöht sich die Anzahl der Infizierten um $0,001 \cdot B(t) \cdot (S - B(t))$.

b) $B(t+1) = 0,001 \cdot B(t) \cdot (S - B(t))$

t	$B(t)$	t	$B(t)$
0	1	7	120,202967
1	1,999	8	225,957181
2	3,994004	9	400,857715
3	7,97205593	10	641,028522
4	15,8805582	11	871,139478
5	31,5089242	12	983,394966
6	62,0250362		

Nach 12 Tagen sind 98% infiziert.

c)

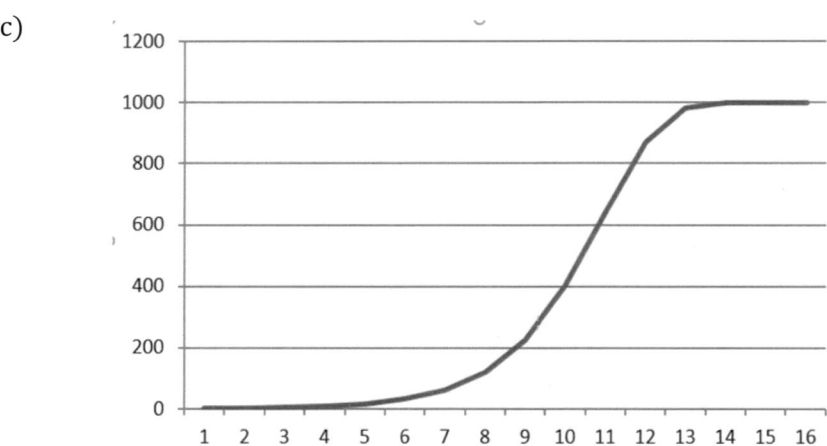

d) Kranke Schüler werden wahrscheinlich nicht in die Schule gehen und können Mitschüler damit nicht anstecken. Es kann Schüler geben, die bedingt durch frühere Grippeerkrankungen immunisiert sind.

Seite 131, Aufgabe 10

a) $f(x) = 3 \cdot 2^x$

c) $B(t+1) = B(t) + \frac{1}{950} \cdot B(t) \cdot (200 - B(t))$

b) $B(t+1) = B(t) + \frac{1}{40} \cdot (500 - B(t))$

Seite 131, Aufgabe 11

a) $5000 = 10 \cdot 2^x$ $x \approx 8,96 \,[h]$

b) $B(t+1) = B(t) + 0,0001667 \cdot B(t) \cdot (6000 - B(t))$ mit $B(0) = 10$.

Der Pilz nimmt nach gut 10 Stunden eine Fläche von 5000 mm² ein. Das logistische Wachstum verläuft langsamer als das exponentielle Wachstum. In diesem Falle braucht die Kultur ca. eine Stunde länger, um eine Fläche von 5000 mm² zu bedecken.

t	$B(t)$
0	10
1	19,99
2	39,91
3	79,56
4	158,08
5	312,02
6	607,88
7	1154,28
8	2086,68
9	3447,93
10	4914,78
11	5803,89
12	5993,63
13	5999,99
14	6000

Noch fit?

Seite 131, Aufgabe I

a) $C(-3|1,5)$, $D(-1|2,5)$, $E(2,5|4,25)$

b) $G(2|0)$, $H\left(-8\left|\frac{10}{3}\right.\right)$, $J\left(0\left|\frac{2}{3}\right.\right)$

c) $K(-3|-2)$, $L(3|2)$, $M\left(-4\left|-\frac{8}{3}\right.\right)$

Seite 131, Aufgabe II

a) $y = x + 1$

b) $y = -\frac{3}{4}x + \frac{3}{2}$

c) $y = \frac{4}{19}x - \frac{24}{19}$

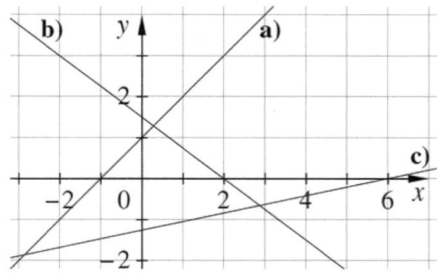

Anwenden

Seite 132, Aufgabe 12

a) 240 Jahre

b) Für die verbleibenden 28 cm benötigt der Stalaktit noch knapp 94 Jahre.

Seite 132, Aufgabe 13

Bei jeweils gleicher Zunahme der Geschwindigkeit um $30\,\frac{km}{h}$ müsste für exponentielles Wachstum jeweils der gleiche Wachstumsfaktor für die Zunahme des Benzinverbrauchs gelten. Das ist aber nicht der Fall.

Seite 132, Aufgabe 14

a) $B(t+1) = B(t) + k \cdot B(t) \cdot (200 - B(t))$ [cm]

b) $B(2) = 4$ $B(4) = 15,5$ $B(6) = 94,9$ $B(8) = 184,7$

$B(3) = 7,9$ $B(5) = 55$ $B(7) = 144,7$

c)

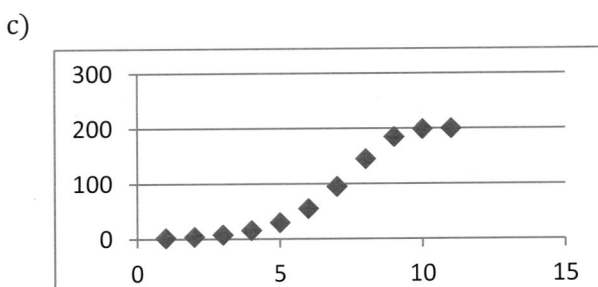

Seite 132, Aufgabe 15

a) 60 €; 190 €; 548 €

b)

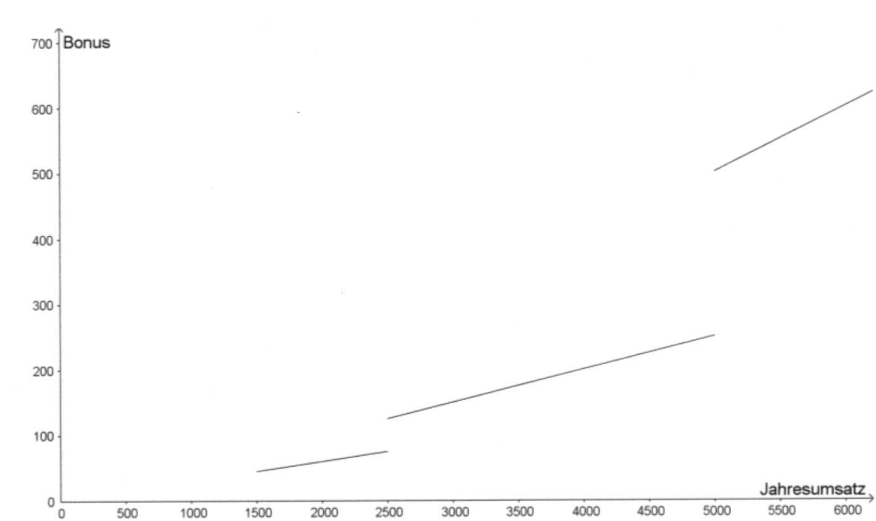

c)
$$f(x) = \begin{cases} 0{,}03x \text{ für } 1500 \leq x < 2500 \\ 0{,}05x \text{ für } 2500 \leq x < 5000 \\ 0{,}1x \text{ für } 5000 \leq x \end{cases}$$

Seite 132, Aufgabe 16

a) Bei einer angenommenen Dicke der Ölschicht von 1 mm bedeckt jeder Tropfen Öl eine Fläche von $20\ cm^2$. Die Fläche der Ölschicht wächst linear mit dem Wachstumssummanden $20\ cm^2$.

b) Die Wachstumsfunktion für den Radius ist eine Wurzelfunktion: Für den Flächeninhalt A des als kreisförmig angenommenen Ölflecks gilt nach dem n-ten Tropfen: $A(n) = (20\ cm^2) \cdot n = \pi \cdot r_n^2$

$$\Rightarrow r(n) = \sqrt{\frac{20\ cm^2}{\pi} \cdot n}$$

Seite 132, Aufgabe 17

$B(t+1) = B(t) + 0,4 \cdot (20 - B(t))$

$B(3) = 16,98°$ C. Der Wein muss ca. 3 Stunden im Wohnzimmer stehen.

Seite 133, Aufgabe 18

a) $B(t+1) = B(t) + \frac{3}{5} \cdot (20 - B(t))$

b) $B(2) = 32°C$, $B(3) = 24,8°C$

Seite 133, Aufgabe 19

a) Es handelt sich um logistisches Wachstum, da sich die Krankheit zunächst exponentiell ausbreitet und sich dann die Ausbreitungsgeschwindigkeit wegen der knapper werdenden Anzahl an Nichtinfizierten verlangsamt. $B(t+1) = B(t) + 0,0016694 \cdot B(t) \cdot (600 - B(t))$

b) $B(2) = 4$; $B(3) \approx 8$

t	0	1	2	3	4	5	6	7	8	9	10
$B(t)$	1	2,00	4,00	7,97	15,85	31,31	61,04	115,96	209,66	346,28	492,95

c) Nach 40 Tagen sind ca. 493, nach 44 Tagen 581 Bewohner erkrankt. Durch Interpolation ergeben sich 41 Tage.

d) Während der ersten 28 Tage breitet sich die Krankheit nahezu exponentiell, zwischen dem 28. und dem 40. Tag näherungsweise linear und danach beschränkt aus.

Seite 133, Aufgabe 20

a) Es handelt sich um logistisches Wachstum, da sich die Pferde zunächst exponentiell vermehren, sich die Wachstumsgeschwindigkeit dann wegen des knapper werdenden Lebensraumes verlangsamt und die Sättigung nicht überschreitet.

b) $B(t+1) = B((t) + \frac{1}{3200} \cdot B(t) \cdot (1000 - B(t))$ mit einem Zeitschritt t von 5 Jahren.

c) $B(2) = 309$, $B(3) = 375$

d) Nach 45 Jahren sind knapp mehr als 80% der Kapazität ausgelastet.

t	0	1	2	3	4	5	6	7	8	9
$B(t)$	200	250	308,59	375,27	448,53	525,83	603,75	678,51	746,68	805,79

Seite 133, Aufgabe 21

a) Personen, die das Gerücht nach n Tagen kennen: $3 \cdot 4^n$

   Es handelt sich um exponentielles Wachstum mit dem Wachstumsfaktor 4. Nach 5 Tagen kennen bereits 3072 Personen das Gerücht.

b) Das Modell setzt voraus, dass jede Person immer noch vier weitere Personen trifft, die das Gerücht noch nicht kennen. Das wird jedoch mit der Verbreitung des Gerüchts immer schwieriger.

Seite 134, Aufgabe 22

a)

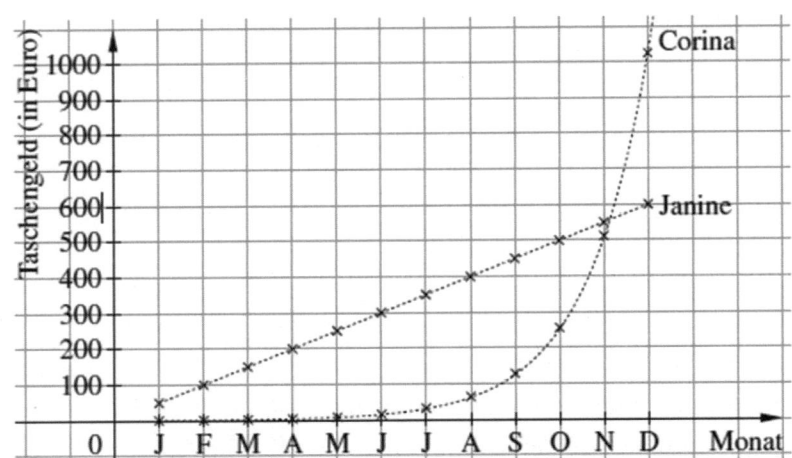

b) Corina hat am Ende des Jahres mehr als doppelt so viel Taschengeld wie Janine. Corinas Taschengeldguthaben verdoppelt sich von Monat zu Monat, wächst also exponentiell, das Kapital von Janine dagegen beständig linear.

c) Der Betrag, den Corina im Januar erhalten müsste, um am Ende des Jahres auf 600€ zu kommen, liegt bei ca. 30 Cent.

Seite 134, Aufgabe 23

a) $0{,}02 \cdot \dfrac{60000€}{12} = 100 €$

b) Sie tilgt im ersten Monat 300 €. Im zweiten Monat beträgt der zu zahlende Zins $0{,}02 \cdot \dfrac{59400€}{12} = 99 €$. Es werden also 301 € getilgt.

c) Es dauert 110 Monate bis der Kredit vollständig getilgt ist.

d) Nach sechs Sondertilgungen ist der Kredit bereits nach 77 Monaten getilgt.

e) Familie Schneider spart durch die Sondertilgungen 5690,57€ - 4087,92 = 1602,65 € an Zinsen.

Vernetzen

Seite 134, Aufgabe 24

a) Als Ergebnis entsteht immer eine Quadratzahl. Wachstumsgesetz: $s(n) = n^2$

b) Die farbig veranschaulichten Summanden ergeben zusammen   mit den bisherigen jeweils ein Quadrat.

c)

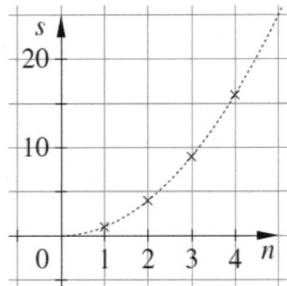

116

Seite 135, Aufgabe 25

a) $f_1(t) = b \cdot a^{-t}$

$f_2(t) = -b \cdot a^{-t}$

$f_3(t) = -b \cdot a^{-t} + c$

b) $f(t) = -1000 \cdot \left(\frac{10}{7}\right)^{-t} + 1000$

c) $f(5) \approx 832;\ f(10) \approx 972$

Seite 136, Aufgabe 26

a) Nach einem Monat ist es ein Paar, nach zwei Monaten sind es zwei Paare, nach drei Monaten drei Paare und nach vier Monaten fünf Paare.

b) Es sind alle Kaninchenpaare aus dem Vormonat da und zusätzlich die Nachkommen der schon fruchtbaren Kaninchenpaare aus dem Monat davor.

c) Am Ende des Jahres gibt es 233 Kaninchenpaare.

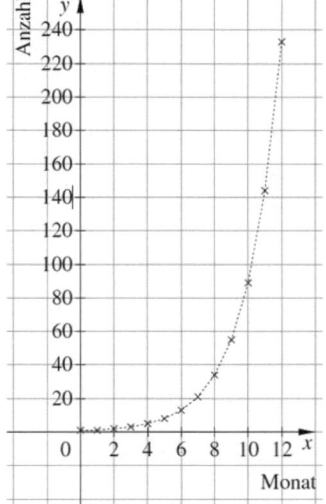

d) Exponentiellen Wachstum mit dem Faktor 2 bzw. 1,5:

1	2	4	8	16	32	64	128	256	512	1024	2048
1	1,5	2,25	3,38	5,06	7,59	11,39	17,09	25,63	38,44	57,67	86,50

Seite 136, Aufgabe 27

a)

x	0,1	0,5	1	2	3	4	5	6	7	8	9	10
$f(x)$	1,87	1,41	1	$\frac{1}{2}$	$\frac{1}{4}$	$\frac{1}{8}$	$\frac{1}{16}$	$\frac{1}{32}$	$\frac{1}{64}$	$\frac{1}{128}$	$\frac{1}{256}$	$\frac{1}{512}$
$h(x)$	10	2	1	$\frac{1}{2}$	$\frac{1}{3}$	$\frac{1}{4}$	$\frac{1}{5}$	$\frac{1}{6}$	$\frac{1}{7}$	$\frac{1}{8}$	$\frac{1}{9}$	$\frac{1}{10}$

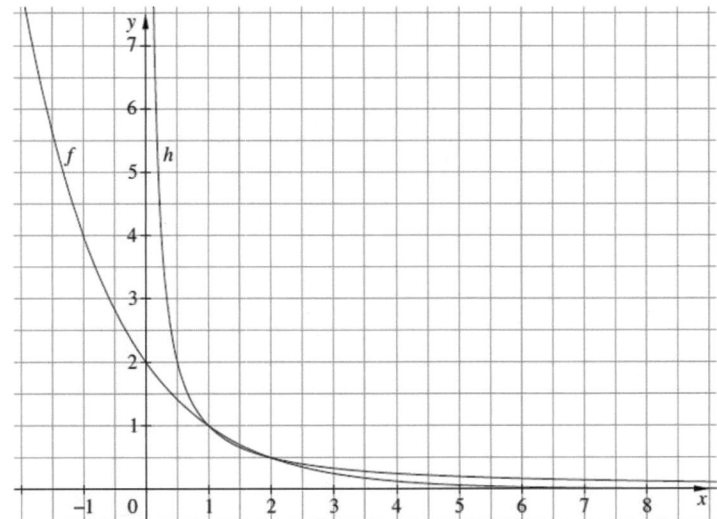

b) Der Wertetabelle kann man entnehmen, dass sich die Graphen beider Funktionen in den gemeinsamen Punkten (1|1) und (2|0,5) schneiden.

c) $d = -\dfrac{1}{x(x+1)}$ $\qquad r = \dfrac{x}{x+1}$

Die Funktion h ist zum Beschreiben eines Zerfallsprozesses nicht geeignet, weil die Abnahme der Funktionswerte von der betrachteten Stelle x abhängt.

d) Flächeninhalt des ersten roten Rechtecks: $1 \cdot h(2) = \dfrac{1}{2}$

x_1	1	2	4	8	Allgemein
x_2	2	4	8	16	$x_2 = 2 \cdot x_1$
$f(x_2)$	$\dfrac{1}{2}$	$\dfrac{1}{4}$	$\dfrac{1}{8}$	$\dfrac{1}{16}$	$f(x_2) = \dfrac{1}{x_2}$
A	$\dfrac{1}{2}$	$\dfrac{1}{2}$	$\dfrac{1}{2}$	$\dfrac{1}{2}$	$A = (x_2 - x_1) \cdot f(x_2) = \left(x_2 - \dfrac{1}{2}x_2\right) \cdot \cdot \dfrac{1}{x_2} = \dfrac{1}{2}$

e) Die nach dieser Vorschrift gebildeten Rechtecke werden zwar immer flacher, aber dafür breiter, sodass sie den Flächeninhalt $\dfrac{1}{2}$ beibehalten. Man bräuchte unendlich viel Farbe.

5. Trigonometrie

Projekt: Das Griffbrett der Gitarre

Seite 140, Aufgabe 1
Individuelle Lösungen

Seite 140, Aufgabe 2
Individuelle Lösungen

5.1 Berechnungen in Dreiecken

Aufträge

Seite 141, Der Unimog – ein Kletterkünstler

Es gilt: $\sin(\alpha) = \frac{h}{s}$, $\cos(\alpha) = \frac{l}{s}$, $\tan(\alpha) = \frac{h}{l}$

Mit dem Taschenrechner lassen sich bei bekanntem Längenverhältnis mit den Tasten [sin − 1], [cos − 1] und [tan − 1] die zugehörigen Winkel berechnen. Mit den Tasten [sin], [cos] und [tan] können bei bekanntem Steigungswinkel die zugehörigen Längenverhältnisse berechnet werden.

	s (in m)	l (in m)	h (in m)	$\frac{h}{s}$	$\frac{l}{s}$	$\frac{h}{l}$	a
a)	43,86	40	18	0,41	0,91	0,45	24,23
b)	15	10	11,23	0,75	0,67	1,12	48,19
c)	35	28,72	20	0,57	0,82	0,7	34,85
d)	18	13	12,45	0,69	0,72	0,96	43,76
e)	32	25	20	0,62	0,78	0,8	38,66
f)	14	9,8	10	0,71	0,7	1,02	45,58

Seite 141, Rechtwinklige Dreiecke

Individuelle Lösungen.

Es fällt auf, dass die Längenverhältnisse der Dreiecksseiten nur vom Winkel α abhängig sind.

Für die Winkel $\alpha' = 90° - \alpha$ fällt auf, dass die Längenverhältnisse $\frac{a}{c}$ und $\frac{b}{c}$ vertauscht sind.

Trainieren

Seite 143, Aufgabe 1

Dreieck	ABC		ABD		BCD	
Winkel	α	γ	α	β_1	β_2	γ
Gegenkathete	a	c	h_b	$\lvert\overline{AD}\rvert$	$\lvert\overline{DC}\rvert$	h_b
Ankathete	c	a	$\lvert\overline{AD}\rvert$	h_b	h_b	$\lvert\overline{DC}\rvert$
Hypotenuse	b	b	c	c	a	a
Sinus	$\frac{a}{b}$	$\frac{c}{b}$	$\frac{h_b}{c}$	$\frac{\lvert\overline{AD}\rvert}{c}$	$\frac{\lvert\overline{DC}\rvert}{a}$	$\frac{h_b}{a}$
Kosinus	$\frac{c}{b}$	$\frac{a}{b}$	$\frac{\lvert\overline{AD}\rvert}{c}$	$\frac{h_b}{c}$	$\frac{h_b}{a}$	$\frac{\lvert\overline{DC}\rvert}{a}$
Tangens	$\frac{a}{c}$	$\frac{c}{a}$	$\frac{h_b}{\lvert\overline{AD}\rvert}$	$\frac{\lvert\overline{AD}\rvert}{h_b}$	$\frac{\lvert\overline{DC}\rvert}{h_b}$	$\frac{h_b}{\lvert\overline{DC}\rvert}$

Seite 144, Aufgabe 2

a) $\sin(\beta) = |\overline{AB}| : |\overline{AC}|$
 $\cos(\beta) = |\overline{BC}| : |\overline{AC}|$
 $\tan(\beta) = |\overline{AB}| : |\overline{BC}|$

b) $\sin(\gamma) = |\overline{BE}| : |\overline{BC}|$
 $\cos(\gamma) = |\overline{CE}| : |\overline{BC}|$
 $\tan(\gamma) = |\overline{BE}| : |\overline{CE}|$

c) $\sin(\alpha) = |\overline{BE}| : |\overline{BM}|$
 $\cos(\alpha) = |\overline{EM}| : |\overline{BM}|$
 $\tan(\alpha) = |\overline{BE}| : |\overline{EM}|$

d) $\sin(\alpha) = |\overline{CD}| : |\overline{AC}|$
 $\cos(\alpha) = |\overline{AD}| : |\overline{AC}|$
 $\tan(\alpha) = |\overline{CD}| : |\overline{AD}|$

e) $\sin(\gamma) = |\overline{BE}| : |\overline{BC}|$
 $\cos(\gamma) = |\overline{CE}| : |\overline{BC}|$
 $\tan(\gamma) = |\overline{BE}| : |CE|$

f) $\sin(\beta) = |\overline{AC}| : |\overline{AB}|$
 $\cos(\beta) = |\overline{BC}| : |\overline{AB}|$
 $\tan(\beta) = |\overline{AC}| : |\overline{BC}|$

a)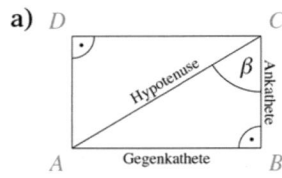

d)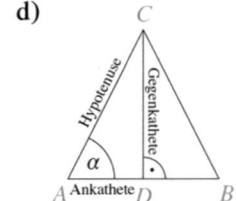

b)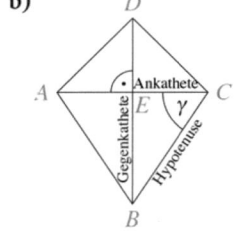

e)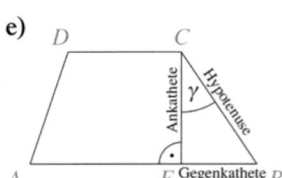

c)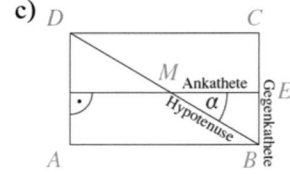

f)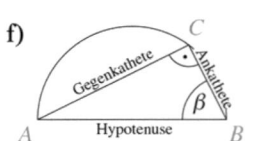

Seite 144, Aufgabe 3

$$\sin(\alpha) = \frac{\text{Gegenkathete}}{\text{Hypotenuse}} = \frac{4}{5}$$

Seite 144, Aufgabe 4

	a	$\sin(\alpha)$	$\cos(\alpha)$	$\tan(\alpha)$
a)	21°	0,3584	0,9336	0,3839
b)	0,001°	0,0000	1,0000	0,0000
e)	73,88°	0,9607	0,2777	3,4600
g)	44,2°	0,6972	0,7169	0,9725
k)	89,9°	1,0000	0,0017	572,9572
l)	66,6°	0,9178	0,3971	2,3109

Seite 144, Aufgabe 5

a) 34,06°   d) 89,19°   g) 13,30°   (Näherungswerte für a)

b) 61,97°   e) 75,07°   h) 8,11°

c) 50,95°   f) 51,26°   i) 89,94°

Seite 144, Aufgabe 6

Das kann nicht sein, da die Hypotenuse immer die längste Seite im rechtwinkligen Dreieck ist. Deshalb kann der Quotient $\frac{\text{Gegenkathete}}{\text{Hypotenuse}}$ nicht größer als 1 sein.

Seite 144, Aufgabe 7

a) $\tan(\alpha) = \frac{3\,cm}{4\,cm} \Rightarrow a \approx 36{,}87°$

b) $\sin(25°) = \frac{c}{5{,}2\,cm} \Rightarrow c \approx 2{,}2$ cm

c) $\cos(15°) = \frac{b}{7{,}3\,cm} \Rightarrow b \approx 7{,}05\,cm$

d) $\sin(\alpha) = 3{,}4\,cm/5{,}7\,cm \Rightarrow \alpha \approx 36{,}62°$

e) $\tan(\alpha) = \frac{4{,}7\,cm}{x} \Rightarrow x \approx 1{,}44$ cm

f) $b^2 = (3{,}8\,cm)^2 - (1{,}2\,cm)^2 \Rightarrow b \approx 3{,}61$ cm

Seite 145, Aufgabe 8

Lösungen für ein Dreieck mit Bezeichnungen wie in der rechts abgebildeten Skizze:

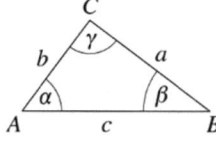

a)	a = 3cm	a ≈ 36,87°	b ≈ 53,13°
b)	c ≈ 22,36mm	a ≈ 63,43°	b ≈ 26,57°
c)	b ≈ 8,00cm	c ≈ 10,76cm	b = 48°
d)	a ≈ 0,91m	b ≈ 1,78m	a = 27°
e)	b ≈ 64,46mm	c ≈ 105,88mm	a = 52,5°
f)	a ≈ 12,25cm	c ≈ 15,14cm	b = 36°
g)	a ≈ 17,32km	a = 60°	b = 30°
h)	b ≈ 4,58μm	a ≈ 23,58°	b ≈ 66,42°

Seite 145, Aufgabe 9

	a = b	c	h	a = b	g
a)	5,5 cm	10,34 cm	1,88 cm	20°	50°
b)	7,2 dm	11,03 dm	4,63 dm	40°	100°
c)	29,64 mm	34 mm	24,28 mm	55°	70°
d)	6,3 cm	4,6 cm	5,87 cm	68,59°	42,82°
e)	1,88 dm	3,4 dm	0,79 dm	25°	130°
f)	5,48 dm	7,04 dm	4,2 dm	50°	80°
g)	2,86 dm	3,4 dm	2,3 dm	53,53°	72,94°

Seite 145, Aufgabe 10

a) $U = 2 \cdot (\cos(70°) \cdot 10 + \sin(70°) \cdot 10) = 25{,}63\ldots$
   Der Umfang des Rechtecks beträgt ca. 25,6 cm.

b) $\sin(23°) = \frac{Höhe}{3{,}2}\,cm \Rightarrow Höhe = 3{,}2\,cm \cdot \sin(23°) \approx 1{,}25$ cm
   Die Höhe auf die Hypothenuse beträgt ca. 1,25 cm.

c) $d_{lang} = 2 \cdot 5 \cdot \cos(25°) = 9{,}06\ldots$, $d_{kurz} = 2 \cdot 5 \cdot \sin(25°) = 4{,}22\ldots$
   Die Diagonalen der Raute sind ca. 9,1 cm bzw. 4,2 cm lang.

d) $\sin(180° - 110°) = \frac{h}{7} \Rightarrow h = 6{,}57\ldots$
   Das Parallelogramm hat eine Höhe von ca. 6,6 cm.

e) $l = 2 \cdot 3 \cdot \sin\left(\frac{40°}{2}\right) = 2{,}052\ldots$
   Die Kreissehne ist ca. 2,1 m lang.

f) $|\overline{AB}| = \frac{300\,m}{\tan 40°} - \frac{300\,m}{\tan 50°} = 105{,}79\ldots$ m
   Punkt A ist von Punkt B ca. 105,8 m entfernt.

Seite 145, Aufgabe 11

a) $\sin(\beta) = \frac{b}{a} \Rightarrow b = 2\,cm$

b) $\cos(\gamma) = \frac{b}{a} \Rightarrow g \approx 44{,}4°$

c) $c = a \cdot \sin(\gamma) \approx 3{,}998\,cm$

d) $\cos(\gamma) = \frac{b}{a} \Rightarrow b \approx 5{,}16\,cm$

e) $c = \frac{b}{\tan(\beta)} \approx 3{,}996\,cm$

f) $a^2 = b^2 + c^2 \Rightarrow b \approx 7{,}14\,cm$

g) $\tan(\gamma) = \frac{c}{b} \Rightarrow \gamma \approx 36{,}9°$

h) $\cos(\beta) = \frac{c}{a} \Rightarrow \beta \approx 45{,}1°$

Seite 146, Aufgabe 12

a) $a = \frac{b}{\tan(\beta)} = 2\sqrt{3}$; $c = \frac{b}{\sin(\beta)} = \frac{a}{\cos(\beta)} = 4$; drei Möglichkeiten, nämlich über sin, cos oder tan

b) z. B. erst α über die Winkelsumme im Dreieck, dann a und c in beliebiger Reihenfolge

Seite 146, Aufgabe 13

a) In einem rechtwinkligen Dreieck mit $\gamma = 90°$ gilt: wenn $\alpha = 30°$, dann $\beta = 60°$,

also $\cos(\alpha) = \frac{b}{c} = \sin(\beta)$, also $\cos(30°) = \sin(60°)$.

b) Analog gilt: $\sin(\alpha) = \frac{a}{c} = \cos(\beta)$, also $\sin(30°) = \cos(60°)$.

c) In einem rechtwinklig-gleichschenkligen Dreieck mit $\alpha = 90°$ gilt $\alpha = \beta = 45°$. Nach Teilaufgabe a) und b) gilt also $\sin(45°) = \cos(45°)$.

d) $\tan(45°) = \frac{a}{b} = \frac{b}{a} = 1$, falls $a = b$ (siehe Teilaufgabe c)).

Noch fit?

Seite 146, Aufgabe I

a) $2x(5 - x) - 4x(x - 5) = 10x - 2x^2 - 4x^2 + 20x = 30x - 6x^2$

b) $(x - 3)(x + 7) = x^2 + 4x - 21$

c) $(x + 2y)(x - y) = x^2 + xy - 2y^2$

d) $(x - 2)(x + 4) - (x - 3)(x + 5) = x^2 + 2x - 8 - (x^2 + 2x - 15) = 7$

e) $(x - 3y + z)(x + 2x - z) - x(2y - x + z) = 2x^2 - 3y^2 - z^2 - 5xy + xz + 4yz - 2xy + x^2 - xz = 3x^2 - 3y^2 - z^2 - 7xy + 4yz$

f) $(a^4 + a^3 + a^2 + a + 1)(a - 1) = a^5 - 1$

Seite 146, Aufgabe II

a) $(x - 1)^2 = x^2 - 2x + 1$

b) $(2a - 9b)(2a + 9b) = 4a^2 - 81b^2$

c) $(2x + y)^2 = 4x^2 + 4xy + y^2$

d) $(3x - 2a)(2a + 3x) = 9x^2 - 4a^2$

e) $(a - 2b)(a + 2b) - (a + b)^2 = a^2 - 4b^2 - (a^2 + 2ab + b^2) = -5b^2 - 2ab$

f) $(7x - 7y)(8x - 8y) = 7 \cdot 8 \cdot (x - y)^2 = 56(x^2 - 2xy + y^2) = 56x^2 - 112xy + 56y^2$

Seite 146, Aufgabe III

a) $27a^2b - 18a^2b^2 - 45ab^2 = 9ab(3a - 2ab - 5b)$

b) $15x - 30xy + 15x^2 = 15x(1 - 2y + x)$

c) $9a^2 - b^2 = (3a - b)(3a + b)$

d) $3a(x + y) + 4(x + y) = (3a + 4)(x + y)$

e) $x^3 + x^2 = x^2(x + 1)$

f) $4x^2 + 12xy + 9y^2 = (2x + 3y)^2$

g) $x^2 - 9x + 20 = (x - 4)(x - 5)$

h) $a^3 - 6a^2b + 9ab^2 = a(a^2 - 6ab + 9b^2) = a(a - 3b)^2$

Seite 146, Aufgabe IV

a) $\frac{a(a-1)}{(a-1)} = a$ (f)

b) $a^2 - 1 = (a + 1)(a - 1)$ (e)

c) $(a - 1)(a - 1) = a^2 - 2a + 1$ (h)

d) $a^2 - a = a(a - 1)$ (g)

Anwenden

Seite 146, Aufgabe 14

Lösung für Dreiecke, in denen α und a, β und b sowie γ und c einander gegenüberliegen (übliche Bezeichnung).

a) Es gibt ein solches Dreieck, denn es gilt $a^2 + b^2 = 16\,\text{cm}^2 + 9\,\text{cm}^2 = 25\,\text{cm}^2 = c^2$ und damit ist das Dreieck nach der Umkehrung des Satzes des Pythagoras rechtwinklig mit g=90°.

b) Es gibt ein solches Dreieck mit γ=90°. In diesem Dreieck gilt: Das Dreieck ist gleichschenklig mit den Schenkeln a und b und besitzt deshalb gleich große Basiswinkel α und β. Damit ergibt sich:
$$\gamma = 180° - \alpha - \beta = 180° - 2 \cdot 45° = 90°$$

c) Es gibt kein derartiges rechtwinkliges Dreieck. Mögliche Begründung: Zu γ=40° ist die Gegenkathete c=10 cm gegeben. a ist dann die Ankathete, da die Hypotenuse länger als die Gegenkathete sein muss. Es müsste also gelten:
$$\tan(\gamma) = \frac{c}{a} = \frac{10\,\text{cm}}{7{,}5\,\text{cm}} = 1{,}\overline{3}$$
Es gilt aber $\tan(\gamma) \approx 0{,}839$.

d) Es gibt kein derartiges rechtwinkliges Dreieck, weil der Satz des Pythagoras nicht erfüllt ist: $36\,\text{cm}^2 + 25\,\text{cm}^2 = 61\,\text{cm}^2 \neq 64\,\text{cm}^2$.

e) Es gibt ein solches Dreieck mit β=90°. In diesem Dreieck gilt:
$$\sin(\alpha) = \frac{a}{b} = \frac{8\,\text{cm}}{16\,\text{cm}} = 0{,}5 \ \Rightarrow\ \alpha = 30°$$

f) Wenn es ein solches Dreieck gibt, dann muss gelten: $\alpha = 90°$, denn a > c. Wegen $\cos(\beta) = \frac{c}{a}$ und $\cos(55°) \neq \frac{4\,\text{cm}}{7\,\text{cm}}$ gibt es ein solches Dreieck nicht.

Seite 147, Aufgabe 15

Für die Baumhöhe h (in m) gilt: $\tan(42°) = \frac{h}{8{,}2\,\text{m}} \ \Rightarrow\ h = 7{,}38\,\ldots$

Der Baum hat eine Höhe von ca. 7,4 m.

Seite 147, Aufgabe 16

$\sin(15°) = \frac{c}{3\,\text{m}} \ \Rightarrow\ c \approx 0{,}78\,\text{m}$

Die Leiter muss am Boden etwa 78 cm Abstand von der Wand haben.

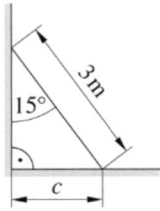

Seite 147, Aufgabe 17

Winkel, unter dem die Sonnenstrahlen einfallen: α

$\tan(\alpha) = \frac{5\,\text{m}}{6,88\,\text{m}} = 0,72674\ldots$

Die Sonnenstrahlen fallen unter einem Winkel von ca. 36° ein.

Seite 147, Aufgabe 18

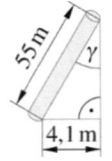

$\sin(\gamma) = \frac{4,1\,\text{m}}{55\,\text{m}} = 0,07\overline{45} \Rightarrow \gamma \approx 4,28°$

Der Neigungswinkel des Turms ist genauso weit wie Winkel γ und beträgt ca. 4,3°.

Seite 147, Aufgabe 19

Für den Schnittwinkel γ der Diagonalen gilt jeweils: $\tan\left(\frac{\gamma}{2}\right) = \frac{b}{l}$.

a) $\gamma \approx 73,7°$ b) $\gamma \approx 61,9°$ c) $\gamma \approx 42,1°$ d) $\gamma \approx 53,1°$

Seite 147, Aufgabe 20

Für den Schnittwinkel γ der Diagonalen gilt: $\tan\left(\frac{\gamma}{2}\right) = \frac{b}{l}$.

a) $b = 15\,\text{cm}$: $l = \frac{15\,\text{cm}}{\tan(12,5°)} \approx 67,7\,\text{cm}$

b) $l = 15\,\text{cm}$: $b = 15\,\text{cm} \cdot \tan(12,5°) \approx 3,3\,\text{cm}$

Seite 147, Aufgabe 21

Für den Schnittwinkel α gilt: $\tan(\alpha) = \frac{c}{\sqrt{a^2+b^2}}$.

a) $a \approx 58,0°$ b) $a \approx 18,5°$ c) $a \approx 25,1°$

Seite 147, Aufgabe 22

$\tan(\alpha) = \frac{120}{500} = 0,24$, also $\alpha \approx 13,5°$

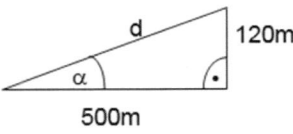

$d = \frac{120}{\sin(13,5°)}\,\text{m} \approx 514,2\,\text{m}$

Seite 148, Aufgabe 23

Für die Entfernung c des Schiffs vom Leuchtturm gilt: $\tan(\varphi) = \frac{90\,\text{m}}{c}$.

Das Schiff ist ca. 169 m vom Fuß des Leuchtturms entfernt.

Seite 148, Aufgabe 24

$|FU_1| = 132\,\text{m} \cdot \tan(28°) \approx 70,19\,\text{m}$

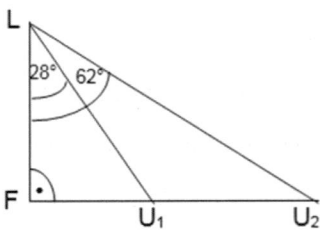

$|FU_2| = 132\,\text{m} \cdot \tan(62°) \approx 248,26\,\text{m}$

$|U_1U_2| = 132\,\text{m} \cdot (\tan(62°) - \tan(28°)) \approx 178,07\,\text{m}$

Seite 148, Aufgabe 25

Für die Augenhöhe h_A des Spaziergängers gilt:

$h_{\text{Hochhaus}} = h_A + |\overline{CD}|$

Im rechtwinkligen Dreieck ACD gilt:

$\tan(35°) = |\overline{CD}| : |\overline{AC}|$

$\qquad = |\overline{CD}| : (50\,\text{m} + |\overline{BC}|)$ $\qquad$ (I)

Im rechtwinkligen Dreieck BCD gilt:

$\tan(50°) = |\overline{CD}| : |\overline{BC}| \;\Rightarrow\; |\overline{BC}| = \dfrac{|\overline{CD}|}{\tan 50°}$ $\qquad$ (II)

Aus (I) und (II) folgt:

$\tan(35°) = |\overline{CD}| : \left(50\,\text{m} + \dfrac{|\overline{CD}|}{\tan 50°}\right) \;\Rightarrow\; |\overline{CD}| = \dfrac{50\,\text{m}}{\frac{1}{\tan 35°} - \frac{1}{\tan 50°}} \approx 84{,}9\,\text{m}$

Nimmt man an, dass sich die Augen des Spaziergängers in einer Höhe von $h_A = 1{,}60$ m befinden, so hat das Hochhaus eine Höhe von ca. $86{,}5$ m.

Seite 148, Aufgabe 26

a) Steigung: $m = \dfrac{7{,}5\,\text{m}}{250\,\text{m}} = 0{,}03$. Die Steigung der Leitung beträgt 3%.

b) $\tan(\alpha) = 0{,}03 \;\Rightarrow\; \alpha = 1{,}718\ldots°$. Der Steigungswinkel beträgt ca. $1{,}7°$.

Seite 148, Aufgabe 27

Steigung $m = \dfrac{\text{Unterschied der y-Werte}}{\text{Unterschied der x-Werte}} = \tan(\alpha)$

$\tan(\alpha) \cdot 100 = $ Wert der Steigung in %, d. h. man verschiebt zur Umwandlung das Komma um zwei Stellen nach rechts.

Seite 148, Aufgabe 28

In der Randspalte des Schülerbuchs auf Seite 154 ist das zugehörige rechtwinklige Dreieck abgebildet. Der Steigungswinkel α ist dabei der Winkel, der von der horizontalen und der schrägen Linie eingeschlossen wird.

a) $\tan(\alpha) = \dfrac{18}{100} \;\Rightarrow\; a \approx 10°$

b) $\tan(\alpha) = \dfrac{55}{100} \;\Rightarrow\; a \approx 29°$

c) $\tan(22°) \approx 0{,}404,\ \tan(29°) \approx 0{,}554$

Die Steigung liegt ungefähr zwischen 40 % und 55 %.

d) $\tan(\alpha) = \dfrac{80}{100} \;\Rightarrow\; a \approx 39°$

e) Ja, denn 100% Steigung bedeutet: $\tan(\alpha) = \dfrac{100}{100} = 1 \;\Rightarrow\; a = 45°$

Steigungen, die größer als 100 % sind, entsprechen Steigungswinkeln mit einer größeren Weite als 45°. Beispiel: 200 % Steigung bedeutet: $\tan(\alpha) = \dfrac{200}{100} = 2 \;\Rightarrow\; a \approx 63°$

Seite 148, Aufgabe 29

a) $\tan(\alpha) = 0{,}08 \Rightarrow \alpha = 4{,}57\ldots°$

  Die Straße steigt unter einem Winkel von ca. 4,6° an.

b) $\sin(\alpha) = \dfrac{100\text{ m}}{\text{Straßenlänge}}$.

  Die Straße ist ca. 1,25 km lang.

c) $\sin(\alpha) = \dfrac{\text{Höhenunterschied}}{1200\text{ m}}$.

  Die Straße überwindet einen Höhenunterschied von ca. 96 m.

Seite 149, Aufgabe 30

a) $\tan(90° - a) = \tan(82°) = \dfrac{\text{Flugweite}}{125\text{ m}}$. Der Gleitschirmflieger fliegt ca. 889m weit.

b) $\tan(82°) = \dfrac{1200\text{ m}}{h}$. Der Gleitschirmflieger startet aus einer Höhe von ca. 169m.

c) $\sin(\alpha) = \dfrac{h}{\text{Flugweite}}$

  Flugweite zu a): ca. 898 m

  Flugweite zu b): ca. 1212 m

d) Festlegung des Koordinatensystems: z. B. Ursprung dort, wo der rechte Winkel eingezeichnet ist;
  Flugbahn zu a) entlang $y = \tan(-8°) \cdot x + 125 \approx -0{,}14\,x + 125$
  Flugbahn zu b) entlang $y = \tan(-8°)(x - 1200) + 0 \approx -0{,}14\,x + 168{,}65$

Seite 149, Aufgabe 31

a) $y = \tan(30°) \cdot x + 8$

b) $y = \tan(30°) \cdot x + 4 \cdot \tan(30°)$

c) $y = \tan(30°) \cdot x + (6 - 5 \cdot \tan(30°))$

Seite 149, Aufgabe 32

a) In einem gleichschenkligen Dreieck gilt $a = b$, daher sind die Werte für Sinus und Cosinus gleich

b) In einem gleichseitigen Dreieck gilt $a = b = c$, somit sind die Werte für alle Seiten gleich.

Vernetzen

Seite 149, Aufgabe 33

a) $\dfrac{\sin(\alpha)}{\cos(\alpha)} = \dfrac{\text{Gegenkathete}}{\text{Hypotenuse}} : \dfrac{\text{Ankathete}}{\text{Hypotenuse}} = \dfrac{\text{Gegenkathete}}{\text{Hypotenuse}} \cdot \dfrac{\text{Hypotenuse}}{\text{Ankathete}} = \dfrac{\text{Gegenkathete}}{\text{Ankathete}} = \tan(\alpha)$

b) $\sin(\alpha) = \cos(\beta) = \cos(90° - \alpha)$

Seite 149, Aufgabe 34

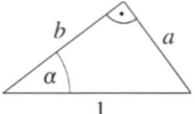

Die Katheten a und b haben die gleiche Längeneinheit, die der Länge der Hypotenuse entspricht. Nach dem Satz des Pythagoras gilt dann $a^2 + b^2 = 1$.

Für Winkel α gilt $\sin(\alpha) = \dfrac{a}{1} = a$ und $\cos(\alpha) = \dfrac{b}{1} = b$. Also gilt $\left(\sin(\alpha)\right)^2 + \left(\cos(\alpha)\right)^2 = 1$.

Seite 149, Aufgabe 35

a) $A = \frac{1}{2} \cdot h \cdot a = \frac{1}{2} \cdot \frac{1}{2} \sqrt{3}\, a \cdot a = \frac{1}{4} \sqrt{3}\, a^2$

b) Für den Flächeninhalt des Dreiecks ABC gilt $A = \frac{1}{2}\, a \cdot h_a$.

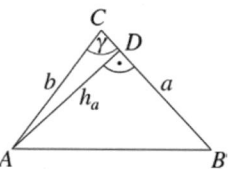

Weiterhin gilt im Dreieck ADC: $\sin(\gamma) = \frac{h_a}{b} \Rightarrow h_a = b \cdot \sin(\gamma)$

Also gilt $A = \frac{1}{2}\, ab \cdot \sin(\gamma)$.

Seite 150, Aufgabe 36

a) Nach dem Satz des Pythagoras gilt $a^2 + a^2 = b^2$ bzw. $b = a \cdot \sqrt{2}$.

Deshalb gilt $\sin(\alpha) = \cos(\alpha) = \frac{a}{a \cdot \sqrt{2}} = a \cdot \frac{1}{2} \sqrt{2}$ und $\tan(\alpha) = 1$ für $\alpha = 45°$

b) Nach dem Satz des Pythagoras gilt $a^2 = b^2 - 14\,b^2 = 34\,b^2$ und somit $a = \frac{b}{2} \sqrt{3}$.

Deshalb gilt $\sin(\alpha) = \cos(\gamma) = \frac{b}{2} \sqrt{3} : b = \frac{1}{2} \sqrt{3}$ und $\sin(\gamma) = \cos(\alpha) = \frac{b}{2} : b = \frac{1}{2}$.

c) $\tan(\gamma) = \frac{b}{2} : \frac{b}{2} \sqrt{3} = \frac{1}{3} \sqrt{3}$ und $\tan(\alpha) = \frac{b}{2} \sqrt{3} : \frac{b}{2} = \sqrt{3}$.

d) Das rechte Dreieck ist ein halbes gleichseitiges Dreieck, deshalb gilt (mit b)): $\cos(\beta) = \cos(\alpha)$.

e) Die Winkel α und γ im linken Dreieck sind gleich groß (gleichschenkliges Dreieck) und aus der Winkelsumme ergibt sich $\alpha = \gamma = \frac{180° - 90°}{2} = 45°$.

Aus d) weiß man, dass α der Innenwinkel eines gleichseitigen Dreiecks ist, also $\alpha = \frac{180°}{3} = 60°$ und γ ist dann $30°$ (entweder halber Innenwinkel des gleichseitigen Dreiecks oder $180° - 90° - 60°$). Daraus folgt, dass bei den Teilaufgaben a) bis d) die exakten Sinus-, Kosinus- und Tangenswerte für $45°$, $60°$ und $30°$ bestimmt wurden. Diese kann man in der Tabelle zusammenfassen:

	$\alpha = 45°$	$\alpha = 60°$	$\alpha = 30°$
$\sin(\alpha)$	$\frac{\sqrt{2}}{2}$	$\frac{\sqrt{3}}{2}$	$\frac{1}{2}$
$\cos(\alpha)$	$\frac{\sqrt{2}}{2}$	$\frac{1}{2}$	$\frac{\sqrt{3}}{2}$
$\tan(\alpha)$	1	$\sqrt{3}$	$\frac{\sqrt{3}}{3}$

Seite 150, Aufgabe 37

Das Parallelogramm kann durch die dem gegebenen Winkel gegenüberliegende Diagonale in zwei Teildreiecke zerlegt werden, von denen jedes zwei Seiten mit den Längen a und b besitzt, die den gegebenen Winkel einschließen. Deshalb gilt für den Flächeninhalt A (vgl. Aufgabe 34 b)):

a) $A = 2 \cdot \frac{1}{2} \cdot ab \sin(\alpha) = 5\,\text{cm} \cdot 8\,\text{cm} \cdot \sin(50°) \approx 30{,}64\,\text{cm}^2$

b) $A = 2 \cdot \frac{1}{2} \cdot ab \sin(\beta) = 6{,}2\,\text{cm} \cdot 3{,}6\,\text{cm} \cdot \sin(24°) \approx 9{,}08\,\text{cm}^2$

Volumen des Prismas = Grundfläche $\cdot$ Höhe $= 9{,}08\,\text{cm}^2 \cdot 12\,\text{cm} \approx 108{,}94\,\text{cm}^3$

c) Flächeninhalt einen Parallelogramms mit den Seiten a und b und dem von ihnen eingeschlossenen Winkel α: $A = ab \cdot \sin(\alpha)$

Seite 150, Aufgabe 38

$h_c = b \cdot \sin(\alpha) \qquad h_c = a \cdot \sin(\beta)$

$b \cdot \sin(\alpha) = a \cdot \sin(\beta)$

$\dfrac{a}{b} = \dfrac{\sin(\alpha)}{\sin(\beta)}$

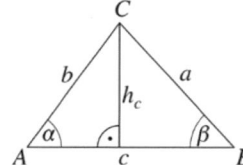

Seite 150, Aufgabe 39

a) $\frac{a}{c} = \frac{\sin(\alpha)}{\sin(\gamma)} \Rightarrow c \approx 5,54\,\text{cm}$

$\beta = 180° - \alpha - \gamma = 85°$

$\frac{a}{b} = \frac{\sin(\alpha)}{\sin(\beta)} \Rightarrow b \approx 7,80\,\text{cm}$

b) $\frac{a}{b} = \frac{\sin(\alpha)}{\sin(\beta)} = \frac{\sin(36,2°)}{\sin(64,1°)} \Rightarrow b \approx 7,31\,\text{cm}$

$\gamma = 180° - \alpha - \beta = 79,7°$

$\frac{a}{c} = \frac{\sin(\alpha)}{\sin(\gamma)} \Rightarrow c \approx 8,00\,\text{cm}$

c) $\frac{b}{c} = \frac{\sin(\beta)}{\sin(\gamma)} \Rightarrow c \approx 9,76\,\text{cm}$

$\alpha = 180° - \beta - \gamma = 65°$

$\frac{a}{b} = \frac{\sin(\alpha)}{\sin(\beta)} \Rightarrow \alpha \approx 9,30\,\text{cm}$

Seite 150, Aufgabe 40

Nach dem Satz des Pythagoras gilt im rechten Teildreieck:

$a^2 = h^2 + q^2$ \hfill (I)

Nach dem Satz des Pythagoras gilt im linken Teildreieck:

$h^2 = b^2 - p^2$ \hfill (II)

Für Seite q gilt:

$q^2 = (c - p)^2 = c^2 - 2pc + p^2$ \hfill (III)

(II) und (III) in (I) eingesetzt:

$a^2 = (b^2 - p^2) + (c^2 - 2pc + p^2)$ \hfill (I)

$= b^2 + c^2 - 2pc$

$= b^2 + c^2 - 2bc \cdot \cos(\alpha)$ \quad (wegen $\cos(\alpha) = \frac{p}{b}$)

Seite 150, Aufgabe 41

a) $c^2 = a^2 + b^2 - 2ab \cos(\gamma) \Rightarrow c \approx 27,4\,\text{cm}$

b) $b^2 = a^2 + c^2 - 2ac \cos(\beta) \Rightarrow b \approx 55,1\,\text{m}$

c) $a^2 = b^2 + c^2 - 2bc \cos(\alpha) \Rightarrow a \approx 846\,\text{cm}$

5.2 Trigonometrische Funktionen

Aufträge

S. 151, Mit dem Taschenrechner zur Funktion

α	−30	−15	0	15	30	45	60	75	90
$\sin(\alpha)$	−0,50	−0,26	0,00	0,26	0,50	0,71	0,87	0,97	1,00
$\cos(\alpha)$	0,87	0,97	1,00	0,97	0,87	0,71	0,50	0,26	0,00
α	105	120	135	150	165	180	195	210	225
$\sin(\alpha)$	0,97	0,87	0,71	0,50	0,26	0,00	−0,26	−0,50	−0,71
$\cos(\alpha)$	−0,26	−0,50	−0,71	−0,87	−0,97	−1,00	−0,97	−0,87	−0,71
α	240	255	270	285	300	315	330	345	360
$\sin(\alpha)$	−0,87	−0,97	−1,00	−0,97	−0,87	−0,71	−0,50	−0,26	0,00
$\cos(\alpha)$	−0,50	−0,26	0,00	0,26	0,50	0,71	0,87	0,97	1,00

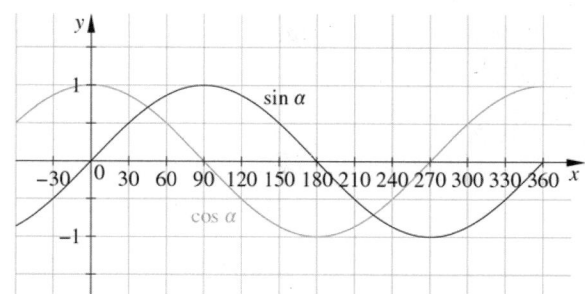

Beide Funktionen sind periodisch über 360°. Die y-Werte bewegen sich zwischen −1 und +1. Die beiden Funktionen sind um 90° gegeneinander phasenverschoben.

Für sin (α): Nullstellen liegen bei $\alpha = n \cdot \pi = 2n \cdot 180°, n \in \mathbb{Z}$

Maxima liegen bei $\alpha = \frac{\pi}{2} \cdot 2n \cdot \pi = 90° + 2n \cdot 180°, n \in \mathbb{Z}$

Minima liegen bei $\alpha = \frac{3\pi}{2} \cdot 2n \cdot \pi = 270° + 2n \cdot 180°, n \in \mathbb{Z}$

Für cos (α): Nullstellen liegen bei $a = n \cdot \frac{\pi}{2} = n \cdot 90°, n \in \mathbb{Z}$

Maxima liegen bei $\alpha = 2n \cdot \pi = 2n \cdot 180°, n \in \mathbb{Z}$

Minima liegen bei $\alpha = \pi \cdot 2n + \pi = 180° + 2n \cdot 180°, n \in \mathbb{Z}$

Definition des Sinus: $\frac{\text{Gegenkathete}}{\text{Hypotenuse}}$

Die Hypotenuse ist 1 (Radius des Einheitskreises). Die Gegenkathete ist der y-Wert bei dem die Gerade unter dem betrachteten Winkel (von der x-Achse aus im mathematisch positiven Sinn gezählt) den Einheitskreis schneidet. Mit dieser Definition erhält man auch die Sinuswerte für Winkel größer 90°. Gleichzeitig werden hiermit Nullstellen, Maxima und Minima veranschaulicht.

S. 151, Alternative: Durch die Hand in den Kopf

Definition des Sinus: $\frac{\text{Gegenkathete}}{\text{Hypotenuse}}$

Da die Hypotenuse im Einheitskreis gleich 1 ist, ist der Sinus des Mittelpunktswinkels gleich der Länge der Gegenkathete.

Die weitere Lösung des Auftrags findet sich in der Erarbeitung im Schülerbuch auf Seite 165.

Trainieren

Seite 155, Aufgabe 1
a) 0°, 180°, 360°

b) 45°, 135°

c) 60°, 120°

d) 90°

e) 225°, 315°

f) 240°, 300°

g) 270°

h) 30°, 150°

Seite 155, Aufgabe 2
a) 90°, 270 °

b) 45°, 315°

c) 30°, 330°

d) 0°, 360°

e) 135°, 225°

f) 150°, 210°

g) 180°

h) 60°, 300°

Seite 155, Aufgabe 3
a) ≈28,6°, ≈151,35°

b) ≈ 57,29°, ≈ 122,7°

c) ≈ 208,68°, ≈ 331,35°

d) ≈ 237,29°, ≈ 302,7°

e) ≈ 61,35°, ≈ 298,64°

f) ≈ 32,70°, ≈ 327,29°

g) ≈ 118,64°, ≈ 241,35°

h) ≈147,29°, ≈ 212,70°

Seite 155, Aufgabe 4

a) Der Sinus eines Winkels ist für $0° \leq \alpha \leq 180°$ positiv und für $180° < \alpha < 360°$ negativ.

b) Der Cosinus eines Winkels ist für $90° \leq \alpha \leq 270°$ positiv, ansonsten negativ.

c) Der Sinus nimmt für 0° und 180° den Wert 0 an, für 90° den Wert 1 und für 270° den Wert -1.

d) Der Cosinus nimmt für 90° und 270° den Wert 0 an, für 0° den Wert 1 und für 180° den Wert -1.

Seite 155, Aufgabe 5

Bei 45° und 225°: $\sin(\alpha)=\cos(\alpha)$; bei 135° und 225°: $\sin(\alpha) = - \cos(\alpha)$

Seite 155, Aufgabe 6

$\sin(\alpha) = \sin(180° - \alpha)$ $\qquad$ $\sin(\alpha) = -\sin(180° + \alpha)$ $\qquad$ $\sin(\alpha) = -\sin(360° - \alpha)$

Seite 155, Aufgabe 7

a) Es gilt $\cos(\alpha) = \cos(-\alpha)$

b) Es gilt $\cos(180°-\alpha)=-\cos(\alpha)$

c) Es gilt $\cos(180° + \alpha) = -\cos(\alpha)$

Seite 156, Aufgabe 8

a) $\alpha = 53°$

b) $\alpha = 155°$

c) $\alpha = 190°$ oder $\alpha = 350°$

d) $\alpha \approx 180{,}86°$ oder $\alpha \approx 359{,}13°$

e) $\alpha = 233°$

f) $\alpha = 335°$

g) $\alpha = 10°$ oder $\alpha = 350°$

h) $\alpha \approx 0{,}86°$ oder $\alpha \approx 359{,}13°$

Seite 156, Aufgabe 9

a) 180°

b) 45°

c) 60°

d) 900°

e) 270°

f) 450°

g) 630°

h) 0°

Seite 156, Aufgabe 10

a) 12π

b) π

c) 2π

d) 14π

e) 13π

f) 16π

g) 1180π

h) 10π

Seite 156, Aufgabe 11

a) $x = 0\pi$ oder $x = \pi$
    oder $x = 2\pi$

b) $x = 14\pi$ oder $x = 34\pi$

c) $x = 12\pi$

d) $x = 43\pi$ oder $x = 53\pi$

e) $x = 16\pi$ oder $x = 56\pi$

f) $x = \frac{\pi}{2}$ oder $x = \frac{3}{2} \cdot \pi$

g) $x = \frac{\pi}{4}$ oder $x = \frac{7}{4} \cdot \pi$

h) $x = \frac{3}{4} \cdot \pi$ oder $x = \frac{5}{4} \cdot \pi$

i) $x = \frac{5}{6} \cdot \pi$ oder $x = \frac{7}{6} \cdot \pi$

j) $x = \pi$

Seite 156, Aufgabe 12

a) $x = \frac{\pi}{3}$ oder $x = \frac{2}{3} \cdot \pi$

c) $x = \frac{3}{2} \cdot \pi$

e) $x = 2\pi$

b) $x = \frac{5}{4} \cdot \pi$ oder $x = \frac{7}{4} \cdot \pi$

d) $x = \frac{1}{6} \cdot \pi$ oder $x = \frac{11}{6} \cdot \pi$

f) $x = \frac{1}{3} \cdot \pi$ oder $x = \frac{5}{3} \cdot \pi$

Seite 156, Aufgabe 13

a) $x \in \{-2\pi;\ -\pi;\ 0;\ \pi;\ 2\pi;\ 3\pi;\ 4\pi\}$

b) $x \in \{-1,5\pi;\ 0,5\pi;\ 2,5\pi\}$

c) $x \in \{-0,5\pi;\ 1,5\pi;\ 3,5\pi\}$

d) $x \in \{-1,75\pi;\ -1,25\pi;\ 0,25\pi;\ 0,75\pi;\ 2,25\pi;\ 2,75\pi\}$

e) $x \in \{-\pi;\ \pi;\ 3\pi\}$

f) $x \in \{-1,75\pi;\ -\frac{1}{6}\pi;\ \frac{1}{6}\pi;\ 1,75\pi;\ 2\frac{1}{6} \cdot \pi;\ 3\frac{5}{6} \cdot \pi\}$

Seite 156, Aufgabe 14

a) $x \in\ ]0\pi;\ \pi[\quad$ bzw. $\alpha \in\ ]0°;\ 180[$

b) $x \in \{16\pi;\ 56\pi;\ 76\pi;\ 116\pi\}$

   bzw. $\alpha \in \{30°;\ 150°;\ 210°;\ 330°\}$

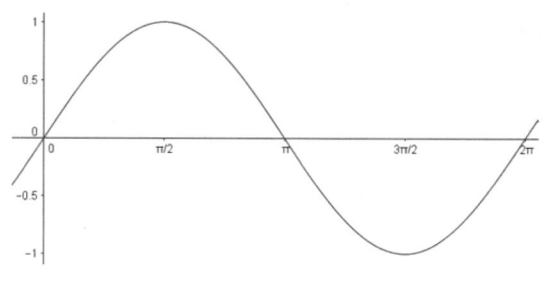

Seite 156, Aufgabe 15

a) $x \in [0\pi;\ 0,5\pi]$ und $x \in [1,5\pi;\ 2\pi]$ bzw.

   $x \in [0°;\ 90°]$ und $x \in [270°:\ 360°]$

b) $x \in \{\frac{\pi}{3};\ \frac{5}{3}\pi\}$ bzw $x \in \{60°;\ 300°\}$

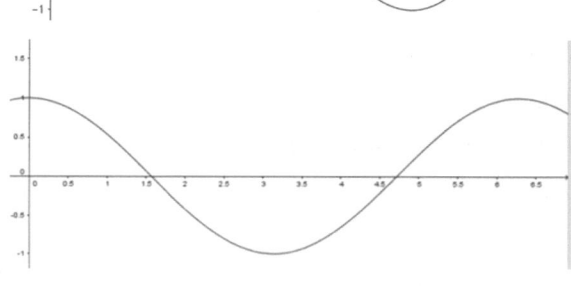

Seite 157, Aufgabe 16

a) $\alpha \in\ ]0°;\ 90°[\ \cup\ ]270°;\ 360°[$

c) $\alpha \in\ ]90°;\ 180°[$

b) $\alpha \in\ ]0°;\ 90°[$

d) $\alpha \in\ ]270°;\ 360°[$

Seite 157, Aufgabe 17

a) $\alpha = 60°$

c) $\alpha = 160°$

b) $\alpha = 122°$

d) $\alpha = 19°$

Seite 157, Aufgabe 18

a) $x \in \{-2\pi;\ -\pi;\ 0\pi;\ \pi;\ 2\pi\}$

b) $x \in \{-53\pi;\ -13\pi;\ 13\pi;\ 53\pi\}$

c) $x \in [-2\pi;\ -1,5\pi]\ \cup\ [-0,5\pi;\ 0,5\pi]\ \cup\ [1,5\pi;\ 2\pi]$

d) $x \in [-\pi;\ 0\pi]\ \cup\ [\pi;\ 2\pi]$

e) $x \in [-\pi;\ 0\pi]\ \cup\ [\pi;\ 2\pi]$

f) $x \in [-2\pi;\ -1,5\pi]\ \cup\ [-0,5\pi;\ 0,5\pi]\ \cup\ [1,5\pi;\ 2\pi]$

g) zu a) $\alpha \in \{0°;\ 180°;\ 360°\}$

   zu b) $\alpha \in \{60°;\ 300°\}$

   zu c) $\alpha \in [0°;\ 90°]\ \cup\ [270°;\ 360°]$

   zu d) $\alpha \in [180°;\ 360°]$

   zu e) $\alpha \in [180°;\ 360°]$

   zu f) $\alpha \in [0°;\ 90°]\ \cup\ [270°;\ 360°$

Seite 157, Aufgabe 19

a) Symmetriezentren für die Sinuskurve: $(0|0)$; $(\pi|0)$; $(-\pi|0)$; $(2\pi|0)$; ...

Symmetrieachsen für die Sinuskurve: Parallelen zur y-Achse durch $\left(\frac{\pi}{2}\middle|0\right)$; $\left(-\frac{\pi}{2}\middle|0\right)$; $\left(\frac{3\pi}{2}\middle|0\right)$; ...

b) Verschiebung um 2π nach rechts; um 2π nach links; um 4π nach rechts; ...

c) Durch eine Verschiebung um $\frac{\pi}{2}$ nach links oder um $\frac{3\pi}{2}$ nach rechts

bzw. allgemein um $\left(\frac{\pi}{2} + n \cdot 2\pi\right)$ nach links oder $\left(\frac{3\pi}{2} + n \cdot 2\pi\right)$ nach rechts

Noch fit?

Seite 157, Aufgabe I

Der Kreis kann als Thaleskreis über der Strecke $\overline{AC}$ betrachtet werden. Somit schließen die Sekanten $\overline{AD}$ und $\overline{DC}$ bzw. $\overline{AB}$ und $\overline{BC}$ jeweils einen rechten Winkel ein. Die Gegenwinkel bei M sind paarweise gleich groß und alle Dreiecke sind gleichschenklig (Radius des Kreises). Demnach sind die Strecken $\overline{AD}$ und $\overline{BC}$ bzw. $\overline{AB}$ und $\overline{CD}$ gleich lang (Sehnen über dem gleichen Winkel). Die gegenüberliegenden gleich langen Strecken und die rechten Winkel definieren ein Rechteck.

Seite 157, Aufgabe II

Der Kreis k_2 ist der Thaleskreis über der Strecke $\overline{PM}$, somit sind die Dreiecke PMB_1 und PMB_2 rechtwinklig. Die Strecken $MB_{1/2}$ sind jeweils ein Radius des gegebenen Kreises. Demnach stehen die Geraden PB_1 und PB_2 senkrecht auf diesen Radien und sind somit Tangenten an den Kreis k_1 (Definition einer Tangente).

Seite 157, Aufgabe III

Die Dreiecke ABM und BCM sind gleichschenklig, weil zwei ihrer Seiten durch den Radius des Kreises dargestellt werden. Bei gleichschenkligen Dreiecken sind die Basiswinkel gleich, d.h. β und γ sind gleich, ebenso wie die Winkel $\sphericalangle$ ABM und $\sphericalangle$ MAB. Da die Tangente PB senkrecht auf dem Berührradius steht, gilt:

(1) $\sphericalangle$ ABM $= 90° - a$. Der Mittelpunktswinkel $\sphericalangle$BMA des Dreiecks ABM beträgt (Winkelsumme im Dreieck$=180°$ und die Mittelpunktswinkel des beiden Dreiecke ergänzen sich zu $180°$):

$\sphericalangle$ BMA $= 180° - (180° - 2\beta) = 2\beta$.

Somit kann der Winkel $\sphericalangle$ ABM auch ausgedrückt werden durch:

$\sphericalangle$ ABM $= 0{,}5 \cdot (180° - 2\beta) = 90° - \beta$, woraus sich unter Berücksichtigung von (1) unmittelbar ergibt: $\alpha = \beta$.

Anwenden

Seite 158, Aufgabe 20

Individuelle Lösungen

Seite 158, Aufgabe 21

Diese Aufgabe eignet sich zur Einführung der Amplitude, vgl. Aufgabe 29 auf Seite 173.

Bei beiden Funktionen bleiben die Periode und somit die Nullstellen erhalten.

Bei $f(x) = 2 \cdot \sin(x)$ verdoppelt sich die Amplitude, bei $f(x) = \frac{1}{2} \cdot \sin(x)$ halbiert sich die Amplitude.

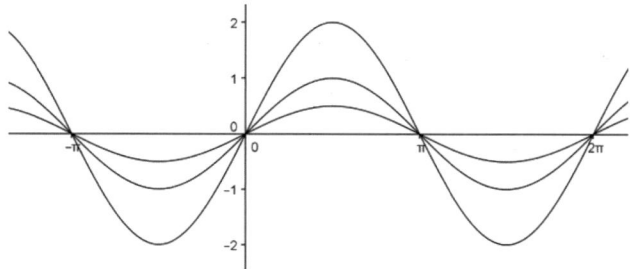

Seite 158, Aufgabe 22

a) – c) Man geht davon aus, dass das Pendel so langsam schwingt, dass der Sand immer senkrecht nach unten fällt. Die vom Sand bestreute Strecke ist dann $s = r \cdot \sin(\alpha)$. Der Winkel α ändert sich proportional zur Zeit (gleichmäßige, ungestörte Schwingung), so dass auf dem sich ebenfalls mit konstanter Geschwindigkeit bewegenden Band die Strecke s zeitlich auseinander gezogen wird. So wird sie als Sinuskurve sichtbar.

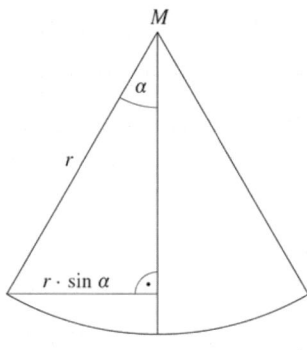

Seite 158, Aufgabe 23

a) Die Kamera bewegt sich auf einer an der x-Achse gespiegelten, um r nach oben verschoben Kosinusfunktion. Die Spiegelung und die Verschiebung ergeben sich, da zur Zeit t=0 die Kamera am tiefsten Punkt stehen soll und für diesen h=0 gesetzt wurde.

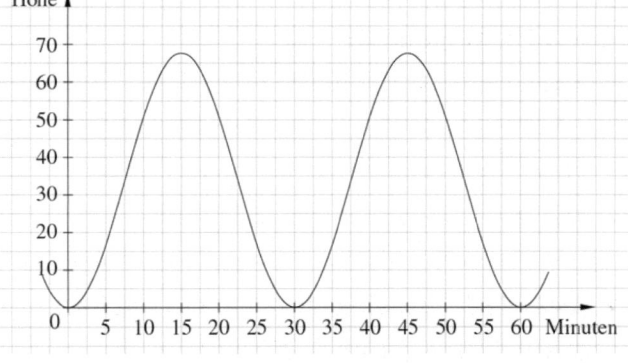

b) $r = \frac{135,36}{2}$ m = 67,68 m

Eine Umdrehung (zurückgelegter Drehwinkel beträgt 2π) wird in 30 min ausgeführt. Somit beträgt der zurückgelegte Winkel in Abhängigkeit der Zeit t: $\alpha = \frac{\pi}{15 \text{ min}} \cdot t$

Aus den Überlegungen von a) kann man die Funktionsgleichung aufschreiben:

$h = 67,68 \text{ m} \left(-\cos\left(t \cdot \frac{\pi}{15 \text{ min}}\right) + 1\right)$

c) Die Zeitachse kann mit $\alpha = \cdot\ t$ in Drehwinkel umgerechnet werden.

d) Negative Winkel können als entgegengesetzte Drehrichtung interpretiert werden. An den Überlegungen aus a) ändert sich nichts. Das periodische Verhalten der Kosinusfunktion für $x \to -8$ veranschaulicht dies. Natürlich gelten die Überlegungen auch für negative Zeiten ($\alpha \sim t$), die dann als Vorgeschichte interpretiert werden müssen.

Seite 159, Aufgabe 24

Beide Kurven habe dieselbe Periode (Frequenz), die den Kammerton a' festlegt. Der unterschiedliche Verlauf ist auf verschiedene Oberschwingungen der zwei Tonquellen zurückzuführen. Diese Oberschwingungen haben als Periode (Frequenz) ein ganzzahliges Vielfaches der Periode (Frequenz) des Kammertons a'.

Seite 159, Aufgabe 25

a) Eine Diode lässt elektrischen Strom nur in einer Richtung passieren. Bei der Einweg-Gleichrichtung wird in den Wechselstromkreis eine Diode in Reihe eingesetzt. Sie sperrt dann bei der einen Halbwelle des Wechselstroms (vgl. b)). Für die Zweiweg-Gleichrichtung benötigt man vier Dioden (siehe Schaltbild). Dadurch wird erreicht, dass bei beiden Halbwellen einer Wechselstromperiode der Verbraucher (Glühlampe) in gleicher Richtung vom Strom durchflossen wird.

b) Jeder zweite Bogen der Kurve entfällt, d. h. er wird durch ein Stück auf der Zeitachse ersetzt.

c) Der elektrische Strom fließt nur in einer Richtung (Pfeilrichtung) durch die Dioden. Durch die spezielle Anordnung der vier Dioden erreicht man, dass die Lampe unabhängig von der Polung der Wechselstromquelle nur in einer Richtung (in der Abbildung von links nach rechts) vom elektrischen Strom durchflossen wird. Aus der Wechselspannung wird dann am Verbraucher eine pulsierende Gleichspannung.

Seite 159, Aufgabe 26

a) Der Graph ist annähernd periodisch. Zunächst steigt die Kurve langsam, dann immer steiler an, bis sie abrupt abfällt. Das wiederholt sich mehrere Male. Die Amplitude ist dabei bis auf eine Ausnahme immer die gleiche.

b) Das große Feuer fand zum Zeitpunkt t = 14 Halbjahre statt. Dabei sind fast alle Feldmäuse gestorben.

c) Durch die Schädlingsbekämpfung wurde das Wachstum der Mäusepopulation verlangsamt. Das wirkt sich in einer größeren Periodendauer aus. Diese ist im Graphen zwischen t = 30 Halbjahre und t = 54 Halbjahre zu erkennen. Der Versuch der Schädlingsbekämpfung dauerte also $\frac{54-30}{2} = 12$ Jahre.

Seite 160, Aufgabe 27

Individuelle Lösungen, z. B. Sonne im Tagesablauf, Wachstumsperiode von Pflanzen, Temperaturmittel im Jahresverlauf...

Seite 160, Aufgabe 28

Das erste Diagramm zeigt einen regelmäßigen, periodischen Verlauf, im zweiten Diagramm treten Störungen der Periodizität auf.

Seite 160, Aufgabe 29

a) Linkes Datenblatt: $h(t) = 64 \cdot \sin(\frac{2\pi}{U_{min}}) + 135$ bzw. $h(t) = 64 \cdot \sin(\frac{2\pi}{U_{max}}) + 135$

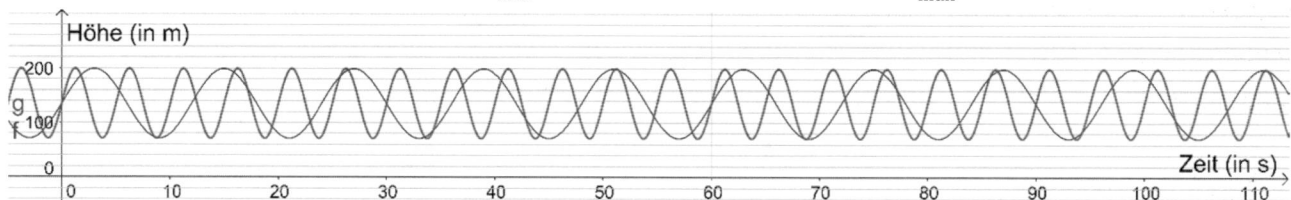

Rechtes Datenblatt: $h(t) = 41 \cdot \sin\left(\frac{2\pi}{U_{min}}\right) + 108$ bzw. $h(t) = 41 \cdot \sin(\frac{2\pi}{U_{max}}) + 108$

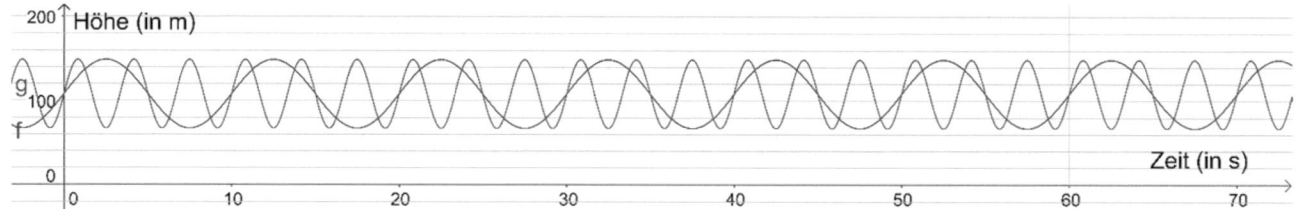

b) Der Weg, den die Rotorspitze zurücklegt, beträgt $U = 2\pi \cdot r$, die Geschwindigkeit ist also $2\pi \cdot \frac{r}{6}$ s.

Linkes Datenblatt: $d = 128$ m $\Rightarrow r = 64$ m; $v = 128$m $\cdot \frac{\pi}{6}$s $= 76800$m $\cdot \frac{\pi}{1}$ h $\approx 241274 \frac{m}{h} \approx 241{,}3 \frac{km}{h}$

Rechtes Datenblatt: $d = 82$ m $\Rightarrow r = 41$ m; $v = 41$m $\cdot \frac{\pi}{6}$ s $= 24600$m $\cdot \frac{\pi}{1}$ h $\approx 77283 \frac{m}{h} \approx 77{,}3 \frac{km}{h}$

Seite 160, Aufgabe 30

$$\tan(\alpha) = \frac{a}{b} = \frac{\frac{a}{c}}{\frac{b}{c}} = \frac{\sin(\alpha)}{\cos(\alpha)}$$

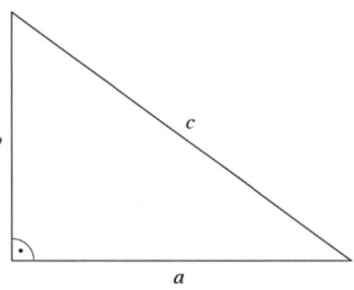

Vernetzen

Seite 160, Aufgabe 31

Wir betrachten im Einheitskreis rechtwinklige Dreiecke mit der Hypotenusenlänge 1.

a) $\sin(\alpha) = \dfrac{\text{Gegenkathete zu } \alpha}{\text{Hypotenuse}} = \dfrac{\text{Gegenkathete}}{1}$

Der Winkel $90° - \alpha$ entspricht im betrachteten Dreieck dem Winkel β.

Also ist $\cos(90° - \alpha) = \cos(\beta) = \dfrac{\text{Ankathete zu } \beta}{\text{Hypotenuse}} = \dfrac{\text{Gegenkathete zu } \alpha}{\text{Hypotenuse}} = \sin(\alpha)$.

b) Betrachtet man am Einheitskreis den Winkel $90° + \alpha$, so stellt man fest, dass (aufgrund der Symmetrie zur y-Achse) die Sinuswerte von $90° + \alpha$ und $90° - \alpha$ gleich sind, also

$\sin(90° + \alpha) = \sin(90° - \alpha)$.

In jedem rechtwinkligen Dreieck gilt $\cos(\alpha) = \sin(90° - \alpha)$ (siehe Lösung a)). Damit ist hier also

$\cos(\alpha) = \sin(90° + \alpha)$.

c) $\sin^2(\alpha) + \cos^2(\alpha) = \dfrac{\text{Gegenkathete}^2}{\text{Hypotenuse}^2} + \dfrac{\text{Ankathete}^2}{\text{Hypotenuse}^2} = \dfrac{\text{Gegenkathete}^2 + \text{Ankathete}^2}{\text{Hypotenuse}^2}$

Im rechtwinkligen Dreieck gilt nun der Satz des Pythagoras: $c^2 = a^2 + b^2$, also ist

$\dfrac{\text{Gegenkathete}^2 + \text{Ankathete}^2}{\text{Hypotenuse}^2} = 1$.

d) $\sin(\alpha) = \sin\left(\frac{\pi}{2} - \alpha\right)$ und

$\cos(\alpha) = \sin(\frac{\pi}{2} + \alpha)$.

135

Seite 160, Aufgabe 32

a) Es gilt: $\quad \sin(\alpha) = \frac{a}{c}$; $\sin(\beta) = \frac{b}{c}$; $\sin(\gamma) = 1$

$\quad \frac{\sin(\alpha)}{\sin(\beta)} = \frac{a/c}{b/c} = \frac{a}{b}$; $\frac{\sin(\alpha)}{\sin(\gamma)} = \frac{a/c}{1} = \frac{a}{c}$; $\frac{\sin(\beta)}{\sin(\gamma)} = \frac{b/c}{1} = \frac{b}{c}$

b) Es gilt: : $h = b \cdot \sin(\alpha) = a \cdot \sin(\delta) = a \cdot \sin(180° - \beta) = a \cdot \sin(\beta)$

Seite 161, Aufgabe 33

a) $\cos(\beta) = \frac{a}{c} \Rightarrow a^2 = ac \cdot \cos(\beta)$

$\quad b^2 = c^2 - a^2 = c^2 - ac \cdot \cos(\beta) = c^2 + a^2 - 2ac \cdot \cos(\beta)$

b) $h = \cdot \sin(\delta) = a \cdot \sin(180° - \beta) = a \cdot \sin(\beta)$

$\quad x = a \cdot \cos(\delta) = a \cdot \cos(180° - \beta) = -a \cdot \cos(\beta)$

$\quad b_2 = (c + x)^2 + h_2$

$\quad = c_2 + 2cx + x_2 + h_2$

$\quad = c_2 - 2ac \cdot \cos(\beta) + a_2 * \cos_2(\beta) + a_2 \cdot \sin_2(\beta)$

$\quad = c_2 - 2ac \cdot \cos(\beta) + a_2 \cdot (1)$

Seite 161, Aufgabe 34

a) Begründung mit dem 2. Strahlensatz: $\quad \frac{\sin(\alpha)}{\cos(\alpha)} = \frac{a}{1} \Leftrightarrow \tan(\alpha) = a$

b) Der Graph verläuft gegen Unendlich.

c) Da $\tan(-\alpha) = - \tan(\alpha)$ gilt, ist der Graph punktsymmetrisch zum Ursprung.

Seite 162, Aufgabe 35

a) Im Intervall $[\pi; 2\pi]$ fällt der Graph von $\sin(x)$ und steigt anschließend wieder; im Intervall $[0; \pi/2]$ steigt der Graph ausschließlich.

b) $\left[\frac{\pi}{2}; \frac{3}{2\pi}\right]$, da der Graph hier monoton verläuft und kein y-Wert zwei Mal auftaucht. Das y-Intervall lautet: $[-1; 1]$.

c)

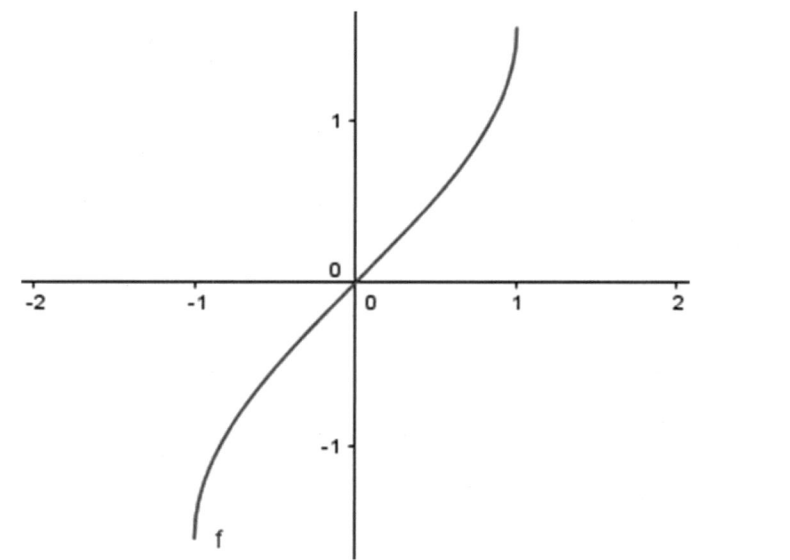
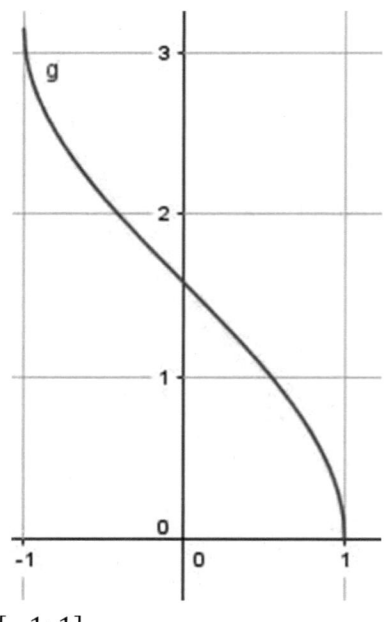

d) $\left[-\frac{\pi}{2}; \frac{\pi}{2}\right]$ lautet das Intervall auf der x-Achse, auf $\sin(x)$ lautet es $[-1; 1]$

e) Intervall: $[0; \pi]$

Seite 163, Aufgabe 36

Beispiele: Sinus: $\left[\frac{\pi}{2}; \frac{3}{2}\pi\right]$; $\left[\frac{3}{2}\pi, \frac{5}{2}\pi\right]$; $\left[-\frac{\pi}{2}; -\frac{3}{2}\pi\right]$

Kosinus: $[0; \pi]$; $[\pi; 2\pi]$; $[0; -\pi]$

Die Graphen gehen durch Verändern des Intervalls ineinander über.

Seite 163, Aufgabe 37

a)

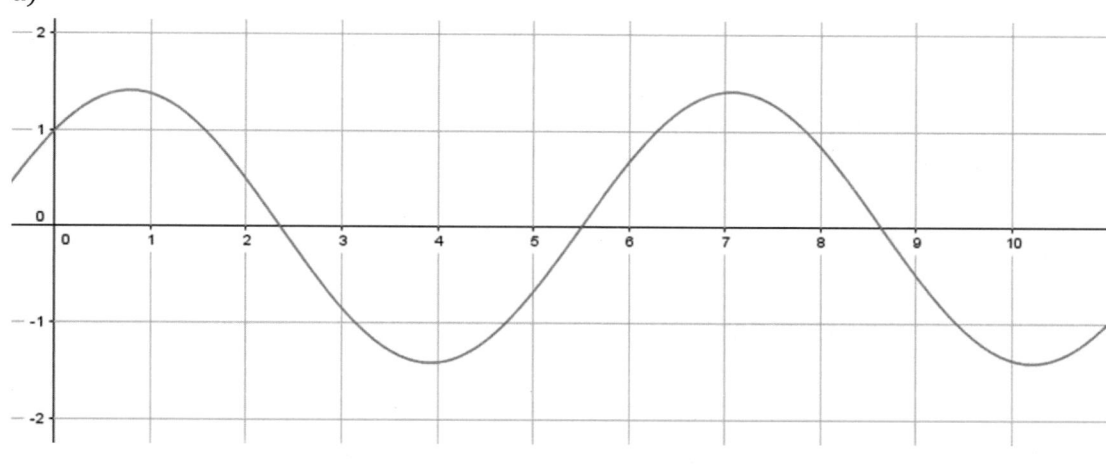

x	1	2	3	4	5	6	7	8	9
$f(x)$	1,38	0,49	-0,85	-1,41	-0,68	0,68	1,41	0,84	-0,5

b) Periodenlänge: 2π

Wertemenge: [1,41;-1,41]

c) Nullstellen: $\frac{3}{4}\pi + k\pi$; $k \in Z$

d) Der Graph ist Achsensymmetrisch entlang der x-Achse

Seite 163, Aufgabe 38

a)

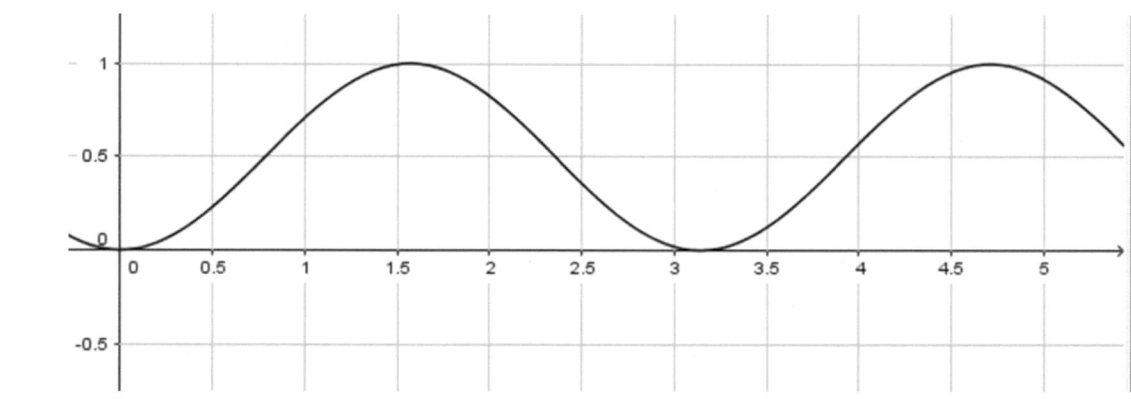

x	1	2	3	4	5	6	7	8	9
$f(x)$	0,71	0,83	0,02	0,57	0,91	0,08	0,43	0,97	0,17

b) Periodenlänge: π Wertemenge: [0; 1]

c) Der Graph ist achsensymmetrisch.

137

d)

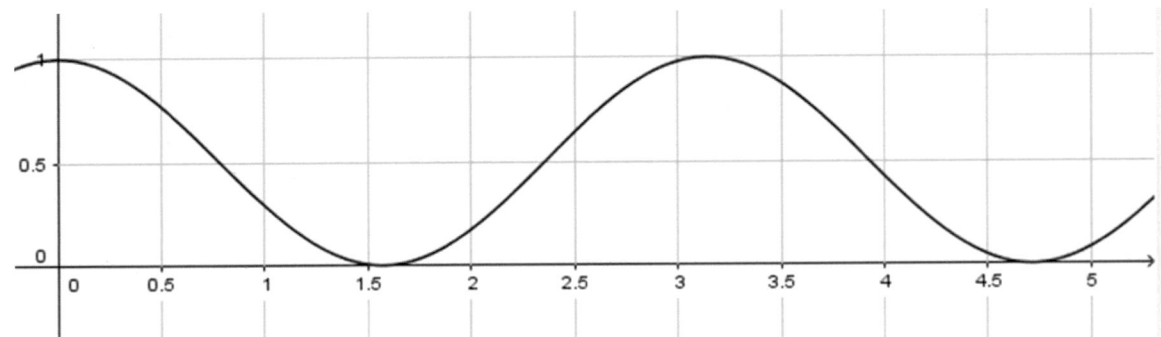

x	1	2	3	4	5	6	7	8	9
$f(x)$	0,29	0,17	0,98	0,42	0,08	0,92	0,57	0,02	0,83

Periodenlänge: π Wertemenge: $[0;1]$ Der Graph ist achsensymmetrisch.

e) Der Graph ist eine zur x-Achse parallele, lineare Funktion mit $h(x) = 1$

Seite 163, Aufgabe 39

a) und b)

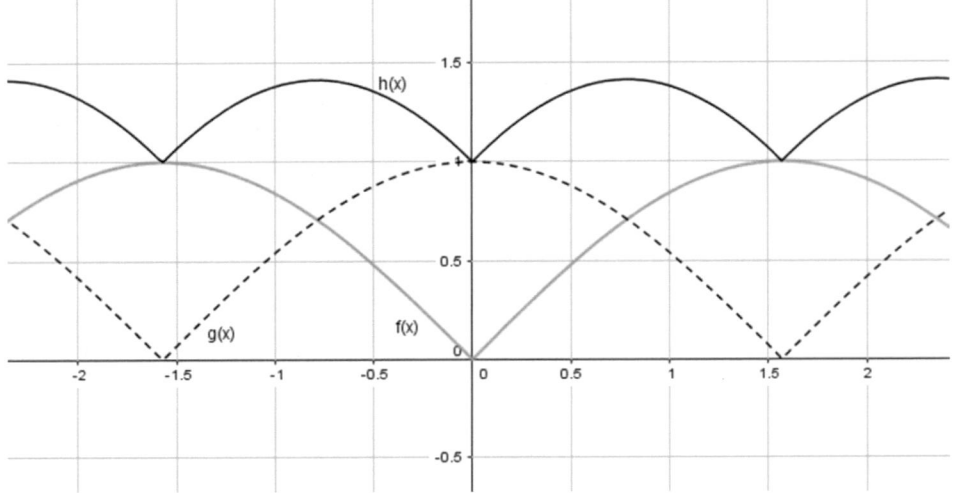

Projekt: Vermessen

Seite 164, Aufgabe 1

a) Die Krümmung lässt entferntere Berge kleiner erscheinen.

b) Indien war eine englische Kolonie.

c) Es gab Fernrohre und Eisenbahnen.

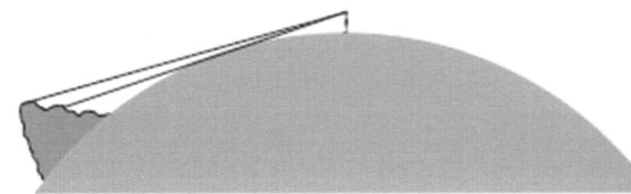

Seite 165, Aufgabe 2

Zeichnung im Maßstab 1:50000

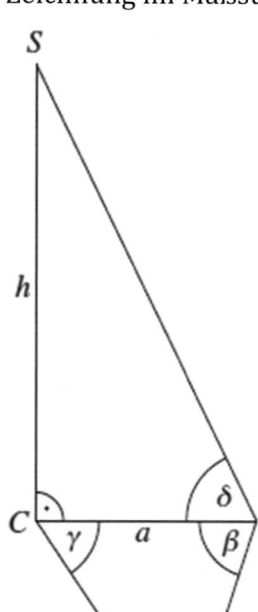

$\gamma = 180° - \alpha - \beta = 56°$

Sinussatz: $\dfrac{a}{c} = \dfrac{\sin(\alpha)}{\sin(\gamma)} \Leftrightarrow a = \dfrac{\sin(\alpha)}{\sin(\gamma)} \cdot c$

$a = \dfrac{\sin(52°)}{\sin(56°)} \cdot 1{,}2 km \approx 1{,}14\ km$

$\tan(\delta) = \dfrac{h}{a} \Leftrightarrow h = a \cdot \tan(\delta)$

$h = a \cdot \tan(64°) \approx 2{,}339\ km$

Seite 165, Aufgabe 3

a) $\gamma \approx 19{,}1°$

   $\alpha \approx 31{,}6°$

   $\beta \approx 129{,}3°$

b) $c \approx 3{,}74\ m$

   $\alpha \approx 25{,}3°$

   $\beta \approx 44{,}7°$

c) $\alpha = 54°$

$c \approx 59{,}3\ mm$

$b = 34{,}9\ mm$

d) $a \approx 2{,}3\ cm$

   $\beta \approx 97°$

   $\gamma \approx 53°$

e) $\alpha \approx 8{,}3°$

   $\beta \approx 46{,}7°$

   $b = 79{,}1\ mm$

f) Das Dreieck ist überbestimmt und kann mit den angegebenen Werten nicht existieren.

Seite 166, Aufgabe 4

a) $\sqrt{2{,}3^2 + 3{,}1^2 - 2 \cdot 2{,}3 \cdot 3{,}1 \cdot \cos(43°)} \approx 2{,}12$

Die beiden Leuchttürme sind ca. 2,1 km voneinander entfernt

b) $y = 180° - 51{,}3° - 19{,}7° = 109°$

$\dfrac{b}{45\ m} = \dfrac{\sin(19{,}7°)}{\sin(109°)} \cdot \sin(51{,}3°) \approx 12{,}52$

Der Fluss ist ca. 12,5 m breit.

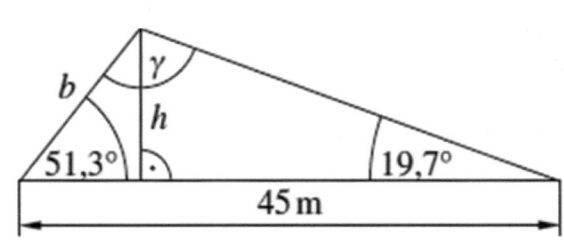

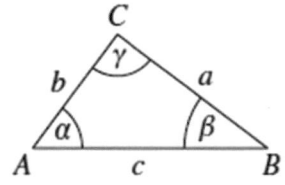

c) $\gamma = 180° - 14{,}8° - 158{,}4°$

$$\frac{b}{175\ m} = \frac{\sin(158{,}4°)}{\sin(6{,}8°)}$$

$$h = b \cdot \sin(14{,}8°) = 175\ m \cdot \frac{\sin(158{,}4°)}{\sin(6{,}8°)} \cdot \sin(14{,}8°) \approx 138{,}98\ m$$

Die Pyramide ist ca. 139 m hoch.

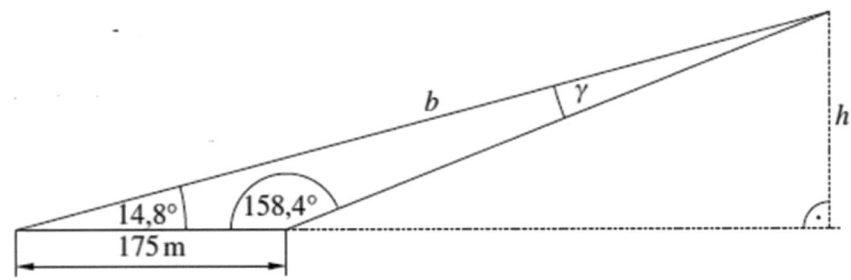

Seite 166, Aufgabe 5

Alle Längenangaben sind in m:

Kosinussatz im Dreieck AE_2E_1: $|\overline{E_1E_2}| = \sqrt{47{,}4^2 + 33{,}6^2 - 2 \cdot 47{,}2 \cdot 33{,}6 \cdot \cos(30{,}8° + 34{,}1°)} \approx 45$

Kosinussatz im Dreieck AE_4E_1: $|\overline{E_1E_4}| = \sqrt{47{,}4^2 + 60{,}9^2 - 2 \cdot 47{,}2 \cdot 60{,}9 \cdot \cos(30{,}8° - 12{,}7°)} \approx 21{,}6$

Kosinussatz im Dreieck AE_3E_4: $|\overline{E_3E_4}| = \sqrt{58{,}5^2 + 60{,}9^2 - 2 \cdot 58{,}5 \cdot 60{,}9 \cdot \cos(18{,}3° + 12{,}7°)} \approx 32$

Kosinussatz im Dreieck AE_2E_3: $|\overline{E_2E_3}| = \sqrt{58{,}5^2 + 33{,}6^2 - 2 \cdot 58{,}5 \cdot 33{,}6 \cdot \cos(34{,}1° - 18{,}3°)} \approx 27{,}7$

Das Grundstück hat eine Umfangslänge von ca. 126 m.

Berechnen des Flächeninhalts:

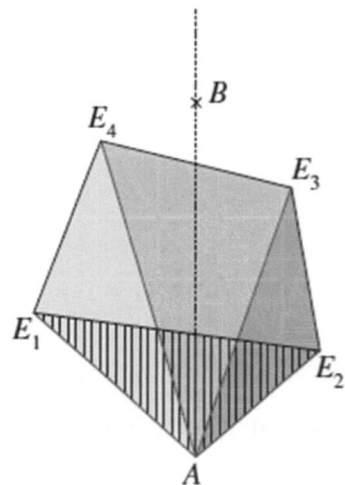

Dreieck AE_2E_1: $A_1 = \frac{1}{2} \cdot 47{,}4 \cdot 33{,}6 \cdot \sin(30{,}8° + 34{,}1°)$

Dreieck AE_4E_1: $A_2 = \frac{1}{2} \cdot 47{,}4 \cdot 60{,}9 \cdot \sin(30{,}8° - 12{,}7°)$

Dreieck AE_3E_4: $A_3 = \frac{1}{2} \cdot 58{,}5 \cdot 60{,}9 \cdot \sin(18{,}3° + 12{,}7°)$

Dreieck AE_2E_3: $A_4 = \frac{1}{2} \cdot 58{,}5 \cdot 33{,}6 \cdot \sin(34{,}1° - 18{,}3°)$

$$A_{Viereck} = A_2 + A_3 + A_4 - A_1$$
$$\approx 448{,}409 + 917{,}450 + 267{,}597 - 721{,}123$$

Das Grundstück hat einen Flächeninhalt von ca. 912 m^2.

Seite 166, Aufgabe 6

a) Der Wurf hatte eine Weite von ca. 70,06 m. Der Weltrekord der Herren (Stand Juni 2016), der am 6.6.1986 mit 74,08 m von Jürgen Schult aufgestellt wurde, ist um 4,02 m verfehlt worden.

b) $r = 1{,}25\ m$

$\sphericalangle PAM = 180° - 5° = 175°$

Reale Wurfweite: $w = |\overline{AP}|$

Gemessene Wurfweite: $g = |\overline{BP}| = 65{,}44\ m$

Kosinussatz im Dreieck PMA: $(g + r)^2 = w^2 + r^2 - 2wr \cdot \cos(175°) \Rightarrow w \approx 64{,}45\ m$

Es werden also 5 mm verschenkt, dieser Unterschied ist in der Praxis ohne Belang.

c) $|\overline{GP}| = 34{,}721\ m$

$|\overline{FG}| = 1{,}6\ m$

$|\overline{GM}| = 45\ m$

$\sphericalangle MFP = 126{,}4°$ (Horizontalwinkel)

Satz des Pythagoras in den Dreiecken PFG bzw. FMG:

$|\overline{FP}| \approx 34{,}68\ m$ bzw. $|\overline{FM}| \approx 44{,}97\ m$

Kosinussatz im Dreieck PFM:

$|\overline{PM}| \approx 71{,}25\ m$

$71{,}25\ m - 1{,}25\ m = 70{,}0\ m$

Der Unterschied zum Ergebnis von Teilaufgabe a) beträgt ca. 6 cm.

Seite 166, Aufgabe 7

Sinussatz im Dreieck ACD:

$|\overline{AD}| = \dfrac{\sin(\gamma)}{\sin(180° - \beta - \gamma)} \cdot s \approx 695{,}7\ m$

Sinussatz im Dreieck BCD:

$|\overline{BD}| = \dfrac{\sin(\delta)}{\sin(180° - \alpha - \delta)} \cdot s \approx 1061{,}0\ m$

Kosinussatz im Dreieck ABD:

$x = \sqrt{|\overline{AD}|^2 + |\overline{BD}|^2 - 2 \cdot |\overline{AD}| \cdot |\overline{BD}| \cdot \cos(\beta - \alpha)} \approx 946{,}7\ m$

Die Punkte A und B haben eine Entfernung von ca. 947 m.

5.3 Verschieben, strecken und spiegeln

Aufträge

Seite 167, Graphen zuordnen

Der Graph der Funktion f_1 mit $f_1(x) = \sin(x) + 0{,}5$ liegt 0,5 Einheiten über dem Graphen der Sinusfunktion. Es handelt sich um den roten Graphen aus Abbildung 3.

Beim Graphen der Funktion f_2 mit $f_2(x) = -2 \cdot \sin(x)$ bewirkt die Multiplikation mit -2 eine Spiegelung an der x-Achse und eine Verdoppelung der Beträge der Funktionswerte.

Dies trifft auf den blauen Graphen in Abbildung 1 zu.

Von quadratischen Funktionen ist bekannt, dass das Addieren einer Zahl c vor dem Quadrieren den Graphen um c Einheiten nach links verschiebt. Genauso ist es auch bei trigonometrischen Funktionen. Wird zunächst eine Zahl c zu x addiert und dann der Sinus angewendet, so verschiebt sich der Funktionsgraph um c Einheiten nach links. Im Funktionsterm steht dann $\sin(x + c)$. Der Graph zu f_3 mit $f_3(x) = \sin(x - 0{,}5\ \pi)$ ist also um $0{,}5\ \pi$ nach rechts verschoben, es handelt sich um den blauen Graphen in Abbildung 2.

Zur Funktion f_4 mit $f_4(x) = \sin(0{,}5\ x)$ kannst du dir folgendes überlegen:

Wegen $f_4(0) = 0$ geht der Graph von f_4 durch den Ursprung. Die nächste positive Nullstelle der Sinusfunktion $f(x) = \sin(x)$ ist π. Auch bei der Funktion f_4 muss bei der nächsten Nullstelle der Wert, von dem der Sinus gebildet wird, π sein. Also muss $\pi = 0{,}5\,x$ gelten, also $x = \frac{\pi}{0{,}5} = 2\pi$.

Somit ist der zugehörige Funktionsgraph der rote Graph in der ersten Abbildung.

Wird x vor Anwendung des Sinus mit 0,5 multipliziert, so bewirkt dies eine Verdopplung der Periodenlänge. Der Graph zur Funktion f_5 mit $f_5(x) = 0{,}5 \sin(2\,x) + 1$, deren Periode halbiert ist, die auf die Hälfte in y-Richtung gestaucht und um 1 nach oben verschoben ist, ist der grüne Graph in Abbildung 3.

Der grüne Graph der ersten Abbildung entsteht aus der Sinuskurve durch eine Verschiebung um -1 in y-Achsenrichtung. Du erhältst als zugehörigen Funktionsterm $f_6(x) = \sin(x) - 1$.

Der rote Graph der zweiten Abbildung entsteht aus der Sinuskurve z. B. durch Verschiebung um $-\frac{\pi}{2}$ in x-Achsenrichtung. Du erhältst als zugehörigen Funktionsterm $f_7(x) = \sin\left(x + \frac{\pi}{2}\right)$.

Der grüne Graph der zweiten Abbildung entsteht aus der Sinuskurve z. B. durch Stauchung in x-Achsenrichtung mit dem Faktor $\frac{1}{2}$ und zusätzlich einer Spiegelung an der x-Achse. Du erhältst als zugehörigen Funktionsterm $f_8(x) = -\sin(2\,x)$.

Der blaue Graph der dritten Abbildung entsteht aus der Sinuskurve z. B. durch Verdopplung der Amplitude und Verschiebung um $-1{,}5$ in y-Achsenrichtung. Du erhältst als zugehörigen Funktionsterm $f_9(x) = 2 \sin(x) - 1{,}5$.

Seite 168, Alternative: Gruppenpuzzle

Individuelle Lösungen

Trainieren

Seite 172, Aufgabe 1

a) Der Graph entsteht aus dem entsprechenden Stück der Kosinuskurve durch eine Verschiebung um 2 in y-Richtung.

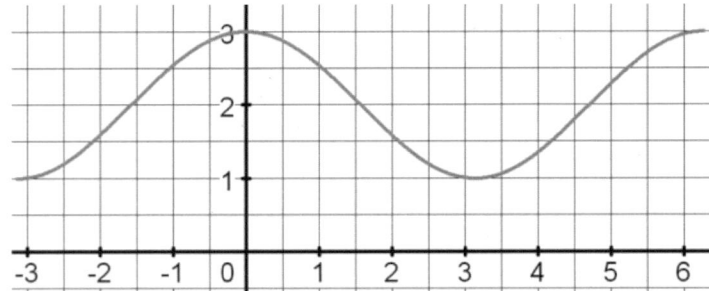

b) Der Graph entsteht aus dem entsprechenden Stück der Kosinuskurve durch eine Verschiebung um $-\pi$ in x-Richtung

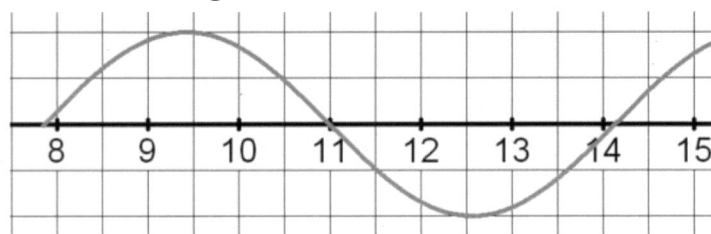

c) Der Graph entsteht aus dem entsprechenden Stück der Sinuskurve durch eine Verschiebung um 0,5π in x-Richtung.

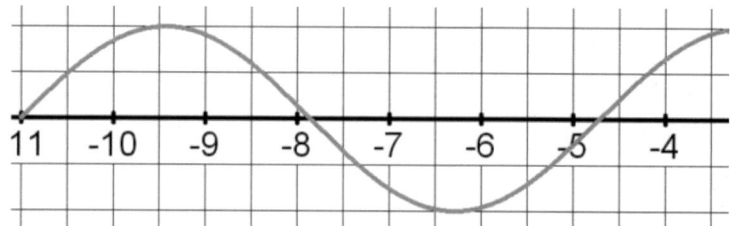

d) Der Graph entsteht aus dem entsprechenden Stück der Kosinuskurve durch eine Streckung in y-Richtung mit dem Faktor 2.

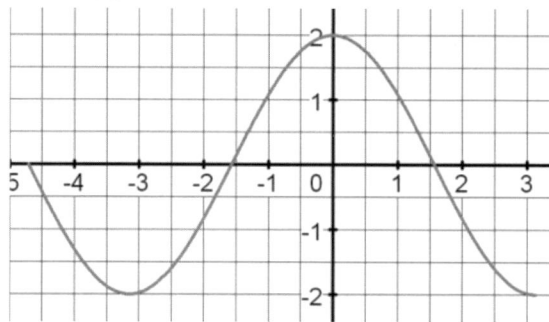

e) Der Graph entsteht aus dem entsprechenden Stück der Sinuskurve durch eine Streckung in y-Richtung mit dem Faktor 3 und eine Spiegelung an der x-Achse.

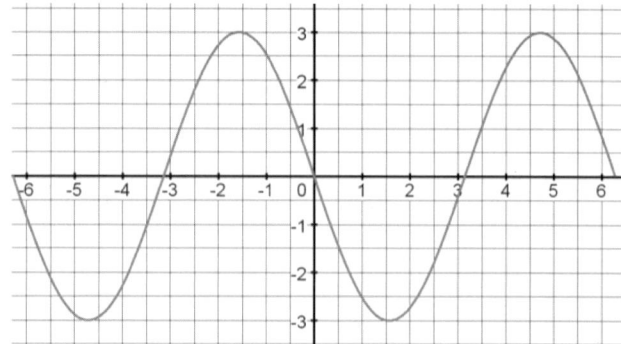

Seite 172, Aufgabe 2

a) $f(x) = \sin(x) - 2$

b) $f(x) = \sin(x - \pi)$

c) $f(x) = \sin(x + 2\pi)$

d) $f(x) = 1,5 \cdot \sin(x)$

e) $f(x) = \sin(2x)$

f) $f(x) = \frac{2}{3} \cdot \sin(x)$

g) $f(x) = \sin(0,25x)$

h) $f(x) = -2 \cdot \sin(x)$

Seite 172, Aufgabe 3

a) Die Funktion besitzt keine Nullstellen. Die Extremstellen ändern sich nicht.

b) Die Funktion hat keine Nullstellen. Die Extremstellen ändern sich nicht.

c) Die Nullstellen und die Extremstellen werden auf der x-Achse um 2 nach links verschoben, d. h. sie werden um 2 kleiner.

d) Die Nullstellen und die Extremstellen werden auf der x-Achse um 0,5 nach rechts verschoben, d. h. sie werden um 0,5 größer.

e) Die Nullstellen und die Extremstellen ändern sich nicht.

f) Die Nullstellen und die Extremstellen ändern sich nicht. Aus Maxima werden allerdings Minima und aus Minima Maxima.

Seite 172, Aufgabe 4

a) Die Periode ändert sich nicht. Schnittpunkt mit der y-Achse: $(0 \mid \cos 2)$.

b) Die Periode ändert sich nicht. Schnittpunkt mit der y-Achse: $(0 \mid \cos 1,5)$.

c) Die Periode wird halbiert. Schnittpunkt mit der y-Achse: $(0 \mid 1)$.

d) Die Periode wird verdoppelt. Schnittpunkt mit der y-Achse: $(0 \mid 1)$.

e) Die Periode ändert sich nicht. Schnittpunkt mit der y-Achse: $(0 \mid -2,5)$.

f) Die Periode wird auf 2 verkürzt. Schnittpunkt mit der y-Achse: $(0 \mid -3,5)$.

Seite 172, Aufgabe 5

a) Die Periode ist 2π; die Amplitude ist 1.

b) Die Periode ist π; die Amplitude ist 2.

c) Der Graph passt zu $f(x) = 2 \cdot \sin(2x)$.

d) Die Periode ist $2\pi : b$; die Amplitude ist a.

Seite 173, Aufgabe 6

$f \rightarrow f_3$; $g \rightarrow f_1$; $h \rightarrow f_4$; $k \rightarrow f_6$

Seite 173, Aufgabe 7

a) Die Funktion ist periodisch mit der Periode 2π und hat keine Nullstellen. Die Funktionswerte liegen im Intervall $[1; 3]$.

b) Die Funktion ist periodisch mit der Periode 2π und hat keine Nullstellen. Ihr Graph ist achsensymmetrisch zur y-Achse. Die Funktionswerte liegen im Intervall $[-2,5; -0,5]$.

c) Die Funktion ist periodisch mit der Periode 2π und hat die Nullstellen $x = k\pi$ ($k \in Z$). Ihr Graph ist punktsymmetrisch zum Ursprung. Die Funktionswerte liegen im Intervall $[-1; 1]$. Die Funktion ist identisch mit der Funktion $f(x) = -\sin x$.

d) Die Funktion ist periodisch mit Periode 2π und hat die Nullstellen $x = k\pi$ ($k \in Z$). Ihr Graph ist punktsymmetrisch zum Ursprung. Die Funktionswerte liegen im Intervall $[-1; 1]$. Die Funktion ist identisch mit der Sinusfunktion.

e) Die Funktion ist periodisch mit der Periode 2π und hat die Nullstellen $x = k\pi$ ($k \in Z$). Ihr Graph ist punktsymmetrisch zum Ursprung. Die Funktionswerte liegen im Intervall $[-4; 4]$.

f) Die Funktion ist periodisch mit der Periode 2π und hat die Nullstellen $x = 0,5\pi + k\pi$ ($k \in Z$). Ihr Graph ist achsensymmetrisch zur y-Achse. Die Funktionswerte liegen im Intervall $[-3; 3]$.

Seite 173, Aufgabe 8

a) Der Parameter a hat keinen Einfluss auf die Nullstellen. Der Parameter b ändert den Abstand vorhandener, periodisch auftretender Nullstellen. Der Parameter c verschiebt vorhandene Nullstellen in negative x-Richtung um c. Der Parameter d beeinflusst die Lage und ggf. die Existenz der Nullstellen.

b) Die Parameter a, c und d haben keinen Einfluss auf die Periode. Der Parameter b verändert die Periode mit dem Faktor $|\frac{1}{b}|$.

c) Der Parameter a ändert die Amplitude mit dem Faktor $|a|$. Die Parameter b, c und d haben keinen Einfluss auf die Amplitude.

d) Die Parameter b und c haben keinen Einfluss auf den maximalen Funktionswert. Der Parameter a beeinflusst den maximalen Funktionswert mit dem Faktor $|a|$ und der Parameter d erhöht bzw. vermindert diesen Wert dann um $|d|$.

e) Die Parameter b und c haben keinen Einfluss auf den minimalen Funktionswert. Der Parameter a beeinflusst den minimalen Funktionswert mit dem Faktor $|a|$ und der Parameter d erhöht bzw. vermindert diesen Wert dann um $|d|$.

Seite 173, Aufgabe 9

Die Funktion zum an der x-Achse gespiegelten Graphen lautet:
$x \mapsto -2\cos(x + \pi);\ x \in \Re$ bzw. $x \mapsto 2\cos x;\ x \in \Re$.
Die Funktion zum an der y-Achse gespiegelten Graphen lautet:
$x \mapsto 2\cos(x + \pi);\ x \in \Re$ bzw. $x \mapsto -2\cos x;\ x \in \Re$.

Seite 173, Aufgabe 10

a) Es ist lediglich eine Verschiebung der Sinus- bzw. Kosinusfunktion in x-Richtung aufgetreten.

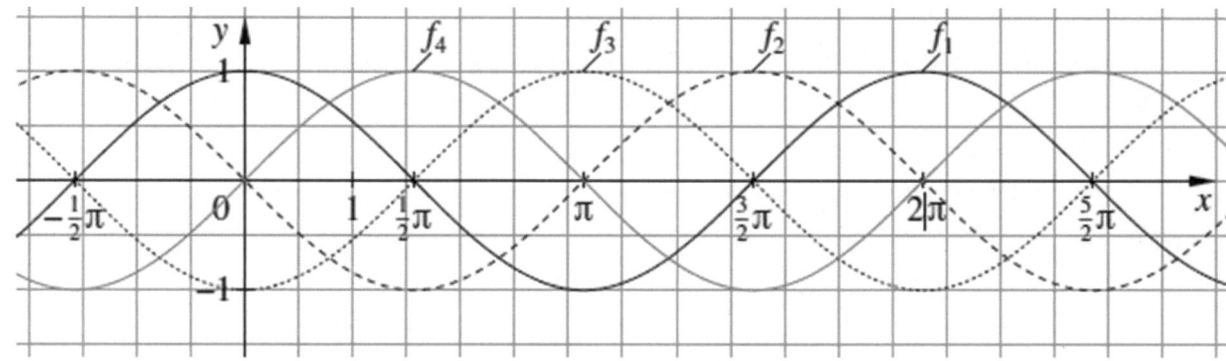

b) $f_1(x) = \cos(x);\quad f_2(x) = -\sin(x);\quad f_3(x) = -\cos(x);\quad f_4(x) = \sin(x)$

Noch fit?

Seite 173, Aufgabe I

a)

	$g(x) = x^2 - 2x - 3$	$h(x) = -x^2 + 0,6x + 7,75$
	$x^2 - 2x - 3 = 0$	$x^2 - 0,6x - 7,75 = 0;$
		$x = 0,3 \pm \sqrt{0,09 + 7,75}$
Nullstellen	$x_1 = 3; x_2 = -1$	$x_1 = 3,1; x_2 = -2,5$
Scheitelform	$g(x) = x^2 - 2x - 3$	$g(x) = x^2 - 2x - 3$
	$= (x-1)^2 - 4$	$= (x-1)^2 - 4$
Scheitelpunkt	$S(1|-4)$	$S(0,3|7,84)$
$g(x), h(x) \leq 0$	$1 \leq x \leq 3$	$x \leq 2,5; x \geq 3,1$
$g(x), h(x) \geq 0$	$x \leq -1; x \geq 3$	$-2,5 < x < 3,1$

b) Siehe letzte Zeile in Tabelle von a)

c) 1) Berechnung der Schnittpunkte:

$g(x) = h(x)$

$x^2 - 2x- = -x^2 + 0,6x + 7,75$

$\Leftrightarrow 2x^2 - 2,6x - 10,75 = 0$

$x = \dfrac{2,6 \pm \sqrt{6,76 + 86}}{4};$

$x_1 = 3,05$ und $x_2 = -1,75$

$g(x) \leq h(x)$ für $-1,75 \leq x \leq 3,05$

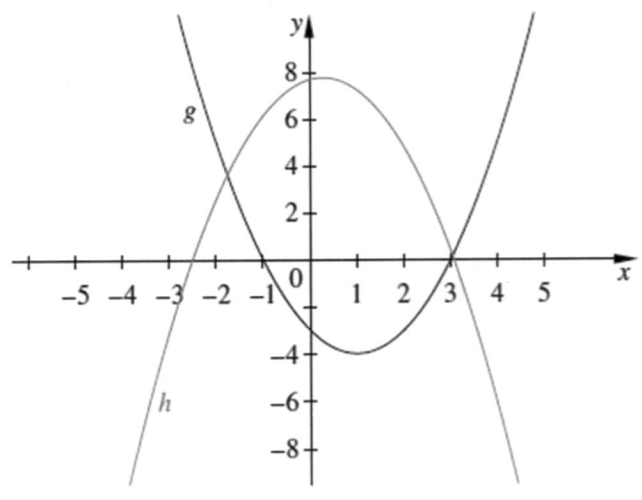

2) Aus den Aufgabenteilen a) und b) erhält man folgende Tabelle. In der vierten Zeile ist das gesuchte Produkt eingetragen.

x	$x \leq -2,5$	$-2,5 \leq x \leq -1$	$-1 \leq x \leq 3$	$x \geq 3$
$g(x)$	+	+	-	+
$f(x)$	-	+	+	-
$g(x) \cdot h(x)$	-	+	-	-

Seite 174, Aufgabe II

a) Volumen: $V = 15x^2$, x in cm einsetzen

b) Der Verbrauch kann durch eine lineare, nicht durch eine quadratische, Funktion beschrieben werden, da der Verbrauch pro zurückgelegtem Kilometer konstant ist.

c) Die Oberfläche des Würfels ist eine quadratische Funktion der Kantenlänge: $O = 6a^2$

Seite 174, Aufgabe III

a) Aus dem allgemeinen Ansatz $y = ax^2 + bx + c$ erhält man drei Gleichungen für die drei Parameter a, b und c. Das Gleichungssystem hat eine eindeutige Lösung, daher liegen die drei gegebenen Punkte auf einer Parabel.

   (1) $0 = a + b + c$

   (2) $1 = 4a + 2b + c$

$$(3)\ 0 = 9a + 3b + c$$
$$a = -1; b = 4; c = -3$$
$$y = -x^2 + 4x - 3$$

b) Die angegebene Wertetabelle kann nicht zu einer quadratischen Funktion gehören. Man findet mit dem unter a) beschriebenen Verfahren für die ersten drei Wertepaare die quadratische Funktion $y = x^2$. Der vierte gegebene Punkt erfüllt diese Gleichung jedoch nicht.

Anwenden

Seite 174, Aufgabe 11

$$\cos(x) = \sin\left(x + \frac{\pi}{2}\right) = -\sin\left(x - \frac{\pi}{2}\right)$$

Seite 174, Aufgabe 12

a) Rote Kurve: $f(x) = \sin\left(x - \frac{\pi}{8}\right) + 1$; grüne Kurve: $f(x) = \sin(2x)$; blaue Kurve: $f(x) = 2 \cdot \sin(x) - 1$

b) Rote Kurve: $f(x) = \sin\left(x - \frac{\pi}{2}\right) + 1$; grüne Kurve: $f(x) = \sin(0{,}5x) + 1$; blaue Kurve: $f(x) = -1{,}5 \cdot \sin(x)$

c) Rote Kurve: $f(x) = 2{,}5 \cdot \sin(1{,}5x) + 1$; grüne Kurve: $f(x) = -\sin(0{,}75x) + 1$; blaue Kurve: $f(x) = 0{,}5 \cdot \sin 2(x) - 1$

Seite 174, Aufgabe 13

a) $f(x) = 3\sin(2x)$ oder $f(x) = -3\sin(2x)$

b) $f(x) = \sin(x + \frac{\pi}{2}) - 2$ oder $f(x) = -2\sin(x - \frac{\pi}{2}) - 3$

c) Zum Beispiel jede Sinusfunktion mit einer Amplitude 0,1 und einer Periodenlänge $> 2\pi$:
$y = 0{,}1 \cdot \sin(0{,}4x)$

Seite 175, Aufgabe 14

a) Bei d = 0 kann die Periode maximal π sein, weitere mögliche Perioden sind $\frac{\pi}{n}$ ($n \in \mathbb{N}$). Für d beliebig lässt sich über die Periode nichts sagen.

b) Der Graph kann achsensymmetrisch sein, z. B. $\mathbf{f(x) = \sin\left(2\left(x - \frac{\pi}{4}\right)\right)}$, muss aber nicht achsensymmetrisch sein, z. B. $f(x) = \sin(4x)$.

Seite 175, Aufgabe 15

Individuelle Lösungen

Seite 175, Aufgabe 16

a) niedrigster Pegelstand: 0,2 m;   höchster Pegelstand: 4,0 m

b)

Datum	HW / NW	Uhrzeit	Vergangene Zeit seit der vorherigen Messung	Zeit in h seit Beginn der Messung (29.03.16; 03:46)	Wasserstand (m)
29.03.16	NW	03:46	0 h	0	0,2
29.03.16	HW	08:48	5h 2' = 5,03h	5,03	4,0
29.03.16	NW	15:58	7h 10' = 7,17h	12,2	0,2
29.03.16	HW	21:03	5h 5' = 5,08h	17,28	4,0
30.03.16	NW	04:14	7h 11' = 7,18h	24,46	0,2
30.03.16	HW	09:16	5h 2' = 5,03h	29,49	3,9
30.03.16	NW	16:20	7h 4' = 7,07h	36,56	0,3
30.03.16	HW	21:29	5h 9' = 5,15h	41,71	3,9
31.03.16	NW	04:39	7h 10' = 7,17h	48,88	0,2
31.03.16	HW	09:45	5h 6'= 5,10h	53,98	3,8
31.03.16	NW	16:45	7h = 7,00h	60,98	0,4
31.03.16	HW	22:02	5h 17' = 5,28h	66,26	3,8

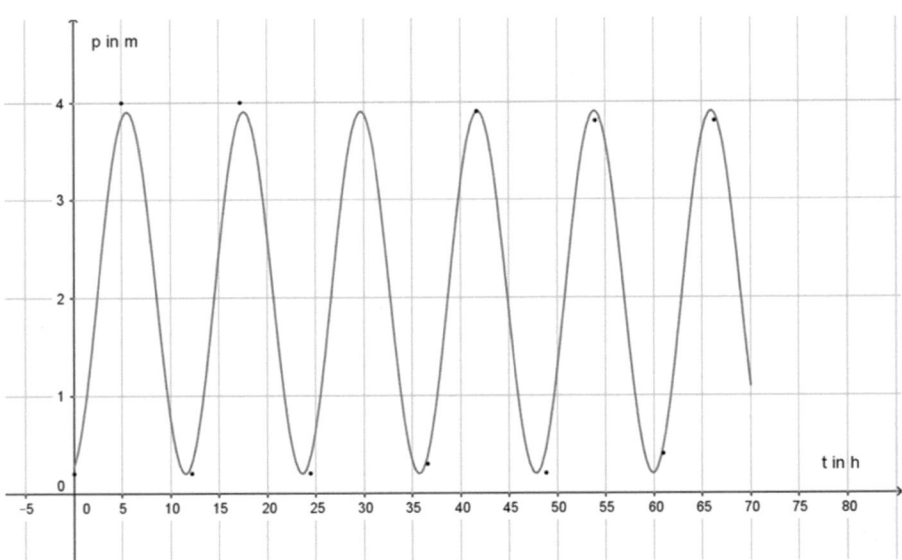

c) $p(t) = a \cdot sin\big(b(t - c)\big) + d$

Die Werte schwanken in etwa zwischen 0,2 m und 3,9 m; daraus ergibt sich die Amplitude von ca.

$(3,9 - 0,2): 2 = 1,58 \Rightarrow a = 1,58$. Die Sinuskurve muss um $\frac{0,2 + 3,9}{2} = 2,05$ nach oben verschoben

sein $\Rightarrow d = 2,05$ nach 12 h wiederholt sich der Vorgang $\Rightarrow b = \frac{2\pi}{12} \approx 5,52$

Bei t=2,5 ist in etwa der mittlere Pegelstand von 2,05m erreicht $\Rightarrow$ c=2,5

$p(t) = 1,85 \cdot sin(0,52\,(t - 2,5)) + 2,05$

d) Unter Tidenhub versteht man en Unterschied zwischen dem höchsten Pegelstand Scheitelpegel (HW) und dem tiefsten Pegelstand (NW).

Besonders großer Tidenhub (Springtide): bei Voll- und Neumond addieren sich die Gezeitenkräfte, da Erde, Sonne und Mond in einer Linie stehen. Besonders kleiner Tidenhub (Nipptide): bei Halbmond

Seite 176, Aufgabe 17

a) Durchschnittlich heißt über möglichst viele Orte (Messstationen) in Deutschland gemittelt.

b) Individuelle Lösungen, z.B.: Die Kurve des vieljährigen Mittels ist ausgeglichener. Im Juli erreicht sie den Höchstwert von 209 Stunden, die Kurve ist in etwa symmetrisch zur Geraden und parallel zur y-Achse durch den Monat Juli (im August und Juni sind es etwa 197; im April und Oktober etwa 150, …) Die Kurve des vieljährigen Mittels ist annähernd periodisch (Im Februar 2015 und im Februar 2016 betragen die durchschnittlichen Sonnenstunden 78).

Im Jahr 2015/16 gab es im April 15 besonders viele Sonnenstunden, ebenso im Juli und August. Der Juni z.B. entsprach dem vieljährigen Mittel.

$f(x) = 85,5 \cdot sin(0,52(x - 2,5)) + 123,5$

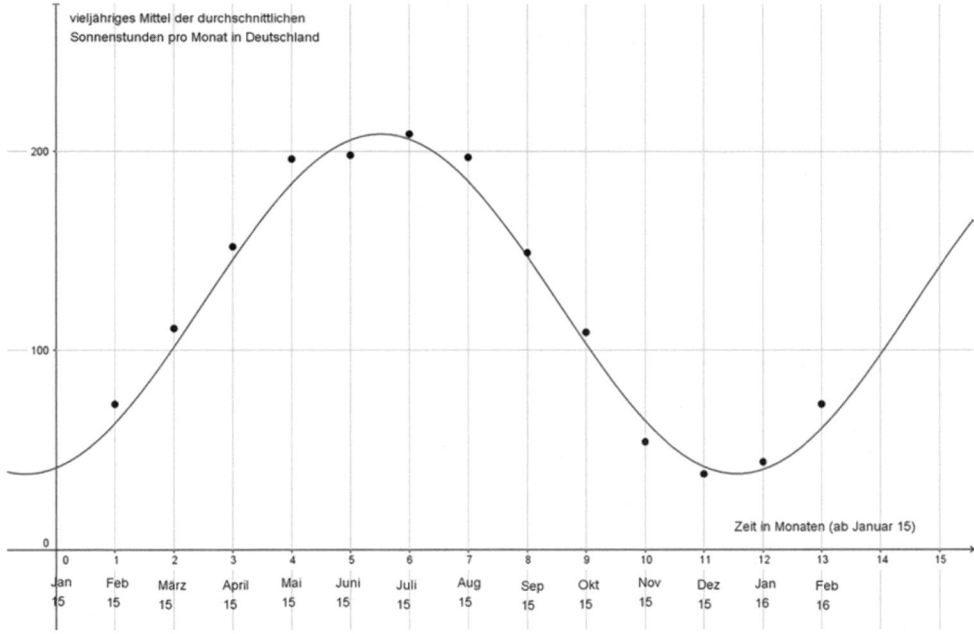

c) Nein, die Werte geben die gesamten Sonnenstunden eines Monats an. An jedem Tag schwanken die Werte. Außerdem sind dies Durchschnittswerte, die über viele Messstationen in Deutschland gemittelt wurden.

d) Individuelle Lösung

Seite 176, Aufgabe 18

a) und b) $f(t) = 6 \cdot \cos\left(\frac{\pi}{2}(t-2)\right) = 6 \cdot \sin\left(\frac{\pi}{2}(t-1)\right)$

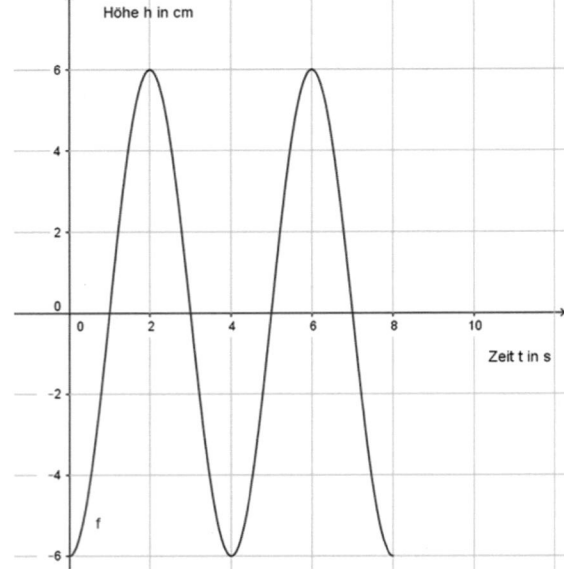

c) Der Schwingungsvorgang wäre wegen der Reibung gedämpft, d.h. die Amplitude würde abnehmen.

Seite 177, Aufgabe 19

a) Individuelle Lösung

b) Individuelle Lösung

c) Individuelle Lösung

d) Es fällt auf: Je größer l, desto länger ist die Schwingungsdauer T.

Genauer: $T \sim \sqrt{l}$

e) Der Schwingungsvorgang wäre gedämpft, d. h. mit der Zeit „schwingt das Pendel aus" (kommt zur Ruhe).

Vernetzen

Seite 177, Aufgabe 20

Die Kurven beginnen bei 1 und gehen bis 13.

45°: Das Minimum ist 9, das Maximum 17 und damit die Amplitude $(17 - 9) : 2 = 4$.

Die Periode ist 12. Die Sinuskurve ist um ein Viertel der Periode von 1 nach rechts verschoben.

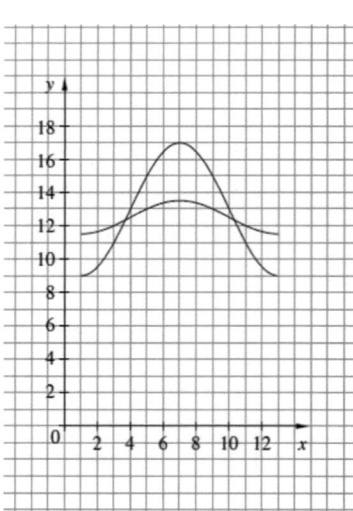

$$f(x) = 4 \cdot \sin\left(\frac{\pi}{6} \cdot (x-4)\right) + 13; \ x \in [1; 13].$$

20°: Das Minimum ist 11,5, das Maximum 13,5, also die Amplitude: $(13,5 - 11,5) : 2 = 1$.

Die Periode ist 12. Die Sinuskurve ist um ein Viertel der Periode von 1 nach rechts verschoben.

$$f(x) = \sin\left(\frac{\pi}{6} \cdot (x-4)\right) + 12,5; \ x \in [1; 13].$$

Seite 177, Aufgabe 21

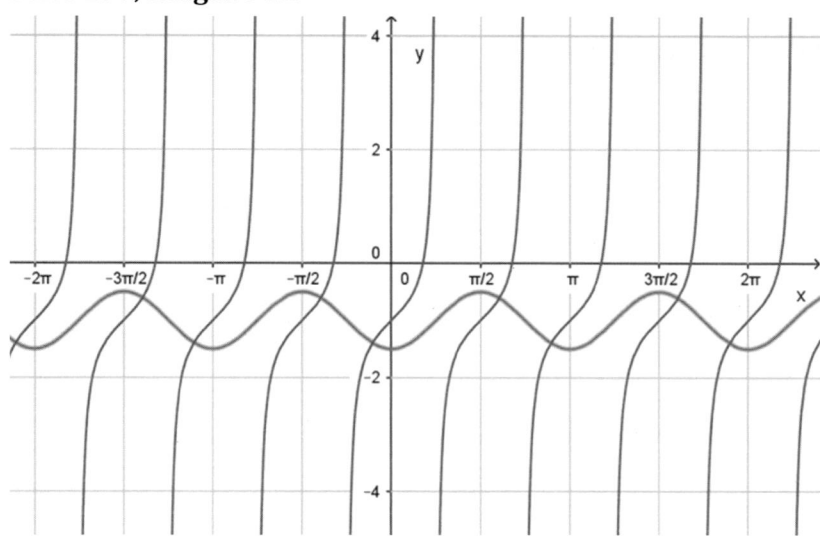

Seite 177, Aufgabe 22

Überlagert man Schwingungen, deren Frequenzen ganzzahlige Vielfache einer Grundfrequenz sind, entsteht eine Schwingung in der Grundfrequenz. Der Überlagerung entspricht die Addition der Funktionsterme, wobei der Funktionsterm der Grundschwingung die größte Periode hat. Die so genannten Oberschwingungen haben als Periode ganzzahlige Bruchteile dieser Periode. Bei Addition der Funktionsterme entsteht wieder eine periodische Funktion, deren Periode mit der der Grundschwingung übereinstimmt. Durch die Addition verschiedener solcher Funktionsterme entstehen verschiedene Funktionen, deren Graphen aber die gleiche Periode haben. So sind auch die beiden Abbildungen des Kammertons a' entstanden.

Seite 177, Aufgabe 23

a) $g(x) = \left(\frac{1}{2}x\right)^2 = \frac{1}{4}x^2$

b) 0'(0|0), A'(2|1), B'(-2|1), C'(4|4), D'(-4|4)

c) h(x) = 4x²

d) g: Stauchung um den Faktor ¼ in y-Achsenrichtung.
   h: Streckung um den Faktor 4 in y-Achsenrichtung.

e) ... einer Streckung oder Stauchung um den Faktor $\frac{1}{b^2}$ in y-Achsenrichtung.

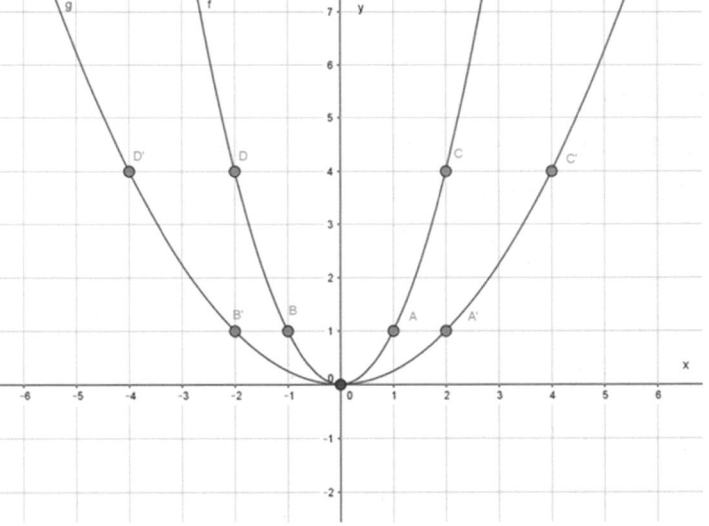

Projekt: Zykloide

Individuelle Bearbeitung, die Lösungen sind in den Bildern auf den Seiten abgebildet.

Seite 180, Aufgabe 24

Die beiden parametrisierten Funktionen sind nach dem gleichen Schema aufgebaut. Die Variation der Parameter bewirkt bei beiden Funktionen ähnliche Veränderungen:

a streckt oder staucht die Funktion in y-Richtung

b streckt oder staucht die Funktion in x-Richtung

c verschiebt die Funktion in x-Richtung

d verschiebt die Funktion in y-Richtung

Hinweis: Die Veränderungen an den Funktionen sind nicht immer streng ausschließlich auf einen Parameter zurückzuführen. So kann z. B. die Stauchung einer Parabel in y-Richtung auch als Streckung in x-Richtung interpretiert werden, weil beide Faktoren a und b beides beeinflussen. Ein weiteres Beispiel hierfür ist die Verschiebung der Sinuskurve in x-Richtung. Hier wird die eigentliche Verschiebung von b und c beeinflusst (die Phasenlage ist mit $\frac{c}{b}$ gegeben).

Seite 180, Aufgabe 25

a) Die Funktion f_1 hat die Periode 2π, die Funktion f_2 hat die Periode π, die Funktion g hat die Periode 2π. Da die Graphen der Funktionen f_1 und f_2 punktsymmetrisch zum Ursprung sind, ist auch der Graph der Summenfunktion g punktsymmetrisch zum Ursprung. Die gemeinsamen Nullstellen von f_1 und f_2 sind auch Nullstellen von g.

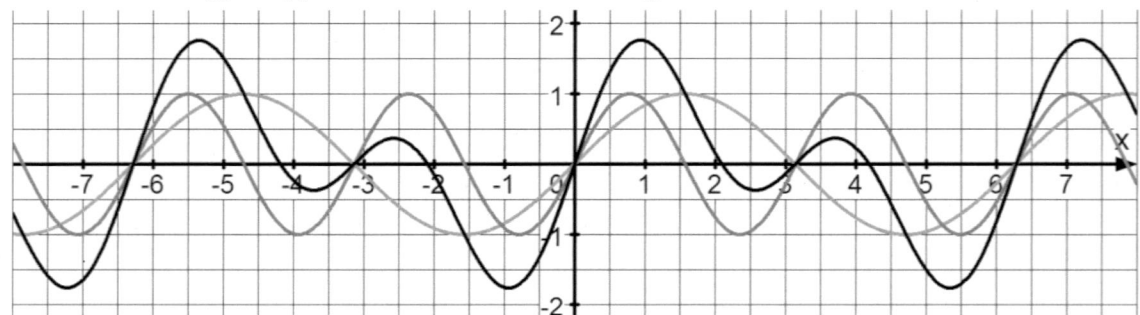

b) Die Funktion f_2 hat die Periode π, die Funktion f_3 hat die Periode π, die Funktion h hat die Periode 2π. Da die Graphen der Funktionen f_2 und f_3 punktsymmetrisch zum Ursprung sind, ist auch der Graph der Summenfunktion h punktsymmetrisch zum Ursprung. Die gemeinsamen Nullstellen von f_2 und f_3 sind auch Nullstellen von h.

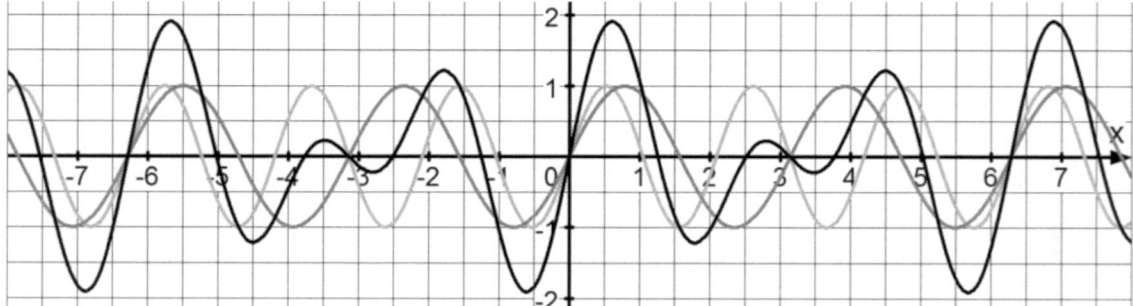

Seite 180, Aufgabe 26

a) $f_p = \sin\left(\frac{2\pi}{23}x\right)$; $f_e = \sin\left(\frac{2\pi}{28}x\right)$; $f_i = \sin\left(\frac{2\pi}{33}x\right)$. Es sind auch positive Streckungen in y-Richtung möglich.

b) kgV(23; 28; 33) = 21252

c) Nein, denn die Hochpunkte von f_p liegen bei $t = \frac{23}{4} + n \cdot 23$ und die von f_e bei $t = \frac{28}{4} + m \cdot 28$; $n, m \in N$. Man hat die Gleichung $\frac{23}{4} + k \cdot 23 = \frac{28}{4} + m \cdot 28$ zu lösen.

$\Leftrightarrow 23 + 92n = 28 + 112m \Leftrightarrow 92n = 5 + 112m$ nicht lösbar mit n, m $\in$ N, da die linke Seite eine gerade und die rechte Seite eine ungerade Zahl ergibt.

d) Individuelle Lösungen, beispielsweise: Die intellektuelle und die emotionale Kurve haben ebenfalls keine gemeinsamen Hochpunkte: 112m = 5 + 132k nicht lösbar mit m, k $\in$ N.

Die physische und die intellektuelle Kurve haben ebenfalls keine gemeinsamen Hochpunkte: 92n = 10 + 132k $\Leftrightarrow$ 46n = 5 + 66k nicht lösbar mit n, k $\in$ N.

Seite 180, Aufgabe 27

a) x = 0 ist eine doppelte Nullstelle. Der Ursprung ist ein lokaler Tiefpunkt

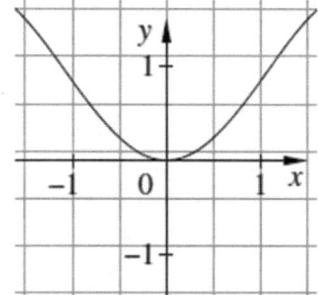

b) x = 0 ist eine dreifache Nullstelle, die Steigung des Schaubildes ist vorher und nachher positiv.

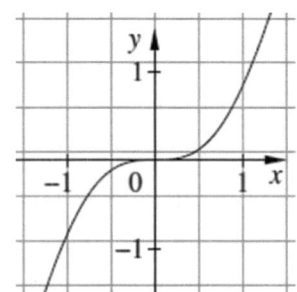

c) Je weiter man „hineinzoomt", umso mehr oszilliert das Schaubild um den Ursprung. Der GTR kann für x = 0 keinen Wert ausrechnen, da die Division durch Null nicht erlaubt ist.

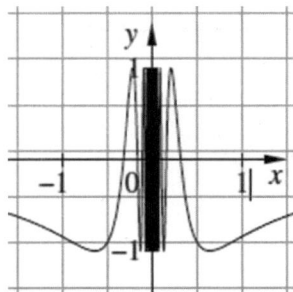

6. Vertiefungsthemen

6.1 Fit für die MSS - Termumformungen

Diagnose 1 – Falsche Umformungen durch Einsetzen erkennen
Seite 184, Beispiele
Lösungswort: ASS

Seite 184, Aufgabe 1
Lösungswort: TRAP

Seite 185, Aufgabe 2
Lösungswort: KLARHEIT

Seite 185, Aufgabe 3
Lösungswort: TOGO

Diagnose 2 – Zusammenfassen in Produkten und Summen
Seite 185, Beispiel
Lösungswort: AACHEN

Seite 186, Aufgabe 4
Lösungswort: ERFOLG

Seite 186, Aufgabe 5
Lösungswort: EASY

Seite 186, Aufgabe 6
Lösungswort: FERIEN

Diagnose 3 – Ausmultiplizieren und Ausklammern
Seite 186, Aufgabe 7
Lösungswort: BERLIN

Seite 187, Aufgabe 8

$4(x + y) + 3(x - y) = 7x + y = x(7 + y) - y(x - 1)$

$(xy^2 + x)x + (y - x^{2y}) \cdot y = x^2 + y^2 = x(x + 2y) - y(2x - y)$

$x(x + 4) - 2(x + 2) = x^2 + 2x - 4 = x(3 - x) - 4 + x(2x - 1)$

$(x + y) \cdot 7 + (x - 2y) \cdot 3 = 10x + y = y(5y + 1) + 5(2x - y^2)$

Seite 187, Aufgabe 9

Lösungswort: FILMSTAR

Seite 187, Aufgabe 10

Lösungswort: COOL

Seite 187, Aufgabe 11

Lösungswort: EBBE

Seite 187, Aufgabe 12

Lösungswort: DORTMUND

Seite 188, Aufgabe 13

Lösungswort: DISKOTHEK

Seite 188, Aufgabe 14

Lösungswort: WEGWEISER

Seite 188, Aufgabe 15

Lösungswort: FEST

Diagnose 4 – Richtig kürzen

Seite 189, Aufgabe 16

Lösungswort: EBENE

Seite 189, Aufgabe 17

Lösungswort: VERBESSERN

Diagnose 5 – Gleichungen lösen und Formeln umstellen

Seite 189, Beispiel

Lösungswort: ON

Seite 189, Aufgabe 18

$(x-3)^2 = (x-6)(x+6) \Leftrightarrow 2x = 15 \Leftrightarrow x = \dfrac{15}{2}$

$3(x+2) = x-14 \Leftrightarrow \dfrac{x}{6} + 2 = \dfrac{1}{3} \Leftrightarrow x = -10$

$4x + 5 = 6 \Leftrightarrow 5x(x-2) = (5x-3)(x+1) \Leftrightarrow x = \dfrac{1}{4}$

$3x - 7 = 5x + 3 \Leftrightarrow (x-3) \cdot x - (x+1)(x-2) = 12 \Leftrightarrow x = -5$

Seite 190, Aufgabe 19

Lösungen in der Randspalte

Seite 190, Aufgabe 20

Individuelle Lösungen

Seite 190, Aufgabe 21

Lösungen im Buch

6.2 Fit für die MSS – Lineare und quadratische Gleichungen

Diagnose 1 – Bestandteile der Geradengleichung

Seite 192, Beispiel

Lösungswort: TOP

Seite 192, Aufgabe 1

Lösung: $4 \cdot 14 = 56$

Seite 192, Aufgabe 2

Lösungswort: DISKO

Seite 192, Aufgabe 3

Kontrollmöglichkeit in der Randspalte im Schülerbuch

Seite 192, Aufgabe 4

Lösung im Schülerbuch: 1-6-9

Diagnose 2 – Geradengleichungen aufstellen

Seite 193, Aufgabe 5

Lösungswort: ABITUR

Seite 193, Aufgabe 6

Lösung im Schülerbuch

Seite 193, Aufgabe 7

Lösungswort: TRAINING

Seite 193, Aufgabe 8

a)

    i.   Brutto: $136{,}43 \, € + 1{,}937 \, € \cdot 56 = 244{,}90 \, €$

           Netto: $127{,}50 \, € + 1{,}810 \, € \cdot 56 = 228{,}86 \, €$

    ii.   Der Umsatzsteuersatz beträgt 17,84%

    iii. $f(x) = 136{,}43 + x \cdot 1{,}937$

          Löse: $f(x) = 217{,}01€ \Leftrightarrow x = 41{,}60$

b) Stadtwerke: $f(x) = 97{,}32 + x \cdot 0{,}2625$

Überregionaler Anbieter: $h(x) = 85 + x \cdot 0{,}2706$

Löse: $f(x) = h(x) \Rightarrow x = 1520{,}99$. Ab einem Verbrauch von 1520,99 kWh ist das Angebot der Stadtwerke günstiger.

Das Angebot des überregionalen Anbieters ist dann maximal günstiger als die Stadtwerke, wenn im Jahr gar nichts verbraucht wird. Die Differenz beträgt dann 12,32€.

c) $g(x) = 0{,}27x + 90$

Der Anbieter nimmt eine Grundgebühr von 90€ und einen Arbeitspreis von 0,27 € pro kWh.

Seite 194, Aufgabe 9

Lösung im Schülerbuch

Seite 194, Aufgabe 10

Löse: $8 - 1{,}5x = 18 - 3{,}5x \Rightarrow x = 3\frac{1}{3}$

Die Kerzen sind nach $3\frac{1}{3}$ Stunden gleich hoch. ($6\frac{1}{3}$ cm)

Diagnose 3 – Scheitelpunktform

Seite 195, Aufgabe 11

Lösungswort: ZEITGEIST

Seite 195, Aufgabe 12

Lösungswort: PAUSE

Diagnose 4 – Quadratische Gleichungen

Seite 195, Aufgabe 13

Lösungswort: WUNDER

Seite 196, Aufgabe 14

Lösungswort: BELOHNUNG

Seite 196, Aufgabe 15

Lösungswort: TRIER

Seite 196, Aufgabe 16

Lösungswort: PIRMASENS

Seite 196, Aufgabe 17

Siehe Lösung Aufgabe 13

Seite 196, Aufgabe 18

Lösungswort: ALLESKLAR

Seite 197, Aufgabe 19

a) $f(x) = -\frac{1}{160}(x - 80)^2 + 40$

b) $f(100) = 37,5$. Nach 100 m beträgt die Höhe 37,5 m. Dieser Wert wird auch bereits nach 60 , erreicht.

c) Löse: $f(x) = 20 \Leftrightarrow x_1 = 136,57, x_2 = 23,43$

Der Ball erreicht nach 23,43 m und nach 136,57 m eine Höhe von 20 m.

Seite 197, Aufgabe 20

Die Lösungen sind im Schülerbuch

6.3 Fit für die MSS – Interpretieren von Funktionsgraphen

Seite 199, Beispiel

Lösungswort: VERKAUF

Seite 200, Aufgabe 1

Lösungswort: MAUS

Seite 200, Aufgabe 2

Lösungswort: GUTE FAHRT

Seite 201, Aufgabe 3

Lösungszahl: 45123

6.4 Optimal angepasste Körper – ein Modellierungsbeispiel

Seite 203, Aufgabe 1

Versuch 1: je größer das Volumen des Wassers ist, desto langsamer kühlt das Wasser ab

Versuch 2: bei gleichem Volumen hängt das Abkühlverhalten von der Oberflächengröße der Zylindersäule ab.

Seite 203, Aufgabe 2

Aus Versuch 1 folgt: größere Tiere geben weniger Körpertemperatur nach außen ab.

Aus Versuch 2 folgt: der Wärmeverlust ist abhängig vom Oberflächeninhalt.

Seite 204, Aufgabe 3

		Radius $[cm]$	V $[cm^3]$	O $[cm^2]$	O:V
a)	100 ml	3	113,09	113,09	1
	200 ml	3,75	220,9	176,71	0,8
	1000 ml	6,5	1150,35	530,93	0,46
b)	600 ml	4,5	500	367,57	0,74
	1000 ml	5,25	500	397,49	0,79
	2000 ml	6,25	500	402,5	0,81

Seite 204, Aufgabe 4

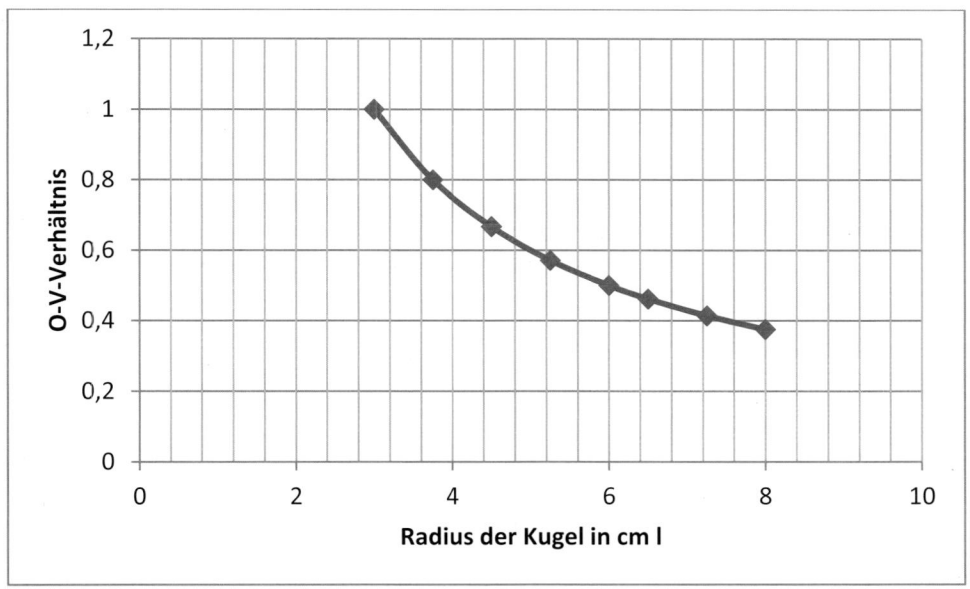

Funktionsklasse: Aus dem kubischen Wachstum des Volumens und dem quadratischen Wachstum der Oberfläche in Abhängigkeit vom Radius ergibt sich für den Zusammenhang eine Potenzfunktion.

Seite 204, Aufgabe 5

Bei wachsendem Kugelvolumen nimmt das Verhältnis O:V ab, da die Oberfläche quadratisch, das Volumen jedoch kubisch (in der dritten Potenz) wächst. Je kleiner die Oberfläche im Verhältnis zum Volumen, also je kleiner O:V, desto geringer ist auch der Wärmeverlust. Analog gilt dies für den Zylinder.

Seite 204, Aufgabe 6

Modellierung der Pinguine als Kugel: Radius wird gemittelt

	Radius $[cm]$	V $[cm^3]$	O $[cm^2]$	O:V
Galapagos-Pinguin	15	14137,2	2827,43	0,2
Magellan-Pinguin	20	33510,3	5026,55	0,15
Kaiser-Pinguin	40	268082,57	20106,19	0,075

Ergebnis: Je größer der Pinguin ist, desto kleiner ist sein Oberflächen-Volumen-Verhältnis. Demnach ist der Wärmeverlust bei größeren Pinguinen geringer.

Seite 204, Aufgabe 7

Modellierung der Pinguine als Zylinder:

	V $[cm^3]$	O $[cm^2]$	O:V
Galapagos-Pinguin	9079,2	2590,24	0,29
Magellan-Pinguin	34353,32	6234,49	0,18
Kaiser-Pinguin	150796,45	17592,92	0,11

Die Ergebnisse aus Aufgabe 6 werden bestätigt.

Seite 204, Aufgabe 8

Weitere Anwendungsbeispiele: Iglu (Halbkugel als optimaler Körper), Verpackungsindustrie (Würfel als optimale Körper), energetisch günstige Häuser in Würfelform, Körperform von Fischen und Meeressäugern (Stromlinienform), Flügelspannweiten bei Vögeln (Auftriebskraft), ...